Philosophische Herausforderungen der angewandten Ethik und Gesundheitswissenschaften/ Philosophical Challenges of Applied Ethics and Health Sciences

Reihe herausgegeben von
Martin Hähnel, Universität Eichstätt-Ingolstadt, Eichstätt, Deutschland
Roland Kipke, Universität Bielefeld, Bielefeld, Deutschland
Markus Rothhaar, Fernuniversität in Hagen, Hagen, Deutschland

Die Entwicklungen in Medizin, Biotechnologie und Gesundheitswesen werfen zahlreiche ethische Fragen auf. Sie reichen von verbrauchender Embryonenforschung über die gerechte Verteilung medizinischer Ressourcen bis hin zur Sterbehilfe. Diese ethischen Probleme sind nicht nur von hoher gesellschaftlicher Relevanz, sondern sie führen auch erhebliche philosophische Herausforderungen mit sich, die in den gesellschaftspolitischen Diskursen oftmals nicht genügend Beachtung finden. Zum Beispiel: Welche Auswirkungen haben neue bio- und informationstechnologische Entwicklungen (Gene Editing, Big Data etc.) auf das Selbstverständnis des Menschen, auf seine Autonomie und Würde? Wie lässt sich Gerechtigkeit angemessen verstehen? In welchem Zusammenhang stehen Moral, Recht und Politik? Wie lassen sich aktuelle Probleme in der öffentlichen Gesundheitsversorgung (z.B. im Rahmen der Bekämpfung einer Pandemie) angemessen philosophisch reflektieren und ethisch bewerten? Die neue Buchreihe „Philosophische Herausforderungen der angewandten Ethik und Gesundheitswissenschaften" widmet sich insbesondere diesen philosophischen Tiefendimensionen.

Marko J. Fuchs · Martin Hähnel ·
Danaë Simmermacher
(Hrsg.)

Der Patientenwille und seine (Re-)Konstruktion

Historische Genese, normative Relevanz und medizinethische Aktualität

Hrsg.
Marko J. Fuchs
Otto Friedrich-Universität Bamberg
Bamberg, Deutschland

Martin Hähnel
Universität Bremen
Bremen, Deutschland

Danaë Simmermacher
Martin-Luther-Universität
Halle-Wittenberg
Halle (Saale), Deutschland

ISSN 2662-530X ISSN 2662-5318 (electronic)
Philosophische Herausforderungen der angewandten Ethik und Gesundheitswissenschaften/ Philosophical Challenges of Applied Ethics and Health Sciences
ISBN 978-3-658-40191-7 ISBN 978-3-658-40192-4 (eBook)
https://doi.org/10.1007/978-3-658-40192-4

Die Deutsche Nationalbibliothek verzeichnet diese Publikation in der Deutschen Nationalbibliografie; detaillierte bibliografische Daten sind im Internet über http://dnb.d-nb.de abrufbar.

© Der/die Herausgeber bzw. der/die Autor(en), exklusiv lizenziert an Springer Fachmedien Wiesbaden GmbH, ein Teil von Springer Nature 2023
Das Werk einschließlich aller seiner Teile ist urheberrechtlich geschützt. Jede Verwertung, die nicht ausdrücklich vom Urheberrechtsgesetz zugelassen ist, bedarf der vorherigen Zustimmung des Verlags. Das gilt insbesondere für Vervielfältigungen, Bearbeitungen, Übersetzungen, Mikroverfilmungen und die Einspeicherung und Verarbeitung in elektronischen Systemen.
Die Wiedergabe von allgemein beschreibenden Bezeichnungen, Marken, Unternehmensnamen etc. in diesem Werk bedeutet nicht, dass diese frei durch jedermann benutzt werden dürfen. Die Berechtigung zur Benutzung unterliegt, auch ohne gesonderten Hinweis hierzu, den Regeln des Markenrechts. Die Rechte des jeweiligen Zeicheninhabers sind zu beachten.
Der Verlag, die Autoren und die Herausgeber gehen davon aus, dass die Angaben und Informationen in diesem Werk zum Zeitpunkt der Veröffentlichung vollständig und korrekt sind. Weder der Verlag, noch die Autoren oder die Herausgeber übernehmen, ausdrücklich oder implizit, Gewähr für den Inhalt des Werkes, etwaige Fehler oder Äußerungen. Der Verlag bleibt im Hinblick auf geografische Zuordnungen und Gebietsbezeichnungen in veröffentlichten Karten und Institutionsadressen neutral.

Planung/Lektorat: Frank Schindler
Springer VS ist ein Imprint der eingetragenen Gesellschaft Springer Fachmedien Wiesbaden GmbH und ist ein Teil von Springer Nature.
Die Anschrift der Gesellschaft ist: Abraham-Lincoln-Str. 46, 65189 Wiesbaden, Germany

Inhaltsverzeichnis

Einleitung... 1
Marko J. Fuchs, Martin Hähnel und Danaë Simmermacher

Historische Einordnung und systematische Relevanz des Willensbegriffes

Voluntas naturalis. Geschichte und normative Dimensionen des Begriffs des „natürlichen Willens"............................. 9
Thomas Sören Hoffmann

„[D]ie Möglichkeit, auf alles Verzicht zu thun, um sich zu erhalten". Überlegungen zum assistierten Suizid im Anschluss an Hegel......... 35
Marko J. Fuchs

Autonomie und Wille

Zwangsbehandlung und Willensfreiheit.......................... 59
Matthias Kaufmann

Identifikation und Rekonstruktion: Zur Komplexität von Einwilligungsfähigkeit und Willensexploration in der klinischen Praxis.. 73
Florian Funer

Der mutmaßliche Wille als problematische Argumentationsfigur bei Behandlungsurteilen für nicht mehr entscheidungsfähige Patient*innen.. 103
Monika Bobbert

**Freiheit und Zwang im Umgang mit schwer psychisch
kranken Menschen** 129
Hans-Jürgen Luderer

Bioethik und Biorecht des Willens

**Realisierung von Selbstbestimmung durch den Patientenwillen –
Zu aktuellen Herausforderungen durch die Pandemie
und die Rechtsprechung zur Suizidhilfe** 149
Michael Sellmeyer

**Der Patient:innenwille von Kindern und Jugendlichen –
Herausforderungen für die stationäre Versorgung
und die Klinische Ethik** 179
Katharina Woellert

Der Patientinnenwille bei Unterversorgung mit Hebammen 205
Marje Mülder

**Der Patientenwille, seine Identität und die Bewertung der Absicht,
ihn mittels eines KI-gesteuerten *recommender system* zu ersetzen**...... 233
Martin Hähnel

Einleitung

Marko J. Fuchs, Martin Hähnel und Danaë Simmermacher

Patientenautonomie und freie Einwilligung in medizinische Interventionen aller Art sind im Zeitalter einer nachpaternalistischen Medizin im Allgemeinen und vor dem Hintergrund der Corona-Pandemie im Besonderen zu zentralen Prinzipien der Medizin- und Bioethik aufgerückt. Denn das Ideal einer (informierten) Willensentscheidung stößt in der Umsetzung oftmals an Grenzen und erweist sich vor allem im Rahmen medizin- und bioethischer Grenzfragen als nicht unproblematisches Konzept, wie sich anhand besonders schwieriger und folgenreicher Therapieentscheidungen zeigt, die häufig gerade dann zu treffen sind, wenn die Patient:innen selbst schwer erkrankt, vulnerabel und nicht mehr entscheidungsfähig sind. Gemeinsam ist den Problemlagen dabei, dass sie alle letztlich auf den Begriff des *Willens* rekurrieren. Zugleich ist es aber gerade dieser Begriff des Willens, der zumindest dann in Schwierigkeiten führt, wenn man ihn einseitig auf eine Autonomiekonzeption reduziert, in der Wille mit bewusster Reflexivität gleichgesetzt wird. Es liegt daher nahe, an diesem

---

M. J. Fuchs
Otto Friedrich-Universität Bamberg, Bamberg, Deutschland
E-Mail: marko.fuchs@uni-bamberg.de

M. Hähnel (✉)
Universität Bremen, Bremen, Deutschland
E-Mail: haehnel@uni-bremen.de

D. Simmermacher
Martin-Luther-Universität Halle-Wittenberg, Halle (Saale), Deutschland
E-Mail: danae.simmermacher@phil.uni-halle.de

© Der/die Autor(en), exklusiv lizenziert an Springer Fachmedien Wiesbaden GmbH, ein Teil von Springer Nature 2023
M. J. Fuchs et al. (Hrsg.), *Der Patientenwille und seine (Re-)Konstruktion*, Philosophische Herausforderungen der angewandten Ethik und Gesundheitswissenschaften/ Philosophical Challenges of Applied Ethics and Health Sciences, https://doi.org/10.1007/978-3-658-40192-4_1

zugrundeliegenden Willensbegriff anzusetzen und zu fragen, ob dieser derart modifiziert werden kann, dass auf seiner Grundlage die medizinethischen und rechtlichen Schwierigkeiten in befriedigender Weise aufgelöst werden können.

An der Universität Bamberg fand zu diesen Fragestellungen im Februar 2019 eine von der Fritz Thyssen-Stiftung geförderte Tagung unter dem Titel „Der Patientenwille und seine (Re-)Konstruktion: Historische Genese, normative Relevanz und medizinethische Aktualität" statt. Im Rückgriff auf einschlägige Willenskonzepte der Philosophiegeschichte, die einen wesentlich höheren Grad an Komplexität aufweisen als die im gegenwärtigen Diskurs auftretende Vorstellung von Willensfreiheit, wurden die Grundlinien eines Willensbegriffs gezeichnet, der den Problemlagen einer an einer vereinseitigenden Autonomiekonzeption ausgerichteten Theorie des Willens gerecht werden kann. Der vorliegende Sammelband präsentiert einen Teil der Ergebnisse dieser Tagung und wird darüber hinaus durch begutachtete Beiträge ergänzt, die über ein Call for Papers-Verfahren für diesen Band ausgewählt worden sind.

Zu den Beiträgen
Thomas Sören Hoffmann untersucht im ersten Abschnitt zur historischen und systematischen Relevanz des Willensbegriffes das Spannungsverhältnis zwischen „natürlichem" und „autonomem Willen". Mit dem Begriff des „natürlichen Willens" wird in der Medizin- und Pflegeethik auf das Phänomen rekurriert, dass Patient:innen in Grenzsituationen auch unterhalb der Ebene reflektierter verbaler Willensbekundung Präferenzen und Erwartungen zum Ausdruck bringen können, deren normativer Status insbesondere dann strittig sein kann, wenn die „natürliche" Willensbekundung in Konflikt mit früheren eigenen Festlegungen in einem „vorausverfügten Willen" geraten. Hoffmann zeigt mit Hilfe eines problemorientierten Durchgangs durch 2000-jährige Begriffsgeschichte, dass es unterschiedliche Konzeptionen des „natürlichen Willens" gibt, die Zweifel an der aktuellen Tendenz, dem „autonomen" Willen stets den Vorrang gegenüber dem „natürlichen" Willen zuzusprechen, aufkommen lassen. Hoffmann plädiert in der aktuellen Diskussion für mehr begriffliche Differenzierungsarbeit, damit erkennbar wird, dass zwischen dem natürlichen und dem freien Willen nicht notwendig eine strikte Opposition, sondern eine Komplementarität zu sehen und zu denken ist.

Marko J. Fuchs geht in seinem Beitrag mit Hegel der Frage nach, ob es im Falle von schweren Erkrankungen ein Recht auf Selbsttötung gibt und ob insbesondere die Regelung des assistierten Suizids der Niederlande gerechtfertigt ist. Hegel, der die Selbsttötung in verschiedenen Werken und Vorlesungen thematisiert, eignet sich besonders als Gesprächspartner für Fragen zur Patientenautonomie, da er das Recht grundsätzlich auf die Selbstbestimmung des Willens gründet. Nun wird dem Recht auf Selbsttötung in der niederländischen Rechtspraxis in Form des assistierten Suizids entsprochen, und damit treten Probleme hinsichtlich des Willens und seiner rechtsgründenden Funktion auf: Patient:innen sind auf die Hilfe anderer, meist Ärzt:innen, angewiesen und in vielen Fällen ist gerade die Fähigkeit zur Selbstbestimmung verloren gegangen, wie z. B. bei Demenz, sodass legitimierte Personen in Vertretung die Entscheidung über den Tötungswunsch zu fällen haben: es sind also meist drei Parteien bei der Selbsttötung involviert, wobei andere die Würde der vulnerablen Person zu wahren haben und nicht sie selbst. Der Beitrag verfolgt daher die Frage, welches Recht ich über mich selbst haben und ob es eine „natürliche Grenze" des Rechts geben kann. Diese Frage wird mithilfe von Hegels Rechtsphilosophie, die auf einer Subjektphilosophie basiert, entschieden. Fuchs lässt Hegel schließlich das Recht auf Selbsttötung negieren und gelangt über die Doppelstruktur des Rechts aus dem freien Selbstsein, dem berühmten Hegelschen Ich=Ich, und dereigenen endlichen Existenz als korporiertem Wesen, die durch die Selbsttötung vernichtet würde, zu dem Schluss, dass es kein Recht auf Vernichtung des Rechts geben kann. Entsprechend könne der Wunsch nach Selbsttötung nicht delegiert werden, die niederländische Regelung des assistierten Suizids sei demnach nicht gerechtfertigt.

Den zweiten Problemkomplex zum Verhältnis von Autonomie und Wille leitet der Beitrag von Matthias Kaufmann ein, indem dieser sich der Zwangsbehandlung in der psychiatrischen Praxis annimmt, die bei mangelnder Fähigkeit zur Selbstbestimmung zum Schutz von Betroffenen und anderen Personen angewendet wird und die auch Michel Foucault und Karl Jaspers beschäftigte. Dieses Problemfeld ist komplex und weist nicht selten unklare Grenzfälle auf. Daher ist zu klären, wann äußerer Zwang zum Schutze der betroffenen Person und anderer gerechtfertigt ist und wie eine systematische Differenzierung von Graden der Willensfreiheit vorgenommen wird, die für die rechtliche und medizinische Behandlung unerlässlich ist. Eine von ihm vorgeschlagene graduelle Differenzierung der Willensfreiheit versucht Kaufmann mithilfe zweier mittelalterlicher Konzepte von Willensfreiheit zu erklären, die Freiheit sehr unterschiedlich verorten: Thomas von Aquin bestimmt Freiheit als durch den Intellekt gewonnene Fähigkeit nach Gründen zu handeln, Ioannes Duns Scotus dagegen als radikale Unbestimmtheit des moralisch verantwortlichen Willens. Der Unterschied bestehe mit Blick auf die Willensfreiheit nun in der Konsequenz, ob man mit Thomas für unverantwortlich und irrational erklärt werde, weil man trotz einer rationalen Argumentation dann doch anders gehandelt habe, oder ob man mit Duns Scotus eine individuelle Entscheidung ernst nimmt, wobei man die Person auch für deren Folgen zur Verantwortung zu ziehen habe. Kaufmann macht mit Verweis auf die Einschränkung des Gegensatzes von freiem und natürlichen Willen bei Wilhelm von

Ockham darauf aufmerksam, dass zwischen den Graduierungen der Willensfreiheit fließende Übergänge bestehen und die Grauzone mit Blick auf die Rechtfertigung einer Zwangsbehandlung in der psychiatrischen Praxis bestehen bleibt, wobei mit der Patientenautonomie im Zweifelsfall nichts weniger als die Würde der Betroffenen auf dem Spiel stünde, worüber sich Verantwortliche in Rechtsprechung und Medizin stets bewusst sein sollten.

Florian Funer macht vor dem Hintergrund der medizinethischen Informed Consent-Problematik auf die Vielschichtigkeit des Willens und die Notwendigkeit aufmerksam, diesen umfassend zu explorieren, sofern Reflexionen zum Willen einer Person nicht nur auf die Erste-Person-Perspektive rekurrieren, sondern Ärzt:innen regelmäßig die Verantwortung tragen, den Willen von Patient:innen hinsichtlich seiner normativen Bindungskraft zusätzlich aus der Dritten-Person-Perspektive erheben zu müssen. Daraus resultieren zahlreiche Herausforderungen im Umgang mit dem Willen und Aufgaben für die klinische Praxis, allen voran die Förderung der ärztlichen Gewissheit über den aktuellen Patientenwillen und die vertiefte Auseinandersetzung mit dem vorausgehenden Willensbildungsprozess, welche über die Erhebung von Einwilligungsfähigkeit in ihrer gegenwärtigen Konzeption hinausgehen.

Monika Bobbert setzt sich in ihrem Beitrag kritisch mit dem Konzept des mutmaßlichen Willens aus ethischer und psychologischer Sicht auseinander und kommt zum Schluss, dass dieser für den Entscheidungsprozess in der klinischen Praxis problematisch bzw. im Grunde nicht geeignet ist. Der mutmaßliche Wille wird anhand von Fallbeispielen aus der klinischen Ethikberatung erläutert, wobei deutlich wird, dass vor allem hinsichtlich der Frage, wie ein mutmaßlicher Wille ein lebenswertes Leben bestimmen würde, und der ärztlichen Pflicht zur bloßen Lebensrettung Spannungen auftreten. In Verbindung mit verschiedenen Autonomiekonzepten auch aus der Philosophiegeschichte (Kant) kommt die Autorin zu dem Fazit, dass das Konzept des mutmaßlichen Willens, das nicht ohne Mutmaßungen über die Patientenentscheidung durch andere auskommt, mit keinem Autonomiekonzept kompatibel ist, da wesentliche Merkmale jeweils nicht erfüllt werden können (subjektive Präferenzen müssen in hierarchische Ordnungen gebracht werden durch andere, ein innerer Dialog zur Selbstreflexion der Autonomie müsste durch andere vollzogen werden etc.). Sie schlägt daher vor, anstelle des mutmaßlichen Willens bei Entscheidungen in der klinischen Praxis auf ethische und rechtliche Normen und Entscheidungskriterien wie Lebensschutz, Diskriminierungsverbot u. a. zurückzugreifen.

Hans-Jürgen Luderers Aufsatz bietet eine sehr detaillierte Übersicht über die gegenwärtige Rechts- und Informationslage hinsichtlich der Frage, wie im klinischen Bereich insbesondere mit psychisch Kranken gegen deren Willen umgegangen werden soll. Dabei fokussiert Luderer hauptsächlich auf Deutschland und diskutiert eine Reihe verschiedener Symptome und Maßnahmen, bisweilen auch unter Rückgriff auf Fallbeispiele. Im weiteren Verlauf unternimmt der Text dann einen Perspektivwechsel hin zum Vorschlag des UN-Menschenrechtrats, sämtliche freiheitsbeschränkende Maßnahmen bei der Behandlung zu verbieten, und listet in Antwort hierauf eine Reihe von Gegenargumenten auf (denen sich der Autor auch anschließt), die er einer Richtlinie der Deutschen Gesellschaft für Psychiatrie und Psychotherapie, Psychosomatik und Nervenheilkunde von 2018 entnimmt. Am Ende des Texts steht ein kurzes Plädoyer für einen sehr vorsichtigen und ausgewogenen Einsatz von Maßnahmen, die sich gegen den Willen psychisch kranker Patient:innen richten.

Im dritten und letzten Themenabschnitt zur Bioethik bzw. zum Biorecht des Willens zeigt Michael Sellmeyer in seinem Aufsatz, dass ein Großteil der in den Diskussionen aufgeworfenen Problempunkte hinsichtlich der Auswirkungen der Corona-Pandemie und der Rechtsprechung des BVerfG zur Suizidhilfe keine unmittelbaren Auswirkungen für die Rekonstruktion des Patientenwillens haben. Allerdings bemerkt Sellmeyer, dass diese Diskussionen mittelbar Rückschlüsse auf den richtigen Umgang mit Patientenverfügungen erlauben, insofern deutlich wird, dass die Motivation und die Beweggründe bei der Abfassung der Patientenverfügung der entscheidende Schlüssel zum Verständnis derselben sind.

Katharina Woellert greift in ihrem Beitrag das Thema des Bandes mit Blick auf die besonders vulnerable Gruppe von Kindern und Jugendlichen als Patient:innen auf. In der Pädiatrie gibt es eine Spannung zwischen Patientenautonomie und Fürsorge, da die Selbstbestimmungskompetenz von Kindern und Jugendlichen noch nicht voll ausgebildet ist und Eltern und Ärzt:innen ihnen gegenüber eine besondere Fürsorgepflicht haben, die in Form einer Stellvertreterschaft ethische Pflichten wie z. B. die Wahrung des mutmaßlichen Kindeswohles und auch der Würde von Minderjährigen erfüllen soll. Um mit diesen Problemen in der Praxis umgehen zu können, werden fünf ethische Grundsätze vorgestellt, die am Uniklinikum Eppendorf entwickelt und als Gesamtheit Antworten auf medizinische Entscheidungsfragen im Spannungsfeld zwischen Selbstbestimmungsrecht und Fürsorge für die pädiatrische klinische Praxis bieten sollen. Zugleich gibt die Autorin auch einen Einblick in die historische Genese der entsprechenden Struktur am Klinikum, die mit Blick auf die Situation von Kindern ethische Versorgungsqualität herstellen soll.

Marje Mülders Beitrag wendet den Blick auf ein im Zusammenhang mit der Problematik des Patientenwillens eher selten diskutiertes Thema, nämlich die Ausgestaltung des Rechts auf freie Wahl des Geburtsortes angesichts der zu beobachtbaren Unterversorgung bei Hebammen. Juristisch gesehen sind

Schwangere als Patientinnen aufzufassen, solange man unter ‚Patient' oder ‚Patientin' jemanden versteht, der/die in einem medizinischen bzw. ärztlichen Behandlungsverhältnis steht und dabei Leistungen des Medizin- und Gesundheitssystems in Anspruch nimmt. Vor diesem Hintergrund argumentiert Mülder für eine gesetzliche Pflicht des Staates, für eine ausreichende Hebammenversorgung und gegen eine (drohende) Unterversorgung Maßnahmen zu ergreifen, etwa in Gestalt finanzieller Entlastung der freiberuflich tätigen Hebammen und der Einrichtung entsprechender Förderprogramme, die die Niederlassung von Hebammen in unterversorgten Regionen bzw. Landkreisen attraktiver machen könnten.

Zum Abschluss diskutiert Martin Hähnel in seinem Beitrag die Idee, den Patientenwillen insbesondere in entscheidungskritischen Situationen mittels eines KI-gesteuerten ‚Recommender System' ersetzen zu wollen, d. h. durch Programme zur datenbasierten Unterstützung ärztlicher Therapieentscheidungen. Zentral für die Untersuchung dieser Fragestellung ist hierbei die Betrachtung der diachronen Identität des Willens und seines Subjekts, die Hähnel vor allem mit Blick auf das Spannungsverhältnis zwischen ‚natürlichem', ‚mutmaßlichem' und ‚autonomem Willen' als ‚prekär' herausarbeitet. Während dieses Verhältnis in der Regel als antagonistisch rekonstruiert wird, stellt der Autor auf der Grundlage einer phänomenologischen und leibphilosophischen Betrachtung heraus, dass der natürliche Wille seinerseits bereits Grundzüge von Vernünftigkeit aufweise und daher den autonomen Willen nicht verschleiere oder entwerte, als vielmehr die Unzulänglichkeit des Versuchs offenlege, den authentischen Willen des Menschen durch das Moment der Autonomie allein bestimmen zu wollen. Vor diesem Hintergrund argumentiert der Autor, „dass in der Diagnostik und bei risikoarmen Entscheidungen der Einsatz von Recommender Systems gut abzuwägen ist, während in existentiellen Grenzsituationen wie Entscheidungen am Lebensende von einer Nutzung solcher Technologien unbedingt abzuraten ist" – Recommender Systems können also sehr wohl die Entscheidungsfindung des Arztes unterstützen, aber nicht ersetzen.

Historische Einordnung und systematische Relevanz des Willensbegriffes

Voluntas naturalis. Geschichte und normative Dimensionen des Begriffs des „natürlichen Willens"

Thomas Sören Hoffmann

Zusammenfassung

Mit dem Begriff des „natürlichen Willens" wird in der Medizin- und Pflegeethik auf das Phänomen rekurriert, dass Patienten in Grenzsituationen auch unterhalb der Ebene reflektierter verbaler Willensbekundung Präferenzen und Erwartungen zum Ausdruck bringen können, deren normativer Status insbesondere dann strittig sein kann, wenn die „natürliche" Willensbekundung in Konflikt mit früheren eigenen Festlegungen in einem „vorausverfügten Willen" geraten. Der aktuellen Tendenz, dem „autonomen" Willen dabei den Vorrang gegenüber dem „natürlichen" Willen zuzusprechen, steht dabei eine andere Tendenz im Betreuungsrecht gegenüber, die sich inzwischen verstärkt zugunsten einer Beachtlichkeit des „natürlichen Willens" Geltung verschafft hat. Der vorliegende Beitrag zeigt auf, dass eine Lösung der hier auftretenden Streitfragen leichter herbeigeführt werden kann, wenn man sich auf die Differenzierungen besinnt, die eine inzwischen mehr als 2000-jährige Begriffsgeschichte des „natürlichen Willens" entfaltet hat. Dabei wird zum einen deutlich, dass es unterschiedliche Konzeptionen des „natürlichen Willens" gibt, die von naturalistischen Deutungen bis zu theologischen Dimensionen des Begriffs reichen. Zugleich wird es möglich, zwischen dem natürlichen und dem freien Willen nicht notwendig eine strikte Opposition zu

---

T. S. Hoffmann (✉)
FernUniversität in Hagen, Hagen, Deutschland
E-Mail: thomas.hoffmann@fernuni-hagen.de

© Der/die Autor(en), exklusiv lizenziert an Springer Fachmedien Wiesbaden GmbH, ein Teil von Springer Nature 2023
M. J. Fuchs et al. (Hrsg.), *Der Patientenwille und seine (Re-)Konstruktion*, Philosophische Herausforderungen der angewandten Ethik und Gesundheitswissenschaften/ Philosophical Challenges of Applied Ethics and Health Sciences, https://doi.org/10.1007/978-3-658-40192-4_2

sehen, sondern eine Komplementarität zu denken, die der menschlichen Ganzpersonalität besser gerecht wird als Reduktionismen aller Art. Insbesondere stellt sich die Frage, ob der natürliche Wille nicht als ein auf Autonomie hin gerichtetes Wollen verstanden werden kann, in dem sich eine ursprüngliche Selbstbejahung des Individuums vollzieht.

Schlüsselwörter

Autonomie · Natürlicher Wille · Personmanifestation · Vorausverfügter Wille

Im Kontext der Medizin- und Pflegeethik begegnet seit einiger Zeit vermehrt ein Begriff, der zwar auf eine durchaus auch interdisziplinär respektable Denkgeschichte zurückschauen kann, der in den medizinethischen Kontext aber eher nur *improvisando* und erkennbar ohne allzu große begriffsgeschichtliche Rückversicherungen implantiert worden ist. Die Rede ist vom Begriff des „natürlichen Willens", der nach einer Feststellung von Ralf Jox (cf. 2006, 75) aus dem Jahre 2006 bei seinem neuerlichen Auftauchen nicht eigentlich auf eine tatsächlich „autoritative Definition [...] per Gesetz oder Jurisdiktion" zurückgreifen konnte[1]. Dies bedeutete jedoch nicht, dass der neue Begriff als unverständlich empfunden worden wäre; er artikulierte vielmehr die intuitive Gewissheit, dass ein Patient oder Schutzbefohlener auch unterhalb der Ebene begrifflicher Artikulationsfähigkeit kommunizieren und aktuelle Präferenzen und Erwartungshaltungen zu erkennen geben kann. Monika Bobbert (2001, 141 f.) hat das Problem, das hier für die Medizinethik entsteht, dahin zusammengefasst, dass damit Fallkonstellationen fokussiert werden, bei denen im rechtlichen Sinne nicht mehr geschäfts- oder auch entscheidungsfähige Personen sich dennoch „durch verbale Äußerungen in bezug auf eine konkrete Situation oder durch mimische oder gestische Äußerungen des Gutheißens oder der Mißbilligung" Ausdruck geben können, die nicht einfach übergangen werden können. Die Frage, die die Medizin- und Pflegeethik in diesen Konstellationen vor allem beschäftigen muss, ist die, welches *normative* Gewicht den Äußerungen oder Phänomenen eines entsprechenden „natürlichen Willens" beigelegt werden kann oder sollte. Probleme entstehen hier bereits dadurch, dass sowohl der – wie der Epistemologe sagen würde – „propositionale Gehalt" einer „natürlichen" Willensäußerung immer weniger eindeutig als durchschnittliche andere Willensäußerungen sein wird, als auch das Verstehen dieser Äußerung sich

---

[1] Die Feststellung von Jox aus dem Jahre 2006 ist inzwischen bezüglich „Gesetz und Jurisdiktion" einzuschränken; cf. dazu unten Fn. 11 und 12.

nur auf „Kompetenzen" im Umgang mit nicht-propositionalen Äußerungen stützen kann, die jedenfalls nicht regulär gelehrt und erlernt werden können[2]. Damit einher geht die nochmals speziellere Frage, in welchem Verhältnis der „natürliche" zu einem im Rechtssinne vollwirksamen, sprich „autonomen" Wille steht[3]. Weitgehender Konsens besteht diesbezüglich in mindestens zwei Punkten: Zum einen gibt es einen Konsens darüber, dass der „natürliche Wille" dem „autonomen Willen", wie immer dieser näher zu bestimmen ist, nicht einfach gleichrangig sein kann; zum anderen existiert eine Übereinstimmung aber auch darüber, dass der natürliche Wille im Sinne einer Orientierung am Patientenwohl, am „Benefizienz-Prinzip", in jedem Fall *beachtlich* ist und nicht nach bloßem Gutdünken Dritter ignoriert werden darf. Im Interesse einer näheren Klärung der Begriffe zentral muss hierbei zunächst die Beantwortung der Frage sein, ob eine Homonymie im Gebrauch des Willensbegriffs in diesem Fall ausgeschlossen werden kann – was etwa dann nicht der Fall wäre, wenn der „natürliche Wille" als rein physiologisch bedingte Reaktion *ohne* Personbezug aufgefasst werden müsste, der „autonome Wille" dagegen notwendig als *Personmanifestation* zu würdigen wäre. Können oder müssen hingegen beide Willensformen als Personmanifestationen verstanden werden, dann bleibt zu klären, worin ihr entscheidender Unterschied tatsächlich besteht: Handelt es sich um eine immer noch prinzipielle oder nur eine graduelle Abstufung? Haben wir es mit einer „ontologisch" begründeten oder nur pragmatisch zu treffenden Differenz zu tun? – und anderes mehr.

Die Frage führt, so gestellt, ersichtlich auf Dimensionen, die weit über den Gesichtskreis der Medizinethik hinausreichen – auf Dimensionen, die in theoretischer Hinsicht die Willenskonzeption zwischen schlichter Willensphänomenologie und anspruchsvoller Willensmetaphysik, in praktischer Hinsicht aber den Grund dafür betreffen, aus dem heraus dem individuellen Willen und seiner Äußerung überhaupt normative Relevanz beizulegen sein soll[4].

---

[2] Für das für alle Erkenntnistheorie nicht nur beiläufige, vielmehr immer wieder auch aporetische Problem eines nicht-propositionalen Wissens sei hier exemplarisch auf Hogrebe (1996) verwiesen.

[3] Cf. in diesem Sinne außer der in Fn. 1 bereits genannten Publikation auch den für einen größeren Adressatenkreis bestimmten Text von Ralf J. Jox et al. (2014).

[4] Von einer Beachtlichkeit des Einzelwillens geht in der Rechtssphäre eher das Zivilrecht als das öffentliche Recht aus; Theorien über den „Gesellschaftsvertrag" versuchen sodann, sie auch auf die öffentlich-rechtliche Ebene zu heben. Die Beachtlichkeitsthese bleibt dabei freilich solange eine dogmatische Setzung, wie nicht aufgezeigt werden kann, dass das Recht selbst seinen Ursprung und seine eigentliche Existenz n der Selbstaffirmation der Freiheit gerade auch unter empirischen Bedingungen hat. Dies aufgezeigt zu haben, ist das entscheidende Verdienst der Rechtsphilosophien Kants, Fichtes und Hegels.

Der vorliegende Beitrag wird zunächst die Begriffsgeschichte zu Rate ziehen, um zumindest anhand einiger Eckpunkte den relativ komplexen Horizont auszumessen, in den die Frage nach dem „natürlichen Willen" gehört. Systematisch und dabei auch medizinethisch sinnvoll ist eine Fokussierung jener Linien, an denen sich der „natürliche Wille" als ethisch konfliktträchtige Instanz erweist. Dies betrifft keineswegs nur das schon erwähnte Verhältnis zum „autonomen" (was in der Regel meint: zu einem *propositional artikulierten*) Willen, sondern ebenso dasjenige zu anderen Repräsentanten oder „Stellvertretern" eines unmittelbar die Person manifestierenden Willens. Unter „Repräsentanten einer Personmanifestation" verstehen wir hier generell Ersatzinstanzen eben für den aktuell erklärten, nach gängigem Verständnis fraglos vollwirksamen Willen, unter die in medizinethischer Perspektive eben auch der „natürliche Wille" zählt. Die konflikthaften Kollisionen, um die es uns in der Folge auch in heuristischer Hinsicht geht, betreffen entsprechend vor allem die Konkurrenz von *mutmaßlichem* und natürlichem, ebenso die von *vorausverfügtem* und natürlichem Willen[5]. Sie haben dabei immer auch, aber nicht *nur*, mit der Differenz zwischen dem „Willen" und seiner „Auslegung" zu tun bzw. zunächst mit verschiedenen Graden oder Modi der „Erklärtheit" dieses Willens und damit mit seiner unterschiedlich qualifizierten Präsenz.

1 Gewundene Wege der Begriffsgeschichte eines Problemanzeigers

Die Tatsache, dass unser Thema keine rein akademische Frage betrifft, kann zu Beginn leicht anhand von Beispielen illustriert werden. Solche Beispiele existieren genauso in der Literatur wie im wirklichen Leben: verwiesen sei dafür nur etwa auf das durch Ronald Dworkin (1993, 201) zu Einschlägigkeit gelangte Margo-Beispiel – die Geschichte einer 55-jährigen amerikanischen Demenzpatientin, die im Vollbesitz ihrer geistigen Kräfte zwar den Verzicht auf lebenserhaltende Maßnahmen für den Fall ihrer Demenz verfügt hatte, als tatsächlich an Demenz Erkrankte jedoch sichtlich Freude nicht nur an Erdnussbutter, sondern auch sonst am Leben zeigte[6]. In Deutschland wird sich ein

---

[5] Das Recht kennt auch weitere Figuren, so etwa den „hypothetischen" oder den „fingierten" Willen, auf die wir hier jedoch nicht weiter eingehen werden.
[6] Dworkin hat in diesem Zusammenhang die Unterscheidung zwischen den „critical interests" einer rational selbstbestimmten Person und den bloßen „experimental interests" einer kranken getroffen und gefordert, dass im Zweifel die ersteren die letzteren ausstechen

größeres Publikum zudem an den im Jahre 2013 verstorbenen Rhetoriker Walter Jens erinnern, in dessen Person der in Frage stehende Konflikt sehr plastisch geworden ist. Jens hatte sich in einer Patientenverfügung (also in Form eines „vorausverfügten Willens") gegen die Anwendung medizinischer Maßnahmen, die ihn „am Sterben hindern" würden, ausgesprochen, sich daneben aber auch öffentlich für ein „selbstverantwortliches" Sterben eingesetzt[7]. „Derselbe" Jens freilich hat im Zustand schwerer Altersdemenz dann jedoch nachdrücklich und wiederholt darum gebeten, „nicht totgemacht" zu werden[8]; ebenso genoss er in diesem Zustand sichtlich den Umgang mit Tieren, ja das Spiel mit Puppen[9], damit aber Situationen, die er in früherem, „unbeeinträchtigtem" Zustand sogar als verächtlich bezeichnet hatte. Auch hier stellt sich die Frage, welche „Willensmanifestation" zugleich die authentische (und andere bindende) Personmanifestation ist: der klar artikulierte Wunsch aus der Vergangenheit oder aber das gegenwärtige Wollen eines mit Puppen spielenden „alterierten" Akademikers, der seine früheren Positionen dem Augenschein nach revoziert.

Der Sinn des Blicks auf Beispiele wie die genannten ist es, daran zu erinnern, dass hier offenbar ein simpler Rekurs auf ein Prinzip einer „Selbstbestimmung des Betroffenen" nicht weiterführt. Dies liegt vor allem daran, dass der unmittelbar rechtswirksam-autonome Wille in diesen Fällen in seiner Absenz durch gleich zwei, praktisch nicht kompatible „Platzhalter" vertreten wird, von denen der eine – der vorausverfügte Wille – als *objektivierter* Wille seinem Modus nach

---

sollen: der zu einem bestimmten Zeitpunkt gegenständlich niedergelegte und als wohlerwogen geltende „Wille" soll gegenüber dem aktuellen subjektiven „Wollen" höherrangig sein. Die notwendige Diskussion mit Dworkin eröffnet hat dann Rebecca Dresser (1995).
[7] Cf. dazu Jens' Vorwort zu Ludovic Kennedys *Sterbehilfe. Ein Plädoyer* (1991), sowie den zusammen mit Hans Küng von ihm herausgegebenen Band *Menschenwürdig sterben. Ein Plädoyer für Selbstverantwortung* (1995).
[8] Cf. dazu z. B. den Beitrag in der *Berliner Morgenpost* vom 20.7.2009 „Walter Jens: Bitte nicht totmachen!".
[9] Cf. die Erinnerungen von Tilman Jens (*Demenz: Abschied von meinem Vater,* 2010, 153 f. u. ö.). An anderer Stelle verweist Tilmann Jens auf „einen Hauch jener Freude", die sein Vater „einst als das zentrale Lebenselixier beschrieb" und die er offenbar auch als Dementer „verspürt" (145). Damit ist nicht von vornherein ausgeschlossen, dass nicht auch ein Todeswunsch im Modus des „natürlichen Willens" artikuliert werden kann, ja sogar eine „Dialektik" von Haben und Nichthaben dieses Wunsches beobachtet werden kann (cf. ibd.).

keine *aktuale*, der andere aber – der natürliche Wille im Sinne eines real-widerständigen Wollens – keine *vollbewusste* Selbstbestimmung zum Ausdruck zu bringen vermag. Umso dringender wird die systematische Frage eben nach der jeweiligen Valenz der „Substitute", in unserem Fall nach der Valenz des „natürlichen Willens", der durchaus faktisch, etwa bei Therapieentscheidungen auch in der Psychiatrie, eine durchaus große Rolle spielt (cf. Kirsch und Steinert 2006)[10], wobei jedoch mehr die *intuitiven* als die begrifflichen Gewissheiten ausschlaggebend sind. Um die letzteren freilich geht es bei dem Blick in die Begriffsgeschichte.

Dass der Begriff des natürlichen Willens eine Geschichte hat, lässt sich schon daran ablesen, dass es in jüngerer Zeit sowohl in der Rechtswissenschaft[11] als auch durch die Rechtsprechung[12] im Bereich des Vormundschaftsrechts bzw. des Erwachsenenschutzes zu Neuerungen gekommen ist, in denen sich ein signifikanter Wandel zugunsten der Beachtung, wenn nicht gar „Anerkennung" des

---

[10] Der Bereich der Psychiatrie ist für die Frage schon deshalb von besonderem Interesse, weil in ihm Behandlungen regelmäßig auch mit intensiven gegenläufigen Äußerungen eines natürlichen Willens konfrontiert sind, die bei allem Anschein nach fehlender Einsicht in Sinn und Zweck der Behandlung in ganz anderer Weise „real" sind, als es eine in der Vergangenheit „einsichtsvoll" getroffene, jetzt in Papierform vorliegende Verfügung sein kann. Das philosophische Problem lässt sich dahin zuspitzen, dass beide Willensmanifestationen als Ausdruck eines Selbstbehauptungswillens verstanden werden können, was wiederum darauf verweist, dass das personale Selbst nur als dialektische Einheit von substantieller (lebendiger) und rationaler Selbstidentifikation zu denken ist. Darin liegt zugleich die Warnung, personale Identität nicht reduktionistisch nach der einen oder der anderen Seite aufzufassen. Die Person ist weder alleine „materialistisch" (als organischer Vollzug) noch „idealistisch" (als abstrakter Bezugspunkt der Reflexion) zu verstehen, sondern in letzter Instanz als anthropologisch-biographische Einheit beider Aspekte zu denken.

[11] Der Begriff des natürlichen Willens wurde in das BGB (cf. dort § 1906a) erstmals 2013 aufgenommen; dazu Neuner (2018). Den sich in der Norm findenden definitorischen Gehalt fasst Neuner rein negativ zusammen: „*De lege lata* ist unter dem „natürlichen Willen" somit eine Willensäußerung zu verstehen, die von keiner Einsichts- und Steuerungsfähigkeit geleitet wird. [...] Der Betroffene ist mangels Einsichts- oder Steuerungsfähigkeit nicht in der Lage, sein unmittelbares Wollen zu bewerten" (15). Cf. außerdem etwa Lipp (2017).

[12] Im Blick auf neuere BGH-Entscheidungen cf. Magnus (2018).

natürlichen Willens ausspricht[13]. Wenn im heutigen Vormundschaftsrecht beispielsweise die Wünsche von Schutzbefohlenen in Fällen, für die dies zuvor nicht galt, als beachtlich behandelt werden, verbirgt sich darin die Neubewertung eines „natürlichen Willens", der trotz des Fehlens zum Beispiel von Geschäftsfähigkeit dem Handeln Dritter Grenzen setzt. Der Rekurs auf den „natürlichen Willen", dessen Einbeziehung hier zu einer Stärkung der Rechtsposition insbesondere von geistig behinderten Menschen geführt hat, ist dabei grundsätzlich ein Rekurs auf ein Erbstück aus der Naturrechtslehre, hinter dem zugleich metaphysische und anthropologische Debatten stehen, auf die sogleich näher einzugehen sein wird. Noch in der bereits vernunftrechtlich modifizierten Naturrechtslehre, als die sich Hegels *Rechtsphilosophie* versteht, kommt der Begriff vor, und zwar als der Begriff eines „nur erst *an sich* freien Willens", der sich zu einem Wissen um sich selbst und damit zu selbstbewußter Freiheit noch nicht erhoben hat[14]. An Hegels Bestimmung, auf die wir hier nicht ausführlich eingehen können, sind zwei Punkte bemerkenswert: zum einen versteht Hegel den natürlichen Willen nicht von einer strikten Opposition gegen den eigentlich freien Willen her, sondern aus der *Privation* von Formmerkmalen, die dem vollumfänglich freien Willen eignen; in diesem Sinne ist nach Hegel auch der natürliche Wille eben „*an sich* vernünftig" und in der Konsequenz überhaupt eine Manifestation von (Rechts-)Personalität. Was ihm, dem noch nicht „*für sich* vernünftigen" Willen fehlt, ist das entwickelte vernünftige Selbstbewusstsein als Artikulationsraum, ist die reflexive Aneignung des Inhalts, den der Wille will, die ausdrückliche Approbation des Gewollten aus Vernunftgründen. Damit ist, zweitens, auch klar, dass der natürliche Wille, wie Hegel ihn hier fasst, nicht einfach naturalistisch bzw. im Sinne von äußerer Determiniertheit zu verstehen ist. Der natürliche Wille ist nach Hegel nicht etwa als *Naturtatsache* zu werten, sondern durchaus als *praktische Tatsache* – er ist nicht nur dumpfer „Trieb" im Sinne eines anonymen „Es", das das Ich dominiert oder ganz verdrängt, sondern Seinsvollzug

---

[13] Cf. zu diesem Themenkreis Lipp (2020); auch Knell et al. (2022); ebenso mit besonderem Blick auf die Psychiatrie Nossek et al. (2018).

[14] Hegel (1821, § 11): „Der nur erst *an sich* freie Wille ist der *unmittelbare* oder *natürliche* Wille". Der Inhalt des natürlichen Willens ist damit zugleich nur erst „an sich vernünftig" und noch nicht in die „Form der Vernünftigkeit" gesetzt, d. h. als vernünftig vermittelt und mitteilbar geworden; der „natürliche Wille" ist auf Grund dieser Form-Inhalts-Diskrepanz „*in sich endlicher* Wille". – Der natürliche Wille begegnet bei Hegel übrigens auch in der Psychologie (cf. Hegel 1830, § 473). – Zu der enzyklopädischen Abfolge fühlender Wille/ überlegender Wille/sich selbst wollender Wille cf. Bergés (2012).

eines *Ichs in statu nascendi* bzw. *evanescendi*[15]. Die Natürlichkeit des Willens bezieht sich damit entsprechend auf eine *Modalität* der Willensbestimmung oder des Wollensvollzugs, nämlich eben auf deren nur *unmittelbares Bestimmtsein* und ihre fehlende Reflektiertheit oder durchgängige Selbstbestimmung, nicht jedoch darauf, dass die äußere Natur die Willensinhalte oder gar diesen selbst determinierte.

Hegel hat in diesem Sinne im natürlichen Willen einen zwar (dem Inhalt und auch der Form nach) endlichen, d. h. in seine jeweilige konkrete Gegenständlichkeit versunkenen Willen, prinzipiell aber gleichwohl eine auf Freiheit bezogene Weise praktischer menschlicher Existenz gesehen. Wollte man die von Hegel hier ins Spiel gebrachte Option in auch von ihrem Urheber ablösbarer Form zusammenfassen, könnte man als Markierung eines Zwischenresultats festhalten: Der Begriff des „natürlichen Willens" dient dazu, unterhalb der Ebene eines für sich selbst vernünftigen und in diesem Sinne *autonomen* Willens Raum für ein *Wollen der Autonomie* zu lassen, das gerade auf Grund dieses Momentes, Wollen der *Autonomie* zu sein, bei aller formalen Unterbestimmtheit normativ bedeutsam ist. Der Sache nach kann nur dieser Gedanke z. B. einer rechtlichen Anerkennung des natürlichen Willens geistig beeinträchtigter Personen als beachtlich zugrunde zu liegen, während umgekehrt eine scharfe Disjunktion zwischen einem abstrakt „autonomen" und einem „nur" natürlichen, d. h. *ohne* allen Autonomiebezug zu denkenden Willen, dazu führen muss, den natürlichen als rein natural bestimmten, „naturvorgänglichen" Willen anzusehen, der nur um den Preis eines Seins-Sollens-Fehlschlusses als normativ bedeutsam erachtet werden könnte.

Wir kommen auf dieses Motiv eines dem explizit autonomen Willen vorausgehenden oder gar zugrundeliegenden Wollens der Autonomie im zweiten Teil dieses Beitrags noch einmal zurück. Zunächst erweitern wir unseren begriffsgeschichtlichen Gesichtskreis, wobei es sich anbietet, die Geschichte des „natürlichen Willens" an Hand von drei begriffsgeschichtlichen Etappen näher zu verfolgen, deren erste die *antike,* deren zweite die theologische oder *mittelalterliche*

---

[15] Der Wille ist bei Hegel auch nicht (wie bei Kant) vom Kausalschema her gedacht, sondern vom freien Selbstbesitz her. Wenn es bei Kant (1790, AA V, 172) heißt: „Der Wille, als Begehrungsvermögen, ist nämlich eine von den mancherlei Naturursachen in der Welt, nämlich diejenige, welche nach Begriffen wirkt", ist bei Hegel (1821, § 4) „die Freiheit" die „Substanz und Bestimmung" des Willens und die „Willensidee" überhaupt als das „Selbstbestimmende" zu denken, das den Inhalt „in sich selbst hat" (Hegel 1813, 231). – Formal gibt es hier übrigens Parallelen zur Lehre von der „eingeborenen Freiheit" bei Bernhard von Clairvaux („ubi voluntas, ibi libertas"); cf. dazu Ramelow (2004, 33).

und deren dritte dann eine *frühneuzeitlich-voluntaristische* ist – wobei die genannten Zuordnungen der Erleichterung der Übersicht dienen sollen und nicht in jeder Hinsicht beanspruchen, nicht auch durch andere Titel ersetzt werden zu können.

1.1 Etappe: Ausgangspunkte in der Antike

Als wohl wichtigster Bezugspunkt für alle Diskussionen um den Begriff des natürlichen Willens bis hin zu Christian Wolff[16] dürfte eine Stelle im dritten Buch der Seelenschrift des Aristoteles anzusehen sein, an der der Stagirit zwei zentrale Aussagen trifft. Zum einen spricht er davon, dass der Wille bzw. das Wollen (βούλησις) dem vernünftigen Seelenteil zuzuordnen ist, wörtlich: dass er „im" vernünftigen Seelenteil (ἐν τῷ λογιστικῷ) sei (Aristoteles (1) III, 9, 432 b 5; cf. Aristoteles (2) IV, 5, 126 a 13). Diese Position hat sich über die Stoa[17] bis in die Schulmetaphysik des 18. Jhds. hinein als Theorem vom Primat des Verstandes gegenüber dem Wollen fortgeerbt und einen stabilen Gegenpol zu allem Voluntarismus gebildet, der (vor allem in der scotistischen Tradition, der wir etwa auch bei Descartes begegnen) den Willen vom Verstand zu „emanzipieren" und selbstständig zu setzen versuchte. Eines der Hauptargumente zugunsten der nicht-voluntaristischen, vielmehr „intellektualistischen" Position bestand in dem Satz, dass man etwas nicht Bekanntes auch nicht wollen könne, der Wille ohne Leitung des Verstandes also nicht nur in die Irre, sondern nirgendwohin gehe. Zum anderen aber stellt Aristoteles in *De anima* klar, daß *sämtliche* drei Seelenmomente – neben dem vernünftigen also auch das trieb- und das muthafte Moment – durch ein *Streben,* eine ὄρεξις bestimmt seien, ja „orektisch", als Trieb, in Erscheinung treten (Aristoteles (1), 433 a 16–23.). Diese *Einheit im Streben* erlaubt es schon im Anschluss an Aristoteles, von so etwas wie einer Natürlich-

---

[16]Wolff (1732, II, 1 § 880) definiert z. B. in der *Psychologia empirica* die „voluntas" als „appetitus rationalis"; in § 886 folgt der ausdrückliche Bezug auf Aristoteles und die gegen Goclenius gerichtete Bestreitung der Möglichkeit, einen „Willen" in diesem Sinne auch den Tieren beizulegen. Freilich klingt die These bei Goclenius (1977, 537) im 1609 erschienen *Conciliator Philosophicus* noch versöhnlicher: „Populariter loquendo, quomodo & Aristoteles interdum: Hoc velle est naturale appetere, propendere, inclinari, non consultò. Sic populari consuetudini dicuntur etiam bestiae velle libenter vel non libenter [...] Hoc autem velle est appetitus sensitivi seu sensuum, & rectius appetere dicitur".

[17]In der Stoa kann die βούλησις ganz aristotelisch als εὔλογος ὄρεξις, also als „wohlüberlegtes Streben" bestimmt werden; cf. SVF III, 41,33 und 105, 20.

keit der Willens- bzw. der Wollensregungen überhaupt auszugehen, was dann etwa auch die Natürlichkeit unseres Strebens nach Erkenntnis betrifft: es gibt kein menschliches Leben, ganz gleich auf welcher Stufe wir es betrachten, das nicht auch ein *lebendiges Streben* und damit so etwas wie eine Vorform des „eigentlichen" Wollens wäre. In späterer Zeit wird es eben diese Einheit im Streben ermöglichen, die Regungen der nicht-rationalen Seelenteile ausdrücklich als „Willen" aufzufassen und – was Aristoteles selbst nicht tut – eben von einem „natürlichen Willen" zu sprechen, den man dann auch schon auf der subrationalen Stufe ansetzen kann. Vor diesem Hintergrund überrascht es nicht, wenn im Mittelalter Avicenna (cf. 1968, IV, 4, 56 f.) für die subrationalen Seelenregungen, also die Begierde *(concupiscibile)* und das Muthafte *(irascibile),* von „Willensverzweigungen", „rami voluntatis", spricht: beide drücken so etwas wie ein Seinsbegehren, einen „Willen zum Sein" überhaupt aus, der sich auf verschiedenen Ebenen äußern kann und nur unserem Seinsvollzug insgesamt entspricht (cf. Avicenna 1968, IV, 4, 56 f.). Zum Verständnis der Position des Aristoteles und der Aristoteliker muß dabei freilich im Auge behalten werden, dass es hier kein abstraktes, für sich bestehendes „Vermögen", noch weniger eine „Entität" namens „Willen" gibt, die gleichsam für sich und unabhängig neben unseren jedesmaligen Willensregungen bzw. Strebungen stünde[18] – der Stagirite hat nichts mit Schopenhauers oder Nietzsches Vorstellung eines nicht individuell gebundenen, gar apersonalen Willens gemein, er versteht „den *Willen*" stets aktualistisch, d. h. als ein jedesmaliges *Wollen*, in dem wir uns durch „an sich" vernünftige Inhalte schon affiziert zeigen[19]. Wir streben etwa nach Erkenntnis, ohne dass erst ein dem noch einmal vorgeordneter „Wille" entschiede, ob wir dies auch wirklich wollen; ja wir streben, indem wir überhaupt über ein vernunftbezogenes Wollen (βούλησις) verfügen, auch schon nach dem Guten und wollen nicht eigens *neben* dem Guten noch dieses „gute" Streben (cf. Aristoteles (3), a 10, 1369 a 3). Das schließt bei Aristoteles nicht aus, dass das entsprechende Wollen ganz verschiedene Grade der „Stabilität" annehmen kann und es entsprechend ein Unterschied ist, ob wir ein Strebensziel als Objekt einer auf Dauer gestellten Vorzugswahl (προαίρεσις) ver-

---

[18] Die Transformation im Vorverständnis dürfte hier schon in der Verschiebung von boúlhsiv zu lat. *voluntas* zu finden sein: aus dem „Ereignis" wird hier ein „Etwas", womit seinerseits wieder die Tradition der Willenshypostasierung anheben kann.

[19] Einen nicht schon durch einen Inhalt gebundenen „Willen" gibt es bei Aristoteles nicht, daher weder ein „liberum arbitrium" noch einen gänzlich unbestimmten, „unendlichen" Willen.

folgen oder ihm beispielsweise im Zustand der Willensschwäche (ἀκρασία) nur nachträumen. Entscheidend ist, dass der Wille *im Wollen selbst*, weder darüber noch dahinter, zu suchen ist.

1.2 Etappe: Impulse aus der Spätantike und dem Mittelalter

Erst nacharistotelisch, wenn auch zunächst noch mit deutlichem Aristotelesbezug, kommt es zu einem Auseinandertreten von differenten „Willensarten", die zugleich auf unterschiedliche Weise „natürlich" sind. Eine der Stationen auf diesem Weg ist die Umdeutung der bei Aristoteles ontologisch-teleologisch gedachten Vorzugswahl im Sinne eines nicht-gerichteten *liberum arbitrium* bei Alexander von Aphrodisias (2.–3. Jhd. n. Chr.) gewesen (cf. Moraux 2001, bes. 544–561). Alexander stand, wie man weiß, in Abwehr gegen den stoischen Determinismus und neigte nicht zuletzt deshalb zu einer Konzeption, die einer Naturalisierung des Willens vorbeugen sollte. In dieser Perspektive erscheint ein „natürlicher" nur allzu leicht als ein „determinierter" und unpersönlicher Wille im Sinne des stoischen Fatums, gegen welches die Willkürfreiheit in Stellung gebracht wird. Ein „natürlicher" als naturbestimmter Wille muss unter dieser Prämisse grundsätzlich als in normativer Hinsicht bedeutungslos angesehen werden; die Ethik beschränkt sich auf die Sphäre der bewussten Willensentscheidung.

Eine zweite, weitere Differenzierungen hervorbringende Station auf dem Weg zu einer prägnanten Entgegensetzung von „natürlichem" und mehr als natürlichem Willen entwickelte sich sodann aus der christlichen Theologie. Der Hintergrund ist hier der christologische Dyotheletismus, der auf dem VI. Ökumenischen Konzil in Konstantinopol 680/81 dogmatisiert wurde[20] und fortan in bestimmter Hinsicht überhaupt einen verborgenen Subtext dualistischer Willenskonzeptionen bis hin zu Kant bilden konnte. Die Begriffsgeschichte hat inzwischen recht genaue Rechenschaft über die Autoren gegeben, die dabei

---

[20] Der Dyotheletismus bzw. die Zwei-Willen-Lehre besagt, daß Christus als wahrer Mensch und wahrer Gott auch über „zwei natürliche" (φυσικὰς θελήσεις/*naturales voluntates*, d. h. der jeweiligen Natur gemäße) „Willen und natürliche Energien" verfüge, dies jedoch so, daß sich der „menschliche Wille dem göttlichen und allmächtigen Willen nicht entgegenstellt, sondern ihm nachfolgt uns sich ihm unterordnet" (cf. Denzinger und Schönmetzer 1976, n. 556).

auch für die philosophische Willenslehre von Bedeutung waren[21]. Besonders zu nennen ist hier zunächst Maximus Confessor (ca. 580–662), bei dem erneut ein *bewußtes* von einem *naturhaften* Wollen (γνώμικον vs. φύσικον) unterschieden und gegeneinandergestellt wurden – dies jedoch so, dass nicht in jeder Hinsicht sofort klar ist, auf welcher Seite das Übergewicht oder der Vorzug liegt. Terminologisch unterscheidet Maximus wie dann auch Johannes Damascenus (676–749) zum einen den naturalistisch-naturhaften von dem qualitativ freiheitlichen Willen in der Entgegensetzung von θέλησις und προαίρεσις; gleichzeitig aber wird die menschliche προαίρεσις wiederum einem *göttlich*-natürlichen Willen, wie ihn Christus kraft seiner göttlichen Natur besaß, entgegengestellt. Der leitende Gedanke ist dabei, dass ein im Sinne des bloßen *liberum arbitrium* freier und deliberierender Wille einerseits durch Unwissenheit gekennzeichnet ist, andererseits in seiner Willkürfreiheit auch frei zum Bösen ist, also sündigen kann – das jedoch kann weder vom Willen Gottes schlechthin noch vom göttlichen Willen Christi im Besonderen ausgesagt werden. Insoweit gibt es jetzt gleich *zwei* natürliche Willen, nämlich zum einen die naturale θέλησις, zum anderen aber einen der *göttlichen Natur* gemäßen „natürlichen" Willen, der oberhalb des menschlichen freien Willens, der „voluntas sententialis" bzw. „deliberativa", wie es im lateinischen Mittelalter dann heißen wird, anzusiedeln ist. Grundsätzlich wird jetzt denkbar, dass der Mensch in sich einen Willenskonflikt vorfindet und ein „existentielles" Problem gerade darin besteht, eine Gleichläufigkeit unserer Willen zu erlangen, wie sie in Christus vorgebildet ist.

Dass der natürliche Wille zweiter Stufe, also der göttlich-natürliche Wille, dabei keineswegs nur die im engeren Sinne theologische bzw. christologische Thematik betrifft, sondern auch für die Erschließung der menschlichen Praxis relevant sein kann, machen wir uns hier nur kurz an der Erinnerung klar, dass die *Synderesis* der Scholastiker, also das von der deliberierenden *conscientia* noch einmal zu unterscheidende „Urgewissen", eine unveränderliche Willensausrichtung meint, die durch keine Deliberation unterlaufen werden kann. Philipp der Kanzler (1160–1236) nennt die Synderesis in diesem Sinne ausdrücklich eine „voluntas naturalis que solum appetit bona ad quae nata est anima rationalis" (Philipp der Kanzler, Summa de bono, zit. nach Müller 2009, 292), also jenen „natürlichen Willen, der alleine nach jenen Gütern strebt, für die die Vernunftseele geschaffen worden ist": der „natürliche Wille" ist insoweit gerade das, was

---

[21] Cf. dazu die bereits genannte begriffsgeschichtliche Übersicht von Ramelow (2004) in Fn. 15; die folgenden Hinweise in diesem Abschnitt sind zum großen Teil dieser Studie entnommen.

er in den neueren Debatten meist eben nicht ist, nämlich Ausdruck der Vernunftnatur des Menschen.

Aber wie dem auch sei: da es für unseren Zusammenhang nicht darum gehen kann, alle Stationen aufzuzählen, die das Konzept der „voluntas naturalis" im Mittelalter durchlaufen hat, möge nur noch ein Hinweis auf den nie außer Acht zu lassenden Aquinaten folgen, der zwar einerseits ebenfalls eine „voluntas duplex" bzw. die Unterscheidung von „voluntas naturalis" und „voluntas deliberata" kennt, der jedoch zugleich unterstreicht, dass es hier (gut aristotelisch) nicht um einen Dualismus zweier wesensmäßig unterschiedener *Vermögen* gehen kann: „natürlicher" und „überlegter" oder „überlegender" Wille unterscheiden sich vielmehr nur als *zwei verschiedene Akte ein und desselben Vermögens,* so wie ja auch Vernunfteinsicht und Verstandesreflexion nur unterschiedliche Akte ein und desselben Erkenntnisvermögens sind (Thomas von Aquin, q. 83 a.4; III q. 18 a. 3c ad 1). Der natürliche Wille ist näher ein Wille, der um die *Zwecke,* der *überlegende* Wille aber ein Wille, der um die *Mittel* zu diesen Zwecken weiß. Nicht zu verwechseln ist er freilich mit dem *appetitus naturalis,* dem natürlichen Begehren, dass sich selbst in Christus als sinnlicher Wille *(voluntas sensualitatis),* wenn auch als in diesem Fall niemals als fehlgehend, gezeigt hat[22].

1.3 Etappe: Im Zeichen von Nominalismus und Voluntarismus

Die für alles weitere entscheidende Zäsur folgt dann bald auf Thomas; sie hängt nicht zuletzt mit den grundbegrifflichen Verschiebungen zusammen, für die die Franziskanerschule steht. Während zum einen bei Thomas der natürliche (Zweck-)Wille grundsätzlich den überlegten oder abwägenden Willen überwiegt,

---

[22] Zu Thomas insgesamt und auch seiner frühen Rezeption (etwa bei Walter von Brügge) cf. die Dissertation von Kim (2007). – Erwähnt sei hier noch die terminologische Klärung bei Armandus de Belvézer (14. Jhd.), der auf der einen Seite den immer eher instinktartigen „appetitus" strikt von jeder Art „voluntas" scheidet, auf der anderen aber eine „voluntas naturalis" kennt, die „sequitur simplicem apprehensionem intellectus"; dieser steht eine „voluntas deliberativa" gegenüber, die dem Intellekt frei und aus Überlegung folgt. Die „voluntas naturalis" und die „voluntas deliberativa" sind hier explizit nicht *real* unterschieden, sondern unterscheiden sich nur der Aktform des Willens, also der Modalität nach (cf. Armandus de Belvézer 1607, 240 f.). Auch bei Altenstaig wird es später heißen, dass der „natürliche" Wille sich vom „freien" Willen insoweit nicht unterscheidet, als beide Willensformen darauf gerichtet sind, eine bestimmte „perfectio" zu erhalten, die ihr von Geburt an zugehörig ist (cf. Altenstaig und Tytz 1619, 977).

ändert sich diese Sachlage im Kontext des mit Duns Scotus und dann auch Ockham aufkommenden Voluntarismus. Und hatte Thomas zum anderen – ganz in aristotelischem Geiste – noch gelehrt, dass der Wille, die „voluntas", und das Wollen *(velle)* ein und dasselbe seien („voluntas, id est ipsum velle", Thomas I q. 83 a. 4 ad 2.), tritt jetzt der Wille als ein selbständiges, „hypostatisches" Vermögen auf, das nicht zuletzt zunächst neutral gegen Gut und Böse ist,[23]. Parallel dazu ist jetzt auch der „natürliche Wille" keineswegs mehr als solcher schon „gut", ja Duns Scotus kann sogar bestreiten, dass der „natürliche Wille", die „voluntas ut natura" – wir erinnern uns an Alexander von Aphrodisias –, überhaupt als eigentlicher *Wille* angesehen werden kann (cf. Ramelow 2004, 48). Von besonderer Tragweite ist die darin gelegene Neubewertung des Verhältnisses von natürlichem und reflektierendem Willen: Scotisten und Nominalisten verweisen jetzt nicht etwa auf die „Untrüglichkeit" oder „Naturgemäßheit" des „natürlichen Willens", sondern darauf, dass dieser stets nur auf das Angenehme gehe, während nur erst der überlegte Wille etwas sittlich Wertvolles hervorbringen könne – wir haben es insoweit im Umriss bereits mit jenem Wertgefälle zu tun, das uns bei Dworkin in der Gegenüberstellung von „experimental" und „critical interest" bereits begegnet ist und das von thomasischen Prämissen aus undenkbar wäre[24]. Zur Illustration verweisen wir hierfür auf ein Beispiel aus dem 15. Jhd., das sogar medizinethische Bezüge enthält: Andreas Proles (1429–1503), der Provinzial und Ordensreformator der Augustinereremiten, führt uns eine Mutter vor Augen, der ein Arzt eine gefährliche Operation als Hilfe für ihren kranken Sohn anbietet. Der „natürliche Wille" der Mutter will dem Sohn die Schmerzen und ihr selbst die Arztrechnung ersparen; erst die vernünftige Überlegung führt dazu, dass sie die Schmerzen und den finanziellen Verlust für das Gut der Wiederherstellung der Gesundheit ihres Sohnes in Kauf nimmt (Weinbrenner 1996, 190 f.). Proles' Nachfolger bei den Augustinereremiten war Johann von Staupitz (ca. 1465– 1524), der Beichtvater des jungen Luther. In der bei Luther verschärften Version der Erbsündenlehre wird alles, was der Mensch auf „natürliche" Weise, aber auch auf Grund eigenen Nachdenkens will, böse sein; eine wie auch immer beschaffene natürliche oder rationale Ausrichtung des Wollens auf das Gute hin gibt es jetzt nicht mehr, was sich unter anderem auch in der Bekämpfung der

---

[23] Dies gilt insbesondere für Ockham, bei dem nun auch der Wille den Primat gegenüber der Vernunft besitzt; dazu Ramelow (2004, 51).

[24] Von Thomas her gedacht ist – summarisch gesprochen – Margos aktuale Lebensfreude Ziel und Zweck in sich selbst, während ihre Patientenverfügung nur der Ausdruck eines Versuchs der Mittelbestimmung war, der immer der Prüfung durch Dritte unterliegen kann.

„Synderesis"-Lehre der Scholastik durch Luther zeigt[25]. Für unseren Zusammenhang zugespitzt gesagt: Wenn irgend etwas *nicht* beachtlich ist, dann ist es nunmehr der „natürliche Wille" – in diametralem Gegensatz zu dem, was die Scholastik, sei es über den Zusammenhang von natürlichem und deliberativem Willen gelehrt hatte, sei es, was in ihrem Rahmen als Auszeichnung eben des tendenziell „instinktsicheren" natürlichen Willens gelehrt werden konnte. Die bei Luther theologisch begründete Abwertung des natürlichen Willens korrespondiert dabei, was durchaus unterstrichen werden darf, auch ohne ausdrücklichen Querverweis dem neuen deterministischen Weltbild, das sich im beginnenden 16. Jhd. vor allem aus dem Paduaner Aristotelismus und dem Neustoizismus speist und, etwa bei Descartes, ohnehin auf dem Sprung ist, den aristotelischen zweckgerichtet-natürlichen Willen in eine anonyme Mechanik ohne personale Innerlichkeit aufzulösen. Der freie Wille, so es ihn denn weiterhin geben soll, muss einer *ganz anderen Ordnung* als der der Natur angehören; der „natürliche Wille" aber wird, da zur Unfreiheit und also Nicht-Willentlichkeit verdammt, zum Paradox. Diese Paradoxalität hat er mitunter bis in die aktuellen Medizinethik-Debatten, auf die wir gleich zurückkommen werden, nicht wirklich abgelegt.

An dieser Stelle noch ein kurzer Ausblick auf das Willensproblem und einige mit ihm zusammenhängende begriffliche Unterscheidungen in der frühen Neuzeit! Die traditionellen, im Kern aristotelischen Unterscheidungen leben hier zum einen in den Lehrbüchern und Fachlexika fort; Scherzer (1675/1996, 20) beispielsweise bestimmt – alles andere als überraschend – die „voluntas" als „appetitus rationalis", wobei „appetitus" jenes Vermögen eines Dinges meint, durch das es sich von Natur dem für es Guten und seinem Ziel zuneigt („est potentia rei, quae naturaliter propendet in suum bonum & finem"). Wird das Gut jedoch nur sinnlich wahrgenommen, handelt es sich um einen bloßen „appetitus sensitivus", der noch unterhalb der Begierde, des „appetitus concupiscibilis", liegt, welcher ein sinnliches Gut mit dem Guten auch bewusst identifiziert[26].

---

[25] Wir begnügen uns zu dem prominenten Thema hier mit einem einzigen Hinweis auf eine Äußerung aus Luthers Tischreden vom 17. März 1539, wo es heißt: „Voluntas autem theologica est quaestio divinitatis, ubi omnes sumus peccatores, haben einen bosen Willen ab Adam. De illa voluntate theologica neque Aristoteles neque iuristae quid sentiunt, ideo merito excluduntur extra forum theologicum" (Luther 1539, Nr. 4409, 298 f.). „Aristoteles" steht hier für den teleologischen Willen, die Juristen für den „freien"; die Theologie behauptet quer zu beiden Perspektiven die Bosheit *jeder* Willensregung *coram Deo*.
[26] Ibd. Der Lutheraner Scherzer verweist in diesem Zusammenhang übrigens durchgängig auf den Aquinaten als seinen Gewährsmann.

Bei Spinoza begegnet dazu eine zumindest partielle Entsprechung, wenn er den „conatus" der menschlichen Existenz, sofern er auf den Geist bezogen ist, „voluntas" nennt, sonst aber, wenn auf Geist und Leib zugleich, „appetitus"; zwischen „appetitus" und „concupiscentia" wiederum besteht dabei kein Unterschied in der Sache, sondern nur einer der Form nach: ist die Begierde doch immer ein von Bewusstsein begleiteter Trieb[27]. Das bedeutet aber, dass im „conatus" das eigentliche „Strebewesen" des Menschen versammelt ist, das ebenso sehr auf bewusst-willentliche wie empirisch-dingliche Selbsterhaltung dringt: der Wille im engeren Sinne wie auch der Trieb sind in letzter Instanz auf dasselbe gerichtet; einen grundsätzlichen Konflikt oder Dualismus gibt es hier nicht. Dieses „Modell" erscheint bei Leibniz mit Bezug auf seine bekannte Graduation der Bewusstseinsinhalte noch konsequenter gedacht: auch bei ihm ist der eigentlich so zu betitelnde Wille ein „conatus", der sich mit Bewusstsein auf das Gute richtet; „unterhalb" der Bewusstseinsschwelle jedoch existieren „appetitions", d. h. unmerkliche Perzeptionen, die in „Begehrungen" ausschlagen, die wiederum ihre Richtung nicht erst einer „Reflexion" auf Gut und Böse entnehmen (cf. Leibniz II, § 5). Beide Strebe-Extreme sind in dieser Sicht wiederum nicht als grundsätzlich heterogen anzusehen, sondern über die *lex continui* vermittelt und eher auf eine Konkordanz hin angelegt, in der sich in letzter Instanz der göttliche Wille zur Einheit von physischer und geistiger Welt, von Natur und Gnade meldet (cf. Ramelow, 61 f.)[28]. Dass die Dinge bei Wolff dann wiederum anders liegen, wurde bereits erwähnt. Das Auseinandertreten von reinrationalem Pflichtbewusstsein und heteronomer Neigung bei Kant, von „sittlichem Willen" und „Naturwillen" bei Fichte (cf. Fichte 1810/1811, 512)[29] vollendet zuletzt einen Dualismus, der sich begriffsgeschichtlich spätestens seit dem 15. Jhd. angekündigt hatte. Im Zeichen dieses Dualismus wird es möglich, an die Stelle einer integrativen Sicht auf zwei „Pole" menschlichen Strebens ein Entweder – Oder zu setzen, das auf eine Ausgliederung der natürlichen Strebungen, ja überhaupt jeden Bezugs auf eine „Natur des Menschen" aus der Theorie des Wollens führen kann. Der nicht-natürliche wird im Extrem der naturfreie, ja der sich der Natur entgegenstellende Wille.

---

[27] Cf. Spinoza, *Ethica III*, Prop. 9, Scholium, wo es auch heißt: „*cupiditas est appetitus cum ejusdem conscientia*". Für den Gesamtzusammenhang cf. Bartuschat (1992, bes. 133–150).

[28] Cf. dazu noch einmal Ramelow (2004, 61 f.).

[29] Anders als bei Kant steht der „Naturwille" bei Fichte dem „sittlichen Willen" nicht einfach gegenüber: „Der Naturwille wird durch den sittlichen Willen nicht etwa beschränkt, geleitet, oder des etwas, (wie es Einige gern möchten;) sondern er wird als Wille, als letztes Bewegendes gänzlich aufgehoben, und wird Zweites, bloße zu bestimmende Kraft" (ibd.).

2 Natürliches „Wollen der Autonomie": Eine Übersicht zur Phänomenologie des Willens

Damit kommen wir, wenn auch immer in Erinnerung an die Begriffsgeschichte, auf die aktuelle Debattenlage rund um den „natürlichen Willen" zurück, was wir tun, indem wir zunächst fünf Konsequenzen aus dem Gesagten ziehen.

1. Wir haben den Blick auf die Begriffsgeschichte in der Absicht unternommen, zu einer Entscheidungshilfe bezüglich der eingangs formulierten Frage zu gelangen: Ob nämlich – und wenn ja, aus welchen Gründen – ein „natürlicher Wille", d. h. nicht selbstbewusst-freiheitlicher Wille als *beachtlich*, die Handlungen Dritter beschränkend und schon in diesem Sinne als *autonomierelevant* aufgefasst werden kann. Der Begriff der Autonomie, für den das eigentliche Prägerecht bei Kant liegt, ist dabei in jedem Fall anspruchsvoller, als sein durchschnittlich-nachlässiger Gebrauch es erahnen lässt[30]; erschöpfend behandeln müssen wir ihn freilich schon deshalb nicht, weil der Begriff des „natürlichen Willens", wie uns die Begriffsgeschichte gelehrt hat, nicht zwangsläufig als Gegenbegriff (nur) des „autonomen Willens" aufgefasst werden muss, sondern auch auf andere distinkte Gegenbegriffe verweist. Allerdings lohnt es sich, von vornherein im Blick zu haben, dass Autonomie immer auch im Blick auf interpersonale Konstellationen auftritt und insofern auch eine „wechselwirkende", nicht einfach eine „monologische" Größe ist.

Im medizinethischen Rekurs auf „Autonomie" als Entscheidungen determinierende Größe wird dabei gerne übersehen, dass in vielen Konfliktfällen die *unmittelbar* zu thematisierende Autonomie gerade nicht beim Behandelten, sondern den Behandlern liegt. Dabei kann der Patient weder die Autonomie des Behandelnden zu irgend etwas „determinieren", was dessen Autonomie aufheben oder einschränken würde (er kann nichts Unsittliches von ihm verlangen), noch „ist" er als Patient in realer Notlage ohne weiteres „autonom" – er ist vielmehr der Autonomie Dritter „ausgeliefert", die sich zum Beispiel die Frage stellen, ob sie die Behandlung – etwa eines Dementen – an dessen vorausverfügten oder seinen aktuellen, wenn auch „nur" natürlichen Willen anpassen sollen. Medizinethiker, die das letztere zugunsten des ersteren verneinen, sprechen z. B. davon, dass der „natürliche Wille" zurücktreten müsse, „weil nur freie und informierte Willensäußerungen entscheidungskompetenter Personen sinnvoll als *autonome* Entscheidungen

---

[30] Cf. zum hier vorausgesetzten Verständnis Hoffmann (2016).

bezeichnet werden können" (cf. Jox et al., Anm.3, A 395.) (was bedeutet, dass sie einerseits einen Primat des autonomen gegenüber dem natürlichen Willen ansetzen, andererseits aber einen objektivierten umstandslos als autonomen Willen gelten lassen können). Umgekehrt werden diejenigen, die ihr eigenes Handeln am „natürlichen Willen" statt an einer Patientenverfügung orientieren wollen, darauf hinweisen, dass der natürliche Wille eben *aktuell manifest*, dass er – mit Spinoza zu reden – *realer* „conatus", präsentes Wollen und nicht nur ein Schriftsatz aus vergangenen Tagen, ein Sediment vergangenen Wollens und bloß „Gewolltes" ist. Das Problem entsteht hier in beiden Fällen dadurch, dass, anders als in den „Standardsituationen" des Handelns, hier nicht ein aktual autonomer Wille einem anderen aktual autonomen Willen gegenübersteht. Die Frage ist hier zunächst, ob Autonomie einzig durch ihrerseits volle Autonomie verpflichtet werden kann oder hier „Substitute" – und wenn ja, in welcher Hierarchisierung – in Betracht kommen. Weiter führt hier bereits der Hinweis, dass bereits nach Kant Autonomie keineswegs nur auf Autonomie reagiert, sondern dass hier auch andere Relationen in den Blick kommen können. Auch im Sinne Kants schließt Autonomie Beziehung *auf*, ja Abhängigkeit *von* anderen Subjekten keineswegs einfach aus: Am deutlichsten wird dies im Kontext der Lehre „von der Pflicht der Wohltätigkeit", die Kant in den §§ 29–31 der *Tugendlehre* entfaltet. Kant weiß, dass eine entsprechende Pflicht „nicht von selbst in die Augen" fällt und statt ihrer eher „die Maxime [...] die natürlichste zu sein" scheint: „,Ein jeder für sich, Gott (das Schicksal) für uns alle'" (Kant 1797, § 29, 452). Diese Maxime des Eigennutzes zerstört sich jedoch selbst; sie zielt auf individuelle Selbsterhaltung, macht aber, da sie die Wechselbedürftigkeit der Menschen, die nach Kant „durch die Natur" „auf einem Wohnplatz [...] zur wechselseitigen Beihilfe vereinigte vernünftige Wesen" sind, übersieht, gerade die Selbsterhaltung des einzelnen unmöglich. Die Pflicht der Wohltätigkeit verweist insoweit darauf, dass es die Autonomie des einen *ohne tätige Beförderung der Autonomie des anderen* nicht gibt. Es gibt entsprechend bei Kant einen „Fürsorge-Imperativ", mit dem zumindest klar ist, dass der vernünftige Wille den Willen des anderen Vernunftwesens nicht als etwas ihm Äußeres antrifft, sondern ihn in sich aufgenommen hat. Den fremden Willen in den eigenen aufnehmen, kann dabei nicht Heteronomie durch die Hintertür meinen, sondern nur heißen, die *Bedingungen* fremder Autonomie „nach Vermögen" zu fördern, d. h. sich technisch-praktisch in Beziehung auf die Realisierung eines fremden freien Willens zu verhalten. Es liegt auf der Hand, dass die entsprechende Haltung gerade für die Medizinethik von zentraler Bedeutung ist und dass sie auch das Thema des „natürlichen Willens" betrifft. Der Sinn aller medizinischen Intervention ist die

Ermöglichung autonomer Existenz durch Sorge für die Gewährleistung der Bedingungen einer solchen Existenz. Insofern der natürliche Wille nun aber in jedem Fall ein Ausdruck aktualen Selbstvollzugs – aristotelisch gesprochen: der o¢rexiv – und damit überhaupt von Selbstaffirmation des betreffenden Individuums ist, machen sich in ihm konkrete Autonomiebedingungen geltend. Der „natürliche Wille" kann insoweit als manifester „Wille zum Selbstsein" angesprochen und darin auch normativ gewürdigt werden. Eine Obligation durch diesen Willen, auch insofern er selbst kein selbstbewusstautonomer Wille zum Selbstsein ist, kann jedenfalls nicht leichter Hand beiseitegeschoben werden.

2. Wie steht es nun aber in dem Fall, dass dem Ausdruck des natürlichen Willens ein ausdrücklich gewordener autonomer, nämlich vorausverfügter Wille *widerspricht?* Wir haben von einem Konflikt zwischen zwei „Repräsentanten" gesprochen – wobei zwischen den beiden „Platzhaltern" signifikante Unterschiede bestehen können. Einer dieser Unterschiede betrifft die Tatsache, dass der Vorausverfügung als Urheber ein voll wirksamer Wille zugrunde liegt, während dem „natürlichen Willen" eine Vollwirksamkeit im Rechtssinne fehlt; eine gegenläufige Differenz liegt in dem soeben angesprochenen Punkt, dass der vorausverfügte Wille als „Gewolltes" der Vergangenheit angehört, während das „natürliche" als aktuales immer ein *präsentisches* Wollen oder Streben meint. Während man aus dem ersten Punkt für einen zumindest formalen Primat der Vorausverfügung argumentieren kann (und dies auch tut), spricht der zweite für einen Primat des natürlichen Willens, der als aktualer Wille hier auch der zeitlich aktuellere und präsentere Wille ist. Verfechter der dworkinschen Position insistieren in diesem Zusammenhang auf dem Gedanken, dass autonome Entscheidungen gleichsam „außerzeitlich" fielen und von daher die Zeitdifferenz zwischen (inhaltlicher) Willensmanifestation und Willensexekution nicht ins Gewicht falle. Gegen dieses Argument wird man jedoch aus verschiedenen Gründen Bedenken anmelden müssen. So ist in den mittelalterlichen Diskussionen verschiedentlich klargestellt worden, dass als „zeitenthoben" allenfalls ein der Form nach natürlicher Wille, etwa nach Art der *Synderesis,* gedacht werden kann; dagegen ist aller deliberative Wille, weil auf Veränderliches bezogen, selbst veränderlich und fällt entsprechend in die Zeit. Daraus kann und soll für unseren Zusammenhang natürlich nicht abgeleitet werden, dass der „natürliche Wille" als solcher ein ewiger Wille sei, was vielmehr umso weniger zutrifft, als er seinem Inhalt nach wie der deliberative Wille in hohem Maße von äußeren und sinnlichen, also kontingenten Situationsgegebenheiten abhängig ist. Wohl aber kann man darauf hinweisen, dass in der Tat ein Wille, der im Sinne legitimer Willkürfreiheit kontingente

Entscheidungen trifft, nicht einfach außerhalb der Zeitordnung steht, sondern in diese selbst fällt und dort übrigens auch – man denke nur an die Option, eine Patientenverfügung zu widerrufen – selbst veränderlich ist. Dieser Aspekt fällt dann noch umso mehr ins Gewicht, wenn wir den Willen mit Aristoteles oder auch Thomas nicht hypostasieren, sondern konsequent vollzugshaft, also vom aktualen Wollen her verstehen. In dieser Perspektive mag dann auch sichtbar werden, inwiefern Autonomie selbst ein Ideal mit zeitlicher Erstreckung, niemals einfach eine Instanz unmittelbarer Zeitenthobenheit ist. Unter diesem Gesichtspunkt ist das Willenssubstitut des aktual vorliegenden natürlichen Willens dann als mögliche Revisionsinstanz in Beziehung auf einen vormals vorausverfügten Willen in jedem Fall in Betracht zu ziehen – und das umso mehr, als der „natürliche Wille" nicht selbst als Wille zur Kontingenz, sondern in seinem Kern als *Wollen von Autonomie,* als Bejahung eben der Selbstbestimmung und Abwehr von Heteronomie zu fassen ist.

3. Die soeben angesprochene, immer auch sprachkritische Überlegung in Beziehung auf das Zusammenfallen von „voluntas" und „velle" führt uns sogleich noch einen Schritt weiter. „Der Wille" ist trotz der substantivischen grammatischen Form, in der wir uns auf ihn beziehen, von vornherein nicht nur nicht eine gleichsam „zweite Person", die zusammen mit uns selbst unseren Leib bewohnt, und er ist umso weniger eine transsubjektive Größe, als die ihn abstrakte Willensmetaphysiken wie die Schopenhauersche oder auch die Nietzschesche ansprechen[31]. Wir erwähnen dies deshalb, weil selbstverständlich auch eine Entpersonalisierung des natürlichen Willens durch eine entsprechende z. B. vitalistische Metaphysik dem natürlichen Willen die Normativität rauben müsste. Ein natürlicher Wille, in dem nur „Es" waltet und der Fluchtpunkt nicht das Selbstsein und die Bedingungen seiner individuellen Autonomie sind, hat normativ gesehen keinen höheren Wert als ein naturalistisch-deterministisch aufgelöster Wille im Sinne der bereits angesprochenen neuzeitlich-mechanistisch aufgefassten Natur. Ein wichtiger Punkt für das, was wir eine „Hermeneutik des natürlichen Willens" nennen können, liegt deshalb in der Kompetenz, im Kern personale, auf die Selbstseinsbedingungen bezogene Willensäußerungen von eindeutig nicht-intentionalen, nicht-teleologischen

---

[31] Wobei freilich nicht zu übersehen ist, dass die Nietzschesche, immer auch experimentelle Rede vom „Willen zur Macht" intellektuell wesentlich anspruchsvoller ist als das eher plumpe Willens-Postulat Schopenhauers. Nietzsche (1974, 62) weiß z. B., dass er mit dem Begriff „Willen" bereits einer „falschen Verdinglichung" aufsitzen kann; cf. dazu Simon (1989, 114 f.).

Verhaltensweisen zu unterscheiden. So, wie wir den Begriff „Willen" dann nicht auf bloße Kausalabläufe anwenden, finden wir in ihm auch keine wirksame, gar „transzendente" Macht im Hintergrund des Erscheinenden. Wollen ist immer konkret; „die Welt" ist nicht „Wille".

4. Wenn man sich darauf einlässt, den „natürlichen Willen" unter die Platzhalter des wirksamen Willens zu zählen, dann fallen mehrere Unterschiede zwischen den in Betracht kommenden Willenssubstituten ins Auge, von denen zum Teil auch schon die Rede war. Einen der wichtigsten Unterschiede muss man dabei darin finden, dass der natürliche Wille nicht, wie der vorausverfügte, der hypothetische oder der mutmaßliche Wille, nur ein Willenskonstrukt, ein objektiver und passiver Wille, sondern ein Willens- oder besser *Wollensphänomen sui generis* ist. Gerade auch dieser Aspekt wird in der Verrechnung von anderen Willensrepräsentanten gegen ihn gerne übersehen, obwohl er mit einschneidenden Folgen verbunden ist. Die unübersehbarste Folge dieser Art liegt dabei in der bereits angesprochenen Tatsache, dass das tatsächliche Beiseitesetzen des Phänomens des natürlichen Wollens immer erst einen physischen Widerstand brechen muss, es also mit einer Realrepugnanz zu tun bekommt, was beim Übergehen eines nur verobjektivierten, nicht jedoch phänomenalen Willens niemals in gleicher Weise der Fall ist. Fast noch wichtiger ist jedoch noch etwas anderes: der natürliche Wille ist als Wollensphänomen *sui generis* zugleich ein *kommunizierender* Wille, ein Wille, der Einspruch einlegt oder Zustimmung signalisiert, der eine Vorzugswahl artikuliert und ihr Nachdruck zu geben versucht, der affektfähig ist und auch gelebtes Leben spiegelt. Nichts davon kann für die anderen Willenssubstitute gelten, nirgendwo sonst gibt es eine entsprechende kommunikative Dimension, auf die Dritte aktual eingehen können. Das ist auch insofern bedeutsam, als der „natürliche Wille" dadurch eine kreative Seite, ein Moment der Nichtabgeschlossenheit behält, das er mit jeder anderen Form des aktualen Willens teilt, das ihn aber zugleich von allen Versionen eines nur verobjektivierten Willens unterscheidet. In der medizin- und pflegeethischen Praxis beginnen hier Aufgabenstellungen, deren Grundthema nur wieder die Wahrung von Autonomiebedingungen im „Gespräch der Autonomien" sein kann.

5. Ein abschließendes Wort zu dem, was das Epitheton „natürlich" im Kontext der Willensproblematik besagen kann! Wir haben bereits gesehen, dass man im Sinne Hegels „natürlich" im Sinne von „unmittelbar bestimmt", das heißt als *Modalität* statt als Grund oder Inhalt der Willensbestimmung lesen kann. Wir haben weiterhin gesehen, dass „natürlich" hier umso weniger „naturdinglich" im Sinne der objektivierenden Naturwissenschaften meinen kann. Wenn es beim „natürlichen" Willen überhaupt um Natur als qualifizierendes Moment

des Willens gehen soll, dann kann es sich nur um jene Natur handeln, die sich uns eben im *konkreten Wollensvollzug* und also primär *leiblich* erschließt. Die Problematik des „natürlichen Willens" führt so gesehen auf die allerdings außerordentlich fundamentale Frage, wieviel psychisch-physischen Dualismus wir uns jeweils leisten wollen bzw. welche nicht-reduktionistischen Optionen, diesen Dualismus im Sinne einer integrativen Lösung zu vermeiden, wir wirklich haben. Dass der „natürliche Wille" dabei im Vergleich zum eigentlich autonomen Willen durchaus im Zeichen der *Privation* zu verstehen ist, hindert nicht, ihn gleichwohl als integrales Moment unseres geist-leiblichen Selbstvollzugs und dabei zugleich als Ausdruck unseres *Wollens der Autonomie* zu denken. Der „natürliche Wille" ist dabei übrigens keineswegs nur eine Größe, der wir in den Ausnahmesituationen oder an den Extremen begegnen. Der „natürliche Wille" ist vielmehr *jeder* physischen Lebensäußerung, vom einfachen Ernährungstrieb bis hinein ins kultivierteste Bestreben, ingredient – und nichts hindert, dass er dabei nicht auf höhere, „reine" Willensstufen hingeordnet ist, in denen sich unsere Freiheit eigentlich erst *adäquat* artikuliert. Dass im „natürlichen Willen" aber ein Ansichsein der Freiheit, dass in ihm Freiheit in ihrer *Dynamis,* wie Hegel gelehrt hat, liegt, muss nicht bestritten werden. In diesem Ansichsein hat der „natürliche Wille" in der Tat seine Würde, auf es hin ist er zu würdigen und womöglich auch wieder neu zur Geltung zu bringen.

3 Ein kurzes Fazit

Aus unseren Überlegungen sind die Gründe klar geworden, die dafür sprechen, den Begriff des „natürlichen Willens" jedenfalls nicht als Paradoxie oder Unbegriff, auch nicht einfach als Oppositum zu einem als fraglos schon gegebenen autonomen Willen anzusehen, sondern ihn als gehaltvolles Konzept in Beziehung auf unseren ganzpersonalen Selbstbezug zu verstehen. Bezüglich der Debattenlage im Gebiet der Medizin- und Pflegeethik hat sich dabei ergeben, dass hier manche Konflikte schlicht daraus resultieren, dass es an einer stringenten Systematik der jeweils in Anspruch genommenen Willensbegriffe fehlt und Probleme oder gar Aporien dann daraus entstehen, dass Willensbegriffe aus verschiedenen begrifflichen Registern miteinander verglichen oder einander gegenüber gestellt werden. Einen Begriffsbaum betreffend, auf dem die verschiedenen Willenskonzeptionen ihren Ort haben, hat uns die Begriffsgeschichte einige wichtige Hinweise gegeben, die wir in folgender Skizze zusammenfassen (cf. Abb. 1):

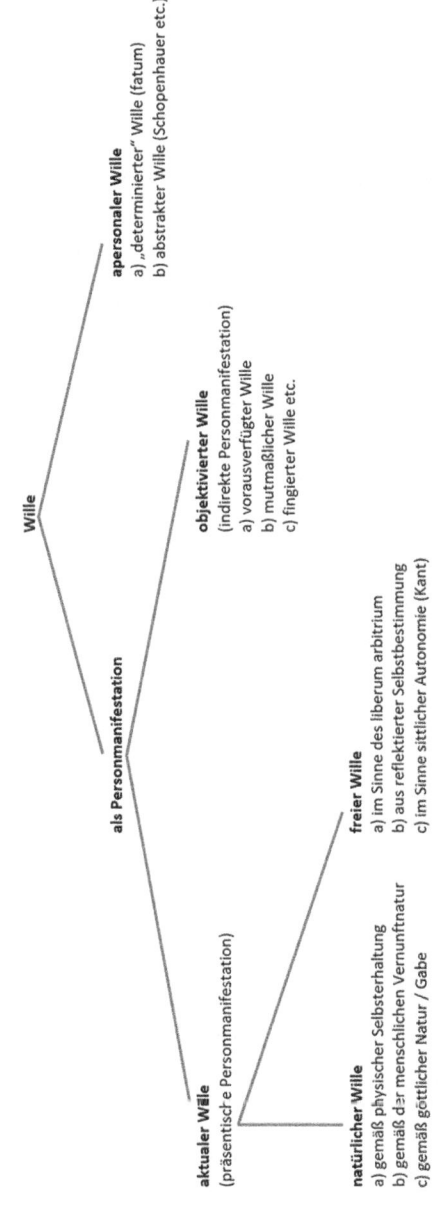

Abb. 1 Übersicht zur Systematik der Willensbegriffe

Aus dem vorstehenden Schema erhellt auf den ersten Blick, dass es eine direkte Konkurrenz von natürlichem und vorausverfügtem Willen nicht gibt. Ebenso erhellt, dass der vorausverfügte nicht unmittelbar der autonome Wille sein kann und dieser wiederum nur *einer* der möglichen Gegenbegriffe zu den möglichen Formen des natürlichen Willens ist. Zuletzt mag damit, dass der natürliche und der freie Wille beide als Ausformungen des aktualen Willens erscheinen, auch angedeutet sein, dass der natürliche Wille jedenfalls nicht als dem freien Willen gegenläufig zu nehmen ist, sondern ihm gleichläufig zugeordnet ist. Im Grunde läuft die gesamte Frage nach der „voluntas naturalis" darauf hinaus, unser natürliches und unser freiheitsorientiertes Streben im Sinne einer Komplementarität denken zu können. Dass dies zu können in jedem Fall wohltätig, weil den Menschen als ganzen gewahrend ist, dürfte keinem vernünftigen Zweifel unterliegen.

Literatur

Altenstaig, Joannes, Joannes Tytz. 1619/1974. *Lexicon theologicum*. ND Hildesheim/New York: Olms.
Aristoteles (1). *De anima*. in: Opera, ed. O. Gigon, Berlin 1960–1963, Bd. 1, 402a–435b.
Aristoteles (2). *Topica*, in: Opera, ed. O. Gigon, Berlin 1960–1963, Bd. 1, 100a–164b.
Aristoteles. (3). *De arte rhetorica*, in: Opera, ed. O. Gigon, Berlin 1960–1963, Bd. 2, 1354a–1420b.
Avicenna Latinus. 1968. *Liber de anima seu sextus de naturalibus* IV–V, Hrsg. S. van Riet, Löwen/Leiden: Peters/Brill.
Bartuschat, Wolfgang. 1992. *Spinozas Theorie des Menschen*. Hamburg: Meiner.
Belvézer, Armandus de. 1607. *Explicationes terminorum theologicorum, philosophicorum, & logicorum*. Wittenberg: Christoph Wust.
Bergés, Alfredo. 2012. *Der freie Wille als Rechtsprinzip. Untersuchungen zur Grundlegung des Rechts bei Hobbes und Hegel*. Hamburg: Meiner.
Bobbert, Monika. 2001. „Die Pflege nicht-entscheidungsfähiger Patienten und die Reichweite des Autonomiekonzepts". In *Autonomie und Stellvertretung in der Medizin. Entscheidungsfindung bei nicht einwilligungsfähigen Patienten*, Hrsg. Christof Breitsameter, 139–175. Stuttgart: Kohlhammer.
Denzinger, Heinrich, Adolf Schönmetzer. 1976. Enchiridion symbolorum, definitionum et declarationum de rebus fidei et morum. 36. Aufl. Freiburg im Breisgau u. a.: Herder.
Dresser, Rebecca. 1995. „Dworkin on dementia. Elegant theory, questionable policy". *The Hastings Center Report* 25: 32–38.
Dworkin, Ronald M. 1993. *Life's Dominion: An Argument About Abortion, Euthanasia, and Individual Freedom*. New York: Knopf.
Fichte, J.G. 1810/1811. *Die Thatsachen des Bewußtseins*. WW IX.
Goclenius, Rudolph. 1977. *Conciliator Philosophicus*. ND Hildesheim/New York: Olms.
Hegel, G.W.F. 1830. *Enzyklopädie der philosophischen Wissenschaften*. GW XX.
Hegel, G.W.F. 1821. *Grundlinien der Philosophie des Rechts*. GW XIV.1.

Hegel, G.W.F. 1813. *Wissenschaft der Logik III*. GW XII.
Hoffmann, Thomas Sören. 2016. „Zum Verhältnis von Autonomie, Selbstbestimmung und Willkürentscheidung". *Imago hominis* 23/4: 189–198.
Hogrebe, Wolfram. 1996. *Ahnung und Erkenntnis. Brouillon zu einer Theorie des natürlichen Erkennens*, Frankfurt am Main: Suhrkamp.
Jens, Tilman. 2010. *Demenz: Abschied von meinem Vater*. München: Goldmann.
Jens, Tilman. 2009. „Walter Jens: Bitte nicht totmachen!". in: *Berliner Morgenpost* vom 20.07.2009.
Jens, Walter, Hans Küng (Hrsg.). 1995. *Menschenwürdig sterben. Ein Plädoyer für Selbstverantwortung*. München/Zürich: Piper.
Jox, Ralf J., Johann S. Ach, Bettina Schöne-Seifert. 2014. „Der ‚natürliche Wille' und seine ethische Einordnung". *Deutsches Ärzteblatt* 111/10: A 394–396.
Jox, Ralf J. 2006. „Der ‚natürliche Wille' als Entscheidungskriterium: rechtliche, handlungstheoretische und ethische Aspekte". In *Entscheidungen am Lebensende in der modernen Medizin: Ethik, Recht, Ökonomie und Klinik*, Hrsg. Jan Schildmann/Uwe Fahr/Jochen Vollmann, 69–86. Berlin: LIT.
Kant, Immanuel. 1797. *Die Metaphysik der Sitten*. AA VI.
Kant, Immanuel. 1790. *Kritik der Urteilskraft*. AA V.
Kennedy, Ludovic. 1991. *Sterbehilfe. Ein Plädoyer*. München: Knesebeck & Schuler.
Kim, Yul. 2007. *Selbstbewegung des Willens bei Thomas von Aquin*. Berlin: Akademie.
Kirsch, P., T. Steinert. 2006. „Natürlicher Wille, Einwilligungsfähigkeit und Geschäftsfähigkeit. Begriffliche Definitionen, Abgrenzungen und relevante Anwendungsbereiche". *Krankenhauspsychiatrie* 17.3: 96–102.
Knell, Sebastian, Dietmar Thal, Volker Lipp. 2022. *Demenz. Naturwissenschaftliche, rechtliche und ethische Aspekte*. Freiburg/München: Alber.
Leibniz, G.W. *Nouveaux essais sur l'entendement humain*, in: Sämtliche Schriften und Briefe (Akad.-Ausg.), 6. Reihe, Bd. 6, Berlin 1990.
Lipp, Volker. 2020. *Freiheit und Fürsorge. Der Mensch als Rechtsperson: Zu Funktion und Stellung der rechtlichen Betreuung im Privatrecht*. Tübingen: Mohr-Siebeck.
Lipp, Volker. 2017. „Krankheit und Autonomie im Zivilrecht". In *Krankheit und Recht. Ethische und juristische Perspektiven*, Hrsg. Susanne Beck, 171–196. Berlin/Heidelberg: Springer.
Luther, Martin. 1539. WA *Tischreden* IV, Nr. 4409.
Magnus, Dorothea. 2018. „Patientenverfügung und natürlicher Wille". In *Selbstbestimmung durch und im Betreuungsrecht*, Hrsg. Josef Franz Lindner, 93–117. Baden-Baden: Nomos.
Moraux, Paul. 2001. *Der Aristotelismus bei den Griechen. Bd. III: Alexander von Aphrodisias*. Hrsg. Jürgen Wiesner, Berlin/New York: de Gruyter.
Müller, Jörn. 2009. *Willensschwäche in Antike und Mittelalter: eine Problemgeschichte von Sokrates bis Johannes Duns Scotus*. Löwen: Leuven University Press.
Neuner, Jörg. 2018. „Natürlicher und freier Wille. Eine Studie zum bürgerlichen Recht" *Archiv für civilistische Praxis* 218: 1–31.
Nietzsche, Friedrich. 1974. KGW VIII 1.
Nossek, Alexa, Jakov Gather, Jochen Vollmann. 2018. „Natürlicher Wille, Zwang und Anerkennung. Medizinethische Überlegungen zum Umgang mit nicht selbstbestimmungsfähigen Patienten in der Psychiatrie". *Ethik in der Medizin* 30: 107–122.

Ramelow, Tilman Anselm. 2004. "Der Begriff des Willens in seiner Entwicklung von Boethius bis Kant". *Archiv für Begriffsgeschichte* 46: 29–67.

Scherzer, Johann Adam. 1675/1996. *Vade mecum sive Manuale philosophicum*. ND Stuttgart-Bad Cannstatt: Frommann-Holzboog.

Simon, Josef. 1989. "Welt auf Zeit. Nietzsches Denken in der Spannung zwischen der Absolutheit des Individuums und dem kategorialen Schema der Metaphysik". In *Krisis der Metaphysik. Wolfgang Müller-Lauter zum 65. Geburtstag*, Hrsg. Günter Abel/Jörg Salaquarda, 109–133. Berlin/New York: de Gruyter.

Spinoza, Baruch de. *Ethica ordine geometrico demonstrata*, in: Opera, ed. C. Gebhardt, Darmstadt 1967–1979.

Thomas von Aquin. *Summa theologiae*. Cura fratrum eiusdem ordinis, 4. Aufl. Madrid 1978.

Weinbrenner, Ralph. 1996. *Klosterreform im 15. Jahrhundert zwischen Ideal und Praxis. Der Augustinereremit Andreas Proles und die privilegierte Observanz*. Tübingen: Mohr-Siebeck.

Wolff, Christian. 1732. *Psychologia empirica* II. Frankfurt: Renger.

„[D]ie Möglichkeit, auf alles Verzicht zu thun, um sich zu erhalten". Überlegungen zum assistierten Suizid im Anschluss an Hegel

Marko J. Fuchs

Zusammenfassung

Ob ich das Recht habe, mich selbst, etwa im Falle einer schweren Erkrankung, zu töten oder sogar andere hierzu durch eine Patientenverfügung zu verpflichten, ist eine nach wie vor kontrovers diskutierte Frage. Der Aufsatz wird sich ihr unter Rückgriff auf die Denkfigur Hegels nähern. Es wird gezeigt, wie Hegel das Recht prinzipiell auf der Selbstbestimmung des Willens gründet, warum er dennoch ein Recht auf Selbsttötung ablehnt und welche Konsequenzen dies für die Frage nach der Würde des Menschen hat.

Schlüsselwörter

Selbstbestimmung · Selbsttötung · Freier Wille · Naturrecht · Recht

M. J. Fuchs (✉)
Otto-Friedrich-Universität Bamberg, Bamberg, Deutschland
E-Mail: marko.fuchs@uni-bamberg.de

1 Einleitung

Die Diskussion über die Rechtmäßigkeit selbstbestimmten Sterbens als Ausdruck persönlicher Autonomie wird nach wie vor intensiv geführt.[1] Besondere Schwierigkeiten stellen sich in dem Fall ein, dass für die Beendigung des eigenen Lebens die Hilfe Dritter in Anspruch genommen werden muss, da man selbst dazu nicht mehr in der Lage ist. Die Probleme verschärfen sich zusätzlich, wenn sich diese Unfähigkeit, das eigene Leben zu beenden, aus dem Verlust der Fähigkeit zur Selbstbestimmung ergibt, wie dies etwa bei einer Demenzerkrankung eintreten kann, und wenn für diese Situation eine im Vorfeld erlassene Patientenverfügung die Lebensbeendigung durch Dritte fordert. Ein Fall in den Niederlanden sorgte hier im Jahre 2020 für besonderes Aufsehen. Dort hatten die „Richter […] [sc. des Hohen Rats in Den Haag, MJF] die Euthanasie von dementen Patienten auch gegen deren Willen für zulässig [erachtet], sofern sie zuvor eine anderslautende Patientenverfügung verfasst haben."[2] Insgesamt schildert die ‚Tagespost' den Hergang so:

> Am Dienstag vergangener Woche hatte der Hohe Rat in Den Haag die Entscheidung eines vorinstanzlichen Gerichts bestätigt, das eine Ärztin vom Vorwurf des Mordes freigesprochen hatte. Die hatte im Jahr 2016 eine an Demenz erkrankte Patientin

---

[1] Cf. hierzu das Urteil des Bundesverfassungsgerichts vom 26.02.2020, in dem die Freiheit zum Suizid – auch unter Inanspruchnahme der Hilfe Dritter – grundsätzlich bestätigt wird (https://www.bundesverfassungsgericht.de/SharedDocs/Downloads/DE/2020/02/rs20200226_2bvr234715.pdf?__blob=publicationFile&v=4, letzter Aufruf 05.04.2022), wobei allerdings keine Verpflichtung zur Suizidhilfe besteht. Anlässlich dieses Urteils hat die Nationale Akademie der Wissenschaften Leopoldina im Jahre 2021 ein Diskussionspapier veröffentlicht, in dem „das Recht, das eigene Leben zu beenden", als zur „grundsätzlich abgesicherten Autonomie des Einzelnen" gehörig behauptet wird: „Notwendig zu diskutieren" sei nicht, „ob, sondern wie dieses Recht zukünftig wahrgenommen werden kann" (https://www.leopoldina.org/uploads/tx_leopublication/2021_Diskussionspapier_Neuregelung_des_assistierten_Suizids.pdf, zuletzt abgerufen am 05.04.2022). Gleichwohl anerkennen die Verfasser*innen des Papiers ein „im Grundsatz nicht vollständig aufzulösendes Spannungsverhältnis" zwischen der „Achtung der Autonomie des Einzelnen einerseits", andererseits dem „Wissen darum, dass der Entschluss zum Suizid in vielen Fällen abhängig von einer Fülle unterschiedlicher, vielleicht noch veränderbarer Faktoren ist und immer auch Ausdruck einer durch Leid und Erkrankung beeinträchtigten Wahrnehmung sein kann." – Ob diese scheinbare Selbstverständlichkeit eines *Rechts* auf Selbsttötung tatsächlich besteht und wie genau das ‚nicht vollständig aufzulösende Spannungsverhältnis' zu deuten ist, ist Gegenstand des vorliegenden Textes.

[2] Alle folgenden Zitate aus der Tagespost: https://www.die-tagespost.de/politik/niederlande-ermoeglicht-euthanasie-gegen-patientenwillen-art-207855, letzter Aufruf: 27.03.2022.

auf Wunsch ihres Ehemannes getötet. Medienberichten zufolge hatte die 74-jährige Patientin zwar tatsächlich schriftlich verfügt, dass sie im Falle eines unerträglichen Leidens getötet werden wolle, dies jedoch mit den Worten eingeschränkt: „Wenn ich denke, dass die Zeit dafür reif ist". Als die Frau später an Alzheimer erkrankte und in ein Pflegeheim umzog, bat der Ehemann dort einen Arzt, seine Gattin auf Basis ihrer Patientenverfügung zu töten. Diesem Ansinnen soll die Frau mehrfach widersprochen haben. Nachdem jedoch zwei hinzugezogene Ärzte die Voraussetzungen für eine Euthanasie als erfüllt betrachteten, entschied die Familie der Frau, dass diese getötet werden solle. Die Ärztin, gegen die die Staatsanwaltschaft später Anklage erhob, mischte der 74-Jährigen zunächst ein Beruhigungsmittel in den Kaffee und verabreichte ihr dann ohne ihr Wissen ein tödliches Präparat. Als die Frau erwachte und sich wehrte, wurde sie von ihren Angehörigen so lange festgehalten, bis bei ihr der Tod eintrat. Die regionale Prüfungskommission überwies den Fall nach Sichtung der Akten an die Staatsanwaltschaft. Die klagte daraufhin die Ärztin wegen Mordes an und warf ihr vor, ein aufklärendes Gespräch mit der Patientin unterlassen zu haben. Bei dem anschließenden Prozess sprach ein Gericht in Den Haag die Ärztin jedoch vom Vorwurf des Mordes frei. Ein weiteres Gespräch sei unnötig gewesen, da sich die Patientin nicht mehr kohärent habe äußern können. Auch hätte ein solches Gespräch die Unruhe der Patientin weiter verstärkt. Die Ärztin habe die Euthanasie „so angenehm wie möglich" durchgeführt. Ferner seien sämtliche Sorgfaltspflichten, die das Gesetz vorschreibe, eingehalten worden.

Das geschilderte Vorgehen stieß auf äußerst kritische Stellungnahmen und Reaktionen. So war von einem Dammbruch und einer ‚Überschreitung natürlicher Grenzen' die Rede; beklagt wurde der Verlust von Humanität, indem die Gesellschaft auf staatlicher Ebene das Sterben nunmehr lediglich noch verwalte, anstatt ihrer „Schutzpflicht für Menschen in vulnerablen Situationen wie Krankheit, Alter oder sozialer Isolation nachzukommen." Insgesamt wurde gefordert, das ‚legale Töten' grundsätzlich infrage zu stellen, wobei die Pointe dieser Forderung darin bestand, dass nur so – also gerade nicht durch Erfüllung des qua Patientenverfügung festgehaltenen Tötungswunsches – die Würde der vulnerablen Person gewahrt werde. Denn die Autonomie der Person, welche in der Patientenverfügung vermeintlich zum Ausdruck komme und durch die Tötung der entsprechenden Person ihre Bestätigung und Realisierung finde, kippe in der Praxis „stillschweigend in eine neue Form von Paternalismus, ja in eklatante Fremdbestimmung um."[3]

---

[3] Die rechtliche Hintergrundsituation in den Niederlanden stellt sich – erneut in der Zusammenfassung durch die Tagespost – wie folgt dar: „Am 1. April 2002 erließ die Niederlande das ‚Gesetz über die Kontrolle der Lebensbeendigung auf Verlangen und der Hilfe bei der Selbsttötung'. Es sieht vor, dass Ärzte, die Patienten töten oder ihnen beim Suizid assistieren, dann straffrei bleiben, wenn sie die unter Artikel 2 aufgeführten ‚Sorgfaltskriterien' beachten. Danach muss der Arzt zu der Überzeugung gelangt sein, ‚dass

Im vorliegenden Aufsatz soll untersucht werden, ob die dargestellte Form der Tötung auf Aufforderung bzw. des assistierten Suizids in den Niederlanden gerechtfertigt ist. Dass sie es im Sinne *eines positiven Rechts* ist, ist offenkundig; es stellt sich jedoch die Frage, ob dieses positive Recht wohlbegründet oder zurückzuweisen ist. Die Problemstellung betrachtet also nicht die verfahrensrechtliche Richtigkeit der Aufstellung oder Anwendung des genannten Gesetzes im Rahmen des niederländischen Rechtssystems. Es geht im Folgenden somit nicht um eine juristische, sondern um eine philosophische Untersuchung dessen, was überhaupt Recht ist und worauf es Anwendung finden kann – konkret: welches Recht ich über mich selbst haben kann. Tatsächlich begibt sich die Diskussion auf diese Ebene, wenn im oben besprochenen Zeitungsartikel vom Überschreiten einer ‚natürlichen Grenze' die Rede ist. Der Gedanke einer solchen natürlichen Grenze bezieht sich – ausdrücklich oder implizit – auf eine normative Struktur, die man traditionell mit dem Ausdruck ‚Naturgesetz (lex naturalis)' bzw. ‚Naturrecht (ius naturale)' bezeichnet hat, also auf überpositive Rechtsnormen, die die Legitimität positiver Rechte oder Gesetze überprüfbar und beurteilbar machen sollen. In neuerer Zeit hat die Naturrechtstheorie insbesondere durch John Finnis und hierbei im Rückgriff auf den Entwurf des Thomas von Aquin, wie er paradigmatisch in der *Summa theologiae* entwickelt

---

der Patient seine Bitte freiwillig und nach reiflicher Überlegung gestellt hat' und ‚der Zustand des Patienten aussichtslos und sein Leiden unerträglich ist'. Ferner muss der Arzt den ‚Patienten über dessen Situation und über dessen Aussichten aufgeklärt' haben und ‚gemeinsam mit dem Patienten zu der Überzeugung gelangt' sein, ‚dass es für dessen Situation keine andere annehmbare Lösung gibt'. Des Weiteren verpflichtet das Gesetz den Arzt, ‚mindestens einen anderen, unabhängigen Arzt' zu konsultieren. Dieser muss den Patienten untersuchen und eine schriftliche Stellungnahme abgegeben. Schließlich legt das Regelwerk dem Arzt die Pflicht auf, ‚bei der Lebensbeendigung oder bei der Hilfe bei der Selbsttötung mit medizinischer Sorgfalt' vorzugehen und nach vollbrachter Tat dem ‚Leichenbeschauer der Gemeinde' Meldung zu erstatten. Der Leichenbeschauer prüft die Meldung und leitet sie an die zuständige regionale Kontrollkommission weiter. Diese sollen prüfen, ob der Arzt, der einen Patienten getötet oder ihm beim Suizid assistiert hat, die in Artikel 2 genannten Sorgfaltskriterien eingehalten hat. Kommt die dreiköpfige Kommission zu dem Schluss, dass der Arzt die Kriterien eingehalten hat, ist der Fall erledigt. Nur wenn die Kommission mit Mehrheit der Stimmen zu der Ansicht gelangt, dass der Arzt ‚nicht sorgfältig gehandelt habe', schickt sie die Unterlagen zusammen mit einem schriftlichen Bericht an die Staatsanwaltschaft. Diese entscheidet dann, ob sie Anklage erhebt."

worden ist, eine Wiederaufnahme erfahren.[4] Für die vorliegende Untersuchung bietet sich indessen eine andere Figur als Hintergrundfolie an, die zwar selbst nicht unbedingt zu den klassischen Naturrechtstheorien gezählt wird, aber deren Tradition durchaus aufgreift, ja, man könnte sogar sagen: in gewisser Weise vollendet. Gemeint ist der Entwurf G.W.F. Hegels.[5] Was Hegels Theorie für die vorliegende Problemstellung besonders geeignet erscheinen lässt, ist der Umstand, dass Hegel das Recht in paradigmatischer Weise auf der Selbstbestimmung des Willens basieren lässt – was ja wie gesehen einer der zentralen Ausgangspunkte für die Befürwortung des assistierten Suizids ist. Zugleich verbindet er diesen Ansatz mit einer Subjektphilosophie, in der Subjektivität und Selbstbestimmung nicht bloß als individuelles und willkürliches Gutdünken betrachtet, sondern zudem mit dem Konzept einer allgemeinen Verbindlichkeit und intersubjektiven Verantwortlichkeit verknüpft werden.[6] Überdies bietet Hegels Philosophie eine interessante Perspektive auf die Frage nach der Verbindung der Autonomie einer Person, die als Rechtsgrundlage fungiert, und deren Natürlichkeit. Im Nachvollzug der komplexen Gedanken Hegels soll im Folgenden gezeigt werden, dass es kein *Recht* auf Selbsttötung gibt; *a forteriori* kann ich kein Recht haben, eine dritte Person zu berechtigen oder gar verpflichten, an meiner Stelle das vermeintliche Recht zur Selbsttötung auszuüben. Dies aber spricht im Entwurf Hegels gerade nicht gegen die Würde des Menschen, sondern hat diese vielmehr zur Grundlage und bringt sie in spezifischer Weise zur Geltung und Manifestation. – Die folgenden Ausführungen arbeiten mit den teilweise sehr

---

[4] Einschlägig ist hier Finnis' Buch *Natural Law and Natural Rights*. Oxford: Oxford University Press, ²1990. Cf. hierzu Verf. ‚Naturgesetz und Gewissen: Finnis, Westerman, Thomas von Aquin.' In: Etica & Politica/Ethics & Politics, XVIII, 2015, 3, 45–60.

[5] Nichts umsonst lautet der Untertitel von Hegels *Grundlinien der Philosophie des Rechts* von 1821, wo er seine Rechtsphilosophie entwickelt und ausführt: *Naturrecht und Staatswissenschaft im Grundrisse*. Cf. auch die Ausführungen am Beginn der Nachschrift Griesheim (1824/25), GW 26.3, 1051 ff. – Im Folgenden werden die *Enzyklopädie der philosophischen Wissenschaften im Grundrisse* (1830) als Enz (1830), die *Grundlinien der Philosophie des Rechts* als GPR, jeweils mit Paragraphen in der Orthographie der kritischen Ausgabe zitiert, die diversen Nachschriften zu Kollegien zu Hegels Rechtsphilosophie sowie anderweitige Texte nach der kritischen Ausgabe (*Gesammelte Werke – GW*).

[6] Dies also ein weiterer Vorteil des Rückgriffs auf den hegelschen Entwurf: Hegel bindet seine Argumentation gegen ein Recht auf Selbsttötung nicht an eine theologische Argumentation, die die Unverfügbarkeit meines Lebens für mich selbst damit begründet, dass nicht ich selbst, sondern Gott mir das Leben geschenkt habe, weswegen auch nur Gott ein Recht über Leben und Tod zusteht.

abstrakten und komplexen Originaltexten Hegels sowie mit einigen der zeitgenössischen Mitschriften aus seinen Vorlesungen. In der Zusammenfassung am Ende des Aufsatzes werden die Ergebnisse dann zur einfacheren Übersicht kürzer und etwas schematischer zusammengefasst.

2 Annäherung: Vermögen und Recht zur Selbsttötung

Dass der Mensch in der Lage ist, ein – zutiefst negatives – Selbstverhältnis zu realisieren dergestalt, dass er sich selbst tötet, steht für Hegel nicht nur außer Frage, sondern verweist zugleich auf des Menschen Adel und seine Höherstellung über das Tier.[7] In einem frühen Aufsatzfragment Hegels, dem auch der Titel des vorliegenden Textes entnommen ist, heißt es hierzu wie folgt:

> [U]m sich zu retten, tödtet der Mensch sich; um das seinige nicht in fremder Gewalt zu sehen, nennt er es nicht mehr das seinige, und so vernichtet er sich, indem er sich erhalten wollte, denn was unter fremder Gewalt wäre, wäre nicht mehr er; und es ist nichts, das nicht angegriffen und das nicht aufgegeben werden könnte. Das Unglük kan so groß werden daß ihn sein Schiksal diese Selbsttötung im Verzichtthun auf Leben so weit treibt, daß er sich ganz ins Leere zurückziehen muß. Indem sich aber so der Mensch das vollständigste Schiksal, selbst gegenüber sezt, so hat er sich zugleich über alles Schiksal erhoben; das Leben ist ihm untreu geworden, aber er nicht dem Leben: er hat es geflohen, aber nicht verlezt [...]. Die höchste Freiheit ist das negative Attribut der Schönheit der Seele, d. h. die Möglichkeit, auf alles Verzicht zu thun, um sich zu erhalten.[8]

Dass ‚der Mensch sich rette' oder sich bzw. ‚das Seinige im Verzichttun auf das Leben erhalte', heißt also hier, dass der Mensch in diesem Sich-Abwenden vom Leben und vom Schicksal, in das dieses verstrickt ist, zugleich seine Freiheit und

---

[7] Es mag auf den ersten Blick verwundern, diese Möglichkeit des Menschen überhaupt infrage stellen zu wollen. Was ist offensichtlicher als die Tatsache, dass Menschen sich umbringen, d. h. die freie Entscheidung fällen und dann auch umsetzen können, sich das Leben zu nehmen? In dieser Hinsicht sei allerdings zu erinnern, dass die für diese Annahme notwendige Behauptung der Existenz eines freien Willens weder überall innerhalb der Philosophie (cf. prominent Spinoza, der in der *Ethik* dann auch konsequent die Möglichkeit des so verstandenen Selbstmords leugnet – E4p20schol), noch auch überall innerhalb der Wissenschaft anerkannt wird.
[8] GW 2.2, 203 f. *(Die Tugend ist nicht nur Positivität...).*

Unabhängigkeit und damit seine Würde bestätigt. Der Mensch kann sich von den Wechselfällen des Lebens bestimmen lassen, aber wesentlich ist er frei gegenüber diesen; sein Adel und seine Würde,[9] wenn man so will, besteht in ebenjener Fähigkeit zur Selbstbestimmung, die in ihrer radikalen Form in der Selbsttötung zum Ausdruck kommt. In seiner reifen Philosophie wird Hegel diese Freiheit der Person als deren Grundbestimmung mit dem Ausdruck *Geist* benennen. Ein ähnlicher Gedanke – freilich ohne direkten Rückbezug auf Hegel – scheint auch dem modernen Konzept des qua Patientenverfügung festgelegten assistierten Suizids zugrunde zu liegen. Allerdings ist hier die Vorstellung freier Selbstbestimmung mit dem zusätzlichen Moment verbunden, dass ebenjene freie Selbstbestimmung mir krankheitsbedingt zu einem späteren Zeitpunkt nicht mehr zur Verfügung steht, ich also die freie Selbsttötung, die ich dann ausführen würde, nicht mehr ausführen kann – und deswegen Dritte auffordere, an meiner Stelle das Beenden meines Lebens zu übernehmen.

Wenn Hegel, wie in dem Zitat deutlich geworden, also klarerweise die Fähigkeit des Menschen zur Selbsttötung einräumt, so heißt dies jedoch nicht, dass er deshalb auch ein *Recht auf Selbsttötung* für möglich hält.[10] Erkennbar wird dies anhand eines anderen Zitats aus einer Vorlesungsmitschrift zur Rechtsphilosophie von 1821/22, wo Hegel die Frage: „Ob es recht sei, *s*ich *d*as Leben zu nehmen" wie folgt beantwortet: „*D*as Leben *i*st ein*er*seits ein Äußer*l*iches, kann man es veräußern? *d*as Leben *i*st der *g*anze Umf*an*g *d*er *a*ußerlichen Thätigke*i*t, aber es *i*st nicht außerlich gegen m*i*ch Diesen, u*n*d ich habe als Person kein Recht *g*egen m*ei*n Leben."[11] Der Unterschied zwischen beiden Zitaten besteht darin, dass es im ersten Text nicht um die Frage geht, ob die Möglichkeit der Selbsttötung ein *Recht* bedingt, sondern eher um eine Betrachtung der Struktur dessen, was Hegel den Geist bzw. ‚die Seele' nennt und was diese Selbsttötung ermöglicht.

---

[9] Der Begriff der Menschenwürde findet sich bei Hegel nicht, wohl aber der Gedanke: „der Mensch, da er Geist *ist, darf und* soll sich selbst *des Höchsten würdig achten,* von der Grösse und Macht seines Geistes kann er nicht groß genug denken". GW 18.2, 6 *(Heidelberger Antrittsrede).*

[10] Ein gegenteiliger Eindruck könnte ebenfalls bei einer oberflächlichen Lektüre der Vorlesungsmitschriften aus dem Kolleg zur Rechtsphilosophie aus dem Jahr 1818/19 entstehen, wenn zu lesen steht: „Ich habe das absolute Recht m*ein* Leben auf*zu*geben". GW 26.1, § 36, 264 (Nachschrift Homeyer). Wie im Weiteren deutlich werden wird, ist es für Hegel ein Unterschied, ob ich mein Leben – etwa zur Verteidigung meines Staates – bereit bin aufzugeben, oder ob ich mich selbst töte.

[11] GW 26.2, § 70, 629 (Nachschrift Anonymus [Kiel]). – Hier wie in den anderen Nachschriften zeigen die kursiven Buchstaben die Ergänzungen der Abbreviaturen in den Notizen durch die Herausgeber*innen der kritischen Ausgabe an.

In ähnlicher Weise notiert Hegel in einer eigenhändigen Anmerkung zum weiter unten noch eingehender zu betrachtenden § 5 der GPR die Worte: „Mensch kann sich umbringen", was er der Nachschrift Griesheim zur Vorlesung von 1824/25 zufolge so erläutert:

> Der Mensch kann von allem Inhalte abstrahiren, sich davon frei machen, welcher er auch sei in meiner Vorstellung kann ich ihn fallen lassen, ich kann mich ganz leer machen. Nur Ich bin Ich, bei mir selber. Dieß Ich ist das vollkommen reine, alle Bestimmungen sind weggelassen. Ich thue dieß wenn ich zu mir sage Ich, ich kehre damit zu mir zurück. Dieß Ich ist das Ich aller Menschen [...]. Der Mensch kann die ganze Komplexion, seines erfüllten Bewußtseins, die das Leben ist, fallen lassen, aufgeben. Das Thier kann keinen Selbstmord begehen, der Mensch kann sein Leben endigen. [...] Der Mensch hat das Bewußtsein, daß er sein Leben aufgeben kann, und es giebt Pflichten, Situationen wo er es aufgeben muß, dann hat er das Bewußtsein daß er an sich diese vollkommene Freiheit ist, diese reine Unbestimmtheit. Diese ist die Grundbestimmung des Menschen. Er ist das reine Denken seiner selbst, nur denkend ist der Mensch diese Kraft sich Allgemeinheit[12] zu geben, d. h. alle Besonderheit, alle Bestimmtheit zu verlöschen. Der Wille ist nicht ohne das Denken und zur Freiheit des Willens gehört so das Moment der vollkommenen Unbestimmtheit.[13]

Für Hegel gibt es somit zwar kein Recht auf Selbsttötung – und die Gründe hierfür werden weiter unten diskutiert werden –, wohl aber zeigt sich im Phänomen der Selbsttötung die den Menschen vom Tier abhebende Geistnatur, die sich als selbstbestimmte Negation der eigenen sinnlichen Natürlichkeit manifestiert. Man könnte daher argumentieren, dass die Sphäre des Rechts offenkundig nicht alle Dimensionen dessen abdeckt, was dem Geist entspricht – dass die Sphäre des Geistes in ihrer Ganzheit somit umfassender und weitreichender ist als die des Rechts.

Mit Blick auf das Problem der Patientenverfügung stellt sich vor diesem Hintergrund die Frage, wie genau dieser Befund zu deuten ist: Wie ist das Verhältnis derjenigen Grundstruktur von Subjektivität, deren Würde in bestimmten Fällen von Selbsttötung zum Ausdruck kommt, zur Rechtssphäre zu verstehen? Wie kann Hegel davon reden, dass es „Pflichten, Situationen" gebe, in denen der

---

[12] Die ‚Allgemeinheit' bedeutet hier eben, von aller konkreten Existenz durch die Selbsttötung zu abstrahieren, sich also von aller konkreten Bestimmtheit des Lebens loszusagen. Das Moment der Allgemeinheit wird, wie weiter unten zu zeigen, eine zentrale Rolle in Hegels Zurückweisung der Legitimität des Selbstmords spielen.

[13] GW 26.3, 1074 (Nachschrift Griesheim).

Mensch sein Leben aufgeben müsse, und ihm zugleich absprechen, als Person gegenüber dem eigenen Leben ein uneingeschränktes Recht zu haben? Wie müsste man aus Hegels Perspektive überdies den am Beginn dieses Aufsatzes vorgestellten Fall diskutieren, dass die Rede nicht ist von einem augenblicklichen, durch bewusste Entscheidung vollzogenen Akt der Selbsttötung, sondern wie im anfangs genannten Beispiel von einem assistierten Suizid durch Dritte (die Ärzte) für den Fall, dass genau jene bewusste Entscheidung nicht mehr möglich ist? Um diesen Fragen nachzugehen, wird im nachfolgenden Abschnitt erstens erläutert, was Hegel genauer unter ‚Geist' versteht, zweitens, wie er die Begründung des Rechts in der Geistebene des Willens darstellt, und drittens werden die angesprochenen Fragen vor dem Hintergrund des Erörterten diskutiert.

3 Geist, Wille, Recht

a) Der inkorporierte Geist: Leben und Seele

Die Rechtsphilosophie Hegels ist Teil der Philosophie des Geistes, die ihrerseits neben den Grundüberlegungen in der *Wissenschaft der Logik* auch seine Naturphilosophie voraussetzt,[14] wie der Geist selbst als „Zurückkommen aus der Natur" diese „zu seiner *Voraussetzung*" hat; umgekehrt setzt die Natur den Geist als „deren *Wahrheit*, und damit deren *absolut Erstes*" im Sinne einer Vollendungsform voraus, auf die hin die gesamte genetische Struktur der Natur ausgerichtet ist.[15] Dies ist genauer so zu erläutern, dass der Geist als „die zu ihrem Fürsichseyn gelangte Idee [...], deren *Object* ebenso wohl als das *Subject* der *Begriff* ist", die Figur einer durch Selbstbeziehung zustande gekommenen „Identität" bezeichnet, die Hegel zugleich als „*absolute Negativität*" charakterisiert, „weil in der Natur der Begriff seine vollkommene äußerliche Objectivität hat, diese seine Entäußerung aber aufgehoben, und er in dieser identisch mit sich geworden ist"; anders gesagt, ist der Geist mit sich als sich auf sich beziehender gerade in dem Maße identisch, wie er das ihm Fremde, die Natur, aufhebt und negiert.[16] Genau darin aber gehört die Natur als negierte und aufgehobene zur

---

[14] Hegel hat seine Naturphilosophie leider nie so detailliert ausgearbeitet wie etwa seine Rechtsphilosophie. Die vollständigste und greifbarste Fassung liegt im zweiten Teil der *Enzyklopädie der philosophischen Wissenschaft im Grundrisse* in der Fassung von 1830 vor.

[15] Enz. III (1830), § 381.

[16] Enz. III (1830), § 381.

Bestimmung und inneren Wesensverfasstheit des Geistes dazu: ‚Geist' *ist* genau als diese negative Aktivität des Aufhebens des ihm Fremden und der Natur.

Wenn hier, wie im obigen Zitat, vom ‚Begriff' die Rede ist, so bedeutet dies nicht, dass ‚Geist' für Hegel schlechthin gleichgesetzt werden müsste mit ‚begrifflichem Denken' in einem eher landläufigen Sinne und darauf reduzierbar wäre – also so, dass Fühlen, Wahrnehmen, Vorstellen vom Begriff des Geistes ausgeschlossen wären. Vielmehr ist der ‚Begriff' im hegelschen Sinne gleichsam die Substanz dessen, was sich auf der Ebene des Geistes in diesen verschiedenen Weisen – eben als Fühlen, Wahrnehmen, Vorstellen und Denken – zu sich selbst verhält und eine mehr oder weniger adäquate Verwirklichung des eigenen Wesens hervorbringt und sich darin manifestiert. Dabei ist Hegel der Auffassung, dass sich der Geist in seiner negativen Selbstbezüglichkeit in angemessenster Weise im spekulativen (philosophischen) Denken manifestiert; aber auch schon auf der noch ganz rudimentären Ebene der sogenannten natürlichen Seele, die noch ganz in die natürlichen Lebensprozesse versenkt ist, dann aber weiterhin die Stufen der Empfindungsfähigkeit und des Selbstgefühls entwickeln kann, realisiert sich die prinzipielle Geistigkeit des Menschen.[17] Der Geist bzw. seine noch unentwickelte Grundform, die Seele als „*Schlaf* des Geistes", sind als Negationsformen des Natürlichen somit einerseits immateriell;[18] andererseits bedeutet dies aber nicht, dass der Geist und die Seele als rudimentärer Geist eine gleichsam selbständige, zweite Substanz *neben* der Naturseite des Individuums, also dem Körper als materieller Substanz wäre und zu diesem quasi hinzuträte. Daher kann Hegel erklären, die Seele als schlafender Geist sei vielmehr „die allgemeine Immaterialität der Natur, deren einfaches ideelles Leben", denn:

> In der That ist in der Idee des Lebens schon *an sich* das Außersichseyn der Natur aufgehoben und der Begriff, die Substanz des Lebens ist als Subjectivität, jedoch nur so daß die Existenz oder Objectivität noch zugleich an jenes Außersichseyn verfallen ist. Aber im Geiste, als dem Begriffe, dessen Existenz nicht die unmittelbare Einzelnheit, sondern die absolute Negativität, die Freiheit ist, so daß das Object oder die Realität des Begriffes der Begriff selbst ist, ist das Außersichseyn, welches die Grundbestimmung der Materie ausmacht, ganz zur subjectiven Idealität des Begriffes, zur Allgemeinheit verflüchtigt. Der Geist ist die existierende Wahrheit der Materie, daß die Materie selbst keine Wahrheit hat.[19]

---

[17] Enz. III (1830), § 390.
[18] Enz. III (1830), § 389.
[19] Enz. III (1830), § 389.

Die Seele bzw. das Psychische[20] steht als eigentliche *Substanz* des Geistes, der sich aus dieser entwickelt und so seine *Freiheit* realisiert, gleichsam auf einer Zwischenstufe zwischen ebenjener freien Selbstrealisierung und dem Außersichsein des Leibes qua Natur. Dies gilt nicht nur für die systematisch-logische Struktur, die Hegel innerhalb der *Enzyklopädie* entwickelt, sondern – obzwar nicht in derselben Notwendigkeit wie dort, sondern verhaftet mit Endlichkeit und daher Zufälligkeit – auch im Bereich des Empirischen. So lassen sich die diversen Ebenen, die Hegel in seiner Geistphilosophie dialektisch auseinander hervorgehen lässt, auch mit Blick auf die empirische Person feststellen, indem ein Mensch zum Beispiel als Embryo anfangs nur eine fühlende Seele ist, die zunächst lediglich *die Potenz* zur Vernunfttätigkeit hat, diese aber noch nicht in Gestalt aktualer Erkenntnisakte verwirklichen kann. Als erwachsene Person ist derselbe Mensch dann jedoch später genau hierzu in der Lage. Umgekehrt kann ein erwachsener, selbstbestimmt lebender Mensch auf die Ebene der natürlichen Seele zurückfallen, was als das Phänomen des Schlafs erfahren wird,[21] oder auf die Ebene der bloß fühlenden Seele, bei der das Individuum „seine Existenz als bei sich selbst seyende[...] Geistigkeit" aufgibt, mithin keine Kontrolle über sich mehr hat,[22] bis hin zur „*Verrücktheit*", in der die Person sich nicht aus der Unmittelbarkeit des partikulären, an die Leiblichkeit gebundenen „Selbstgefühls" befreien kann.[23] In ähnlicher Weise kann man das Phänomen der Demenz beschreiben, in der eine Person dauerhaft nicht mehr in der Lage ist, sich von der seelischen Schicht auf die Ebene der reflexiven Geistigkeit zu erheben.

An den letzten Beschreibungen erkennt man bereits, dass für die Frage nach der Gesundheit oder Krankheit des Geistes für Hegel entscheidend ist, wie dieser in seinem Selbst- und Weltbezug sich als partikulärer zum Allgemeinen verhält. An sich ist ‚Geist' für Hegel bereits insofern durch ein Moment von Allgemeinheit bestimmt, als der subjektive und partikuläre Geist einer Einzelperson sich als sich seiner selbst bewusste, negative Identität weiß, als Ich=Ich angesichts aller wechselnden Wahrnehmungen, Erlebnisse, Handlungen, Situationen usw., kurz: als etwas, was allem diesem gemeinsam und darin zugleich von jedem einzelnen verschieden ist. Allgemein ist der Geist weiterhin auch insofern, als

---

[20] Cf. Enz. III (1830), § 405: „[...] weder blos leiblich noch blos geistig, sondern *psychisch* [...]".
[21] Enz. III (1830), § 398.
[22] Enz. III (1830), § 406.
[23] Enz. III (1830), § 408.

das ‚Ich', als das der Geist sich weiß, in abstrakter Reinheit genommen für alle ‚Geister' identisch ist. Konkreter gefasst, partizipiert der subjektive, individuelle Geist seinerseits an einem Allgemeinen, nämlich an einer intersubjektiven Grundform, die Hegel den ‚objektiven' Geist nennt; zu dieser Sphäre rechnet Hegel Phänomene wie das ‚abstrakte' Recht, die Moralität und die Sittlichkeit. So sind Hegel zufolge etwa die allgemeinen Sittlichkeitsnormen, die in einem bestimmten ‚Volk' (einer sittlichen Gemeinschaftsform) gelten und dessen Identität ausmachen, den jeweiligen darauf bezogenen Handlungsmaximen eines endlichen subjektiven Geistes vorgängig und bilden dessen allgemeine Substanz, die er mit anderen Personen derselben Volksgruppe teilt. Auch die ganz basale, der Dimension des abstrakten Rechts zuzuordnende Ebene eines Vertragsschlusses zielt auf eine Allgemeinheit des Willens, nicht nur auf eine summarische Pluralität von Einzelwillen. Denn im Vertrag wird gerade festgesetzt, dass das vertraglich Aufgesetzte für jeden Einzelwillen, somit also für den allgemeinen Willen, verbindlich sei. Noch elementarer ist, wie sich weiter unten noch zeigen wird, dass sich das Recht als solches durch die Verbindung eines partikulären mit einem allgemeinen Willen konstituiert.

Wirft man von letzterer Bemerkung ausgehend den Blick noch einmal auf die Ebene des noch ‚schlafenden Geistes', also der Seele zurück, so kann man erkennen, wie die eben beschriebene Struktur bereits dort – genauer: auf der Ebene der fühlenden Seele – vorbereitet wird:

> Die fühlende Individualität zunächst ist zwar ein monadisches Individuum, aber als *unmittelbar* noch nicht als *Es selbst*, nicht in sich reflectirtes Subject und darum *passiv.* Somit ist dessen *selbstische* Individualität ein von ihm verschiedenes Subject, das auch als anderes Individuum seyn kann, von dessen Selbstischkeit es als eine Substanz, welche nur unselbstständiges Prädicat ist, durchzittert und auf eine durchgängig widerstandslose Weise bestimmt wird; diß Subject kann so dessen *Genius* genannt werden.[24]

Was man sich genauer unter dem genannten ‚Genius' vorstellen soll, legt Hegel wie folgt dar:

> Es ist diß in unmittelbarer Existenz das Verhältnis des Kindes im Mutterleibe, – ein Verhältnis das weder blos leiblich noch blos geistig, sondern *psychisch* ist, – ein Verhältnis der Seele. Es sind zwei Individuen, und doch in noch ungetrennter Seeleneinheit; das eine ist noch kein *Selbst,* noch nicht undurchdringlich, sondern

---

[24] Enz. III (1830), § 405.

ein widerstandloses; das andere ist dessen Subject, das *einzelne* Selbst beider. – Die Mutter ist der *Genius* des Kindes, denn unter Genius pflegt man die selbstische Totalität des Geistes zu verstehen, in sofern sie *für sich* existire, und die subjective Substantialität eines Andern, das nur äußerlich als Individuum gesetzt ist, ausmache; Letzteres hat nur ein formelles Fürsichseyn. Das Substantielle des Genius ist die ganze Totalität des Daseyns, Lebens, Charakters nicht als bloße Möglichkeit oder Fähigkeit oder Ansich, sondern als Wirksamkeit und Bethätigung, als concrete Subjectivität.[25]

Man erkennt anhand dieser Stelle, wie Hegel unter dem Topos des Geistes in der Lage ist, die Einheit zweier Individuen zu denken, bei denen eines die Funktion der konkreten Subjektivität, d. h. die ‚Selbstischkeit', das frei bestimmte Selbstsein für das andere innehat. Auf reflektierterer Weise taucht diese Struktur später u. a. auf der – rechtsphilosophisch relevanten – Ebene der Erziehung der Kinder im Rahmen der Familie wieder auf, die als eine Einheit ebenfalls *ein* objektiver Geist ist, dabei aber mehrere subjektive und partikuläre ‚Geister' als seine konstitutiven und integrativen Momente umfasst (Eltern, Kinder),[26] zwischen denen ein Gefälle in Hinsicht auf die aktuale Befähigung zur Selbstbestimmung sowie eine hieraus resultierende Fürsorgepflicht entspringt. Überträgt man dies auf das Problem des Demenzpatienten, könnte man mit Hegel sagen, dass dieser in gewisser Weise auf die Ebene des Kindes oder gar der bloß fühlenden Seele zurückfällt und – indem er ein Moment des objektiven Geistes darstellt – es einem anderen obliegt, die vom Patienten nicht mehr selbständig realisierbare Selbstfürsorge auszuüben.

b) Der Wille und seine rechtsgründende Funktion
Hegel bestimmt das Recht als Grundform des objektiven Geistes und diesen wiederum als Wille:

Der Boden des Rechts ist überhaupt das *Geistige,* und seine nähere Stelle und Ausgangspunkt der *Wille,* welcher *frey* ist, sodass die Freyheit seine Substanz und Bestimmung ausmacht, und das Rechtssystem das Reich der verwirklichten Freyheit, die Welt des Geistes aus ihm selbst hervorgebracht, als eine zweyte Natur, ist.[27]

---

[25] Enz. III (1830), § 405.
[26] Cf. GPR, § 174.
[27] GPR, § 4.

Überhaupt ist die Ebene des objektiven Geistes die der Freiheit, allerdings – anders als im absoluten Geist – einer sich im *Endlichen* verwirklichenden und insofern defizitären Freiheit, die deshalb grundlegend durch den Bezug zur Endlichkeit bestimmt ist.[28] Daher ist der Wille durch zwei wesentliche Momente gekennzeichnet: erstens durch das

> Element der *reinen Unbestimmtheit* oder der reinen Reflexion des Ich in sich, in welcher jede Beschränkung, jeder durch die Natur, die Bedürfnisse, Begierden und Triebe unmittelbar vorhandener, oder, wodurch es sey, gegebene und bestimmte Inhalt aufgelößt ist; die schrankenlose Unendlichkeit *der absoluten Abstraction* oder *Allgemeinheit*, das reine *Denken* seiner selbst;[29]

das Moment also des reinen und inhaltlich ganz leeren Sich-als-sich-Wissens des endlichen Selbst, wie es im Ich bin Ich (= Selbstbewusstsein) zum Ausdruck kommt. Mit Blick auf die Freiheit stellt dieses zunächst nur erste, obzwar notwendige Moment eine bloße Negativität dar, eine ganz abstrakte und inhaltlose Allgemeinheit, die sich lediglich dadurch konstituiert, dass sie alle konkrete Bestimmtheit aus sich ausschließt und tendenziell vernichtet. Daher spricht Hegel hier auch von der „Furie des Zerstörens", die eine bloße „Freyheit des Verstandes" statt der Vernunft sei,[30] sich in der Realität bis zum Fanatismus steigere, der unterschiedslos alle Konkretion tilge: „Nur indem er etwas zerstört, hat dieser negative Wille das Gefühl seines Daseyns".[31] In diesem Sinne kann Hegel sagen,

---

[28] Cf. Enz. III (1830), § 483.

[29] GPR, § 5.

[30] Der *Verstand*, der für Hegel durchaus ein notwendiges Moment innerhalb der Struktur des Geistes und der Wirklichkeit ist, hat die destruktive Tendenz, auf der Unauflöslichkeit von Gegensätzen zu beharren, sich weiterhin auf einen der Gegensätze festzulegen und diesem den anderen gleichsam zu opfern. Mit Blick etwa auf den Gegensatz von Einzelnem und Allgemeinem drückt sich die abstrakte Verstandestätigkeit z. B. philosophisch in platonisierenden Ansätzen aus, die das sinnliche Einzelne als völlig substanzlos und unwesentlich gegenüber dem einzig wahren begrifflichen Allgemeinen setzen. Dass es sich hierbei nicht um ein gleichsam ‚bloß akademisches' Problem handelt, wird daran erkennbar, dass Hegel als ein Beispiel für den *realen Fanatismus* des Verstandes die Phase der Terreur während der Französischen Revolution anführt, in der die Leben der Einzelnen ausnahmslos dem abstrakten allgemeinen Tugendprinzip geopfert wurden. – Demgegenüber ist es für Hegel das Spezifikum der *Vernunft,* das starre Entweder-oder des Verstandes in ein dynamisches Sowohl-als-auch zu überführen und damit die Gegensätze als Momente einer intrinsisch differenzierten *Einheit* zusammenzudenken.

[31] GPR, § 5.

der so verstandene Wille bzw. derjenige Wille, der sich allein auf dieses erste Moment zurückzieht, habe noch kein Dasein, noch keine Realisierung innerhalb der Welt gefunden.[32] Das zweite Moment ist dagegen das

> Uebergehen aus unterschiedsloser Unbestimmtheit zur *Unterscheidung, Bestimmen* und *Setzen* einer Bestimmtheit als eines Inhalts und Gegenstands. – Dieser Inhalt sey nun weiter als durch die Natur gegeben oder aus dem Begriffe des Geistes erzeugt. Durch dieß Setzen seiner selbst als eines *bestimmten* tritt *Ich* in das *Daseyn* überhaupt; – das absolute Moment der *Endlichkeit* oder *Besonderung* des Ich.[33]

Während das erste Moment des Willens also das Negieren allen bestimmten Inhalts bedeutet, in welchem Negieren der Wille sich zugleich als sich selbst weiß, legt sich dieser Wille im zweiten Moment in eine konkrete endliche Sache als dasjenige, was er will.[34] Erst hierdurch realisiert sich dieser Wille und gibt sich Dasein in der Welt; er ergreift von einer äußerlichen, endlichen Sache Besitz und erklärt sie des Weiteren als sein Eigentum, also als ‚sein‘:[35]

> Daß Ich etwas in meiner selbst äußern Gewalt habe, macht den Besitz aus, so wie die besondere Seite, daß Ich etwas aus natürlichem Bedürfnisse, Triebe und der Willkühr zu dem Meinigen mache, das besondere Interesse des Besitzes ist. Die Seite aber, dass Ich als freyer Wille mir im Besitze gegenständlich und hiemit auch erst wirklicher Wille bin, macht das Wahrhafte und Rechtliche darin, die Bestimmung des *Eigenthums* aus.[36]

In diesem Akt der Besitznahme und der Selbstobjektivierung des Willens im ergriffenen Objekt, der äußerlichen Sache, liegt also die basale Form der Begründung von Recht überhaupt, auch wenn dieses Recht zunächst noch ganz abstrakt, d. h. gleichgültig dagegen ist, von welcher Sache konkret Besitz ergriffen wird. Besitznahme allein ist allerdings ihrerseits noch defizitär; wesentlich im Besitznehmen ist vielmehr, dass die in Besitz genommene Sache als Eigentum aufgefasst wird – d. h. als etwas, das mein ist, auch wenn ich nicht

---

[32] GPR, § 41.
[33] GPR, § 6.
[34] Cf. hier auch Hegel handschriftliche Notiz zu GPR, § 6: „Ich *will* nicht nur" – dies wäre das erste Moment, isoliert betrachtet –, „sondern will *Etwas,* d. i. ein *Besonderes"* – dies also das zweite Moment.
[35] GPR, § 42.
[36] GPR, § 45.

aktuell vom ihm Besitz ergreife. Durch diese Erklärung einer Sache zu meinem Eigentum werde ich zugleich Rechtssubjekt und damit das, was Hegel terminologisch als ‚Person' im eigentlichen Sinne fasst. Im Eigentum realisiert sich der Wille somit nicht bloß gleichsam punktuell, indem er hier und jetzt eine Sache ergreift, sondern die Erklärung, im Eigentum sei eine bestimmte Sache ‚meine', impliziert zugleich eine Dauerhaftigkeit dieses Besitzens und Eigentumhabens über den Fluss der Zeit hinweg, also einen allgemeinen Willen, der als solcher auch von anderen partikulären Willen allgemein anerkannt werden soll. Man kann also zusammenfassend festhalten, dass die Basis des Rechts, wie Hegel festhält, das „absolute[...] *Zueignungsrecht* des Menschen auf alle Sachen" ist und somit allgemein allen Menschen als ‚Geistern' auf der Ebene des Willens zukommt.[37] Die Zueignung muss dabei ein wirklich vollzogener Akt, nicht etwa ein bloßes Vorstellen und Wünschen sein, denn nur so ist auch für andere erkennbar, dass ich meinen Willen in eine bestimmte Sache als meinem Eigentum gelegt habe.[38]

Die beiden geschilderten Momente des Willens bilden eine in sich differenzierte Einheit; erst als diese Einheit ist der Wille eine „*in sich reflectirte* und dadurch zur *Allgemeinheit* zurückgeführte *Besonderheit*, – *Einzelnheit*", in der „die *Selbstbestimmung* des Ich" sich manifestiert als sich Setzen „als das Negative seiner selbst", d. h. „als *bestimmt, beschränkt* [...] und bey sich, d. i. in seiner *Identität mit sich* und Allgemeinheit zu bleiben, und in der Bestimmung sich nur mit sich selbst zusammen zu schließen".[39] Erst hier wird der Wille zu Recht als „*Daseyn aller* Bestimmungen der Freyheit" und damit Dasein des freien Willens.[40] Hierin besteht im hegelschen Verständnis auch genau die nunmehr nicht mehr bloß abstrakte, sondern vielmehr konkrete Freiheit des Willens: darin nämlich, im Anderen bei sich selbst zu sein. Freilich handelt es sich auch hierbei nur erst um die Grundstruktur des Willens, die noch ganz rudimentär ist und weiterer Konkretion bedarf.

Für die vorliegende Fragestellung sind vor dem Hintergrund der entwickelten Grundstruktur folgende weitere Punkte zu ergänzen. Erstens: ‚Sache' im hier verstandenen Sinne können auch der eigene Körper und eigene Begabungen und Fähigkeiten sein:

---

[37] GPR, § 44.
[38] GPR, § 51.
[39] GPR, § 7.
[40] Enz. III (1830), § 486.

Als Person bin Ich selbst *unmittelbar Einzelner,* – dieß heißt in seiner weiteren Bestimmung zunächst: Ich bin *lebendig* in diesem *organischen Körper,* welcher mein dem Inhalte nach *allgemeines* ungeteiltes äußeres Daseyn, die reale Möglichkeit alles weiter bestimmten Daseyns, ist. Aber als Person habe ich zugleich *mein Leben und Körper,* wie andere Sachen, nur *in so fern es mein Wille ist.*[41]

Auch der Körper muss daher, „um williges Organ und beseeltes Mittel" des Geistes bzw. des Willens zu sein, von diesem in Besitz genommen und also ‚gehabt' werden.[42] Zugleich habe ich damit über meinen Körper und über mein Leben sowie über meine Fähigkeiten ein Recht.

Zweitens hebt Hegel hervor, dass dieses Recht nicht uneingeschränkt gilt, dass es vielmehr auch mit Blick auf mich selbst Unveräußerliches gibt:

> *Unveräußerlich* sind daher diejenigen Güter, oder vielmehr substantiellen Bestimmungen, so wie das Recht an sie *unverjährbar,* welche meine eigenste Person und das allgemeine Wesen meines Selbstbewußtseyns ausmachen, wie meine Persönlichkeit überhaupt, meine allgemeine Willensfreiheit, Sittlichkeit, Religion.[43]

Grundlage dieser Unveräußerlichkeit ist erneut das Vermögen des Willens, „*nur durch sich selbst* und als *unendliche Rückkehr in sich* aus der natürlichen Unmittelbarkeit seines Daseyns das zu seyn, was er ist" – worin in eins auch die Möglichkeit begründet liegt, genau dies zu verfehlen und sich seiner Persönlichkeit – „auf bewußtlose oder ausdrückliche Weise" – zu entäußern.[44] Dies geschieht etwa in Gestalt der „Sclaverey, Leibeigenschaft, Unfähigkeit Eigenthum zu besitzen […]; Entäußerung der intelligenten Vernünftigkeit, Moralität, Sittlichkeit", wobei letztere vorkomme „im Aberglauben" und „in der Andern eingeräumten Autorität und Vollmacht, mir, was ich für Handlungen begehen solle […], mir, was Gewissenspflicht, religiöse Wahrheit sey u. s. f. zu bestimmen und vorzuschreiben".[45] In unverjährbarer Weise habe ich Hegel zufolge ein Recht auf meine Selbstbestimmung und damit auf die Aufhebung meiner Entäußerung, denn „der Akt, wodurch ich von meiner Persönlichkeit und substantiellem Wesen Besitz nehme, mich zu einem Rechts- und Zurechnungsfähigen, Moralischen, Religiösen mache, entnimmt diese Bestimmungen eben

---

[41] GPR, § 47.
[42] GPR, § 48.
[43] GPR, § 66.
[44] GPR, § 66.
[45] GPR, § 66.

der Aeußerlichkeit, die allein ihnen die Fähigkeit gab, im Besitz eines anderen zu seyn".[46] In dieser „Rückkehr meiner in mich selbst" ist für Hegel dasjenige, „wodurch Ich mich als Idee, als rechtliche und moralische Person existirend mache", und zugleich wird darin der „Widerspruch" aufgedeckt, „anderen meine Rechtsfähigkeit, Sittlichkeit, Religiosität in Besitz gegeben zu haben, was ich selbst nicht besaß, und was sobald ich es besitze, eben wesentlich nur als das Meinige und nicht als ein Aeußerliches existirt".[47] Diese Überlegungen, die erneut den Eindruck erwecken, als müsse es in Hegels Entwurf ein Recht geben, das eigene Leben zu beenden, sind zu erinnern, wenn im folgenden Abschnitt Hegels Zurückweisung des Rechts auf Selbsttötung dargestellt wird.

c) Die Zurückweisung des Rechts auf Selbsttötung und das Sich-Opfern für eine ‚sittliche Idee'

Ein entscheidendes Zitat für die im vorliegenden Aufsatz interessierende Frage, ob und in welchem Sinne es ein Recht auf Selbsttötung für Hegel geben könne, lautet wie folgt:

> Die *umfassende* Totalität der äußerlichen Thätigkeit, *das Leben*, ist gegen die Persönlichkeit, als welche selbst *Diese* und *unmittelbar ist*, kein Aeußerliches. Die Entäußerung oder Aufopferung desselben ist vielmehr das Gegentheil, als das Daseyn *dieser* Persönlichkeit. Ich habe daher zu jener Entäußerung überhaupt kein *Recht*, und nur eine sittliche Idee, als in welcher *diese unmittelbar* einzelne Persönlichkeit an sich untergegangen, und die deren *wirkliche* Macht ist, hat ein Recht darauf, so daß zugleich wie das Leben als solches *unmittelbar*, auch der Tod die *unmittelbare* Negativität desselben ist, daher er von außen, als eine Natursache oder, im Dienste der Idee, von fremder Hand empfangen werden muß.[48]

Der entscheidende Punkt ist für Hegel also nicht, dass das Leben des Individuums etwas Unveräußerliches wäre. So darf etwa „der Staat" als verwirklichte sittliche Idee durchaus „*das* Leben fordern", und „*das* Individuum [muss] es geben".[49] Entscheidend ist vielmehr, dass das Individuum „sich selbst als Indiv*iduum*"

---

[46] GPR, § 66.
[47] GPR, § 66.
[48] GPR, § 70.
[49] GPR, § 66.

nicht das Leben nehmen darf.⁵⁰ Der Grund hierfür liegt darin, dass das Leben als – wie eben zitiert – „*umfassende* Totalität der äußerlichen Thätigkeit"⁵¹ des Willens zugleich Grundbedingung der *Darstellung* und des *Daseins* der Freiheit ist, die ansonsten, wie oben gesehen, lediglich auf der bloß negativen und abstrakten Ebene verharrte. Weiterhin ist, wie ebenfalls bereits ausgeführt, erst diese daseiende Freiheit das *Recht*.⁵² Mit Blick auf diese Struktur sieht Hegel im Selbstmord einen „absolute[n] widerspruch, denn man fragt hier nach etwas wodurch alles Recht aufgehoben" wird.⁵³ Zentral für dieses Argument ist die konkrete Allgemeinheit, die in der als Recht verwirklichten Freiheit zum Ausdruck kommt; die konkrete Person agiert als Rechtssubjekt gleichzeitig nicht nur als Einzelnes, sondern als ein dies Allgemeine realisierendes Einzelnes, und empfängt erst vom Allgemeinen her die Legitimation für ihr Tun. Wenn die Person daher ihr Leben gibt, um den Staat zu verteidigen, so agiert sie nicht als Einzelnes um dieser Einzelheit willen, sondern realisiert die Allgemeinheit der sittlichen Idee – der staatlichen Gemeinschaft – durch ihr konkretes Handeln. Genau dies hebt die Einzelperson auf, wenn sie sich selbst allein um ihrer selbst willen tötet: Das allgemeine Vermögen zu vernünftiger, das heißt auf konkrete Allgemeinheit bezogener Selbstbestimmung wird nicht zur Realisierung des allgemeinen, sondern des partikulären Interesses eingesetzt und dabei zugleich – das wie gesehen zu dieser Realisierung die Existenz der Einzelperson notwendig ist – vernichtet.

---

[50] GW 26.2, § 70, 835 (Nachschrift Hotho). Die „*Tapferkeit*", die man landläufig mit dem Selbstmord verbinden mag, ist für Hegel daher bloß die „*schlechte*[...] von Mägden und *Schneidern*" (ebd.).

[51] GPR, § 70.

[52] Cf. GW 26.3, § 70, 1158 (Nachschrift Griesheim).

[53] GW 26.1, 370 (Nachschrift Anonymus [Bloomington]). – Bekanntlich kann man mit Hegel zwei Bedeutungsdimensionen von ‚aufheben' unterscheiden: erstens aufbewahren bzw. erhalten, zweitens aufhören lassen (cf. GW 21, 94). Eine Verbindung dieser beiden Bedeutungsebenen führt zu einer dritten, nämlich dem ‚Aufheben' im Sinne des ‚Hebens auf eine höhere Stufe': Indem abstrakte gegensätzliche Bestimmung als abstrakte ‚aufgehoben' werden, also ihre *abstrakte* (verständige) Gegensätzlichkeit beendet wird, verschwinden sie nicht völlig, sondern werden in der *spekulativen* (vernünftigen) Einheit des Begriffs ‚aufgehoben' i. S. v. bewahrt, und zwar so, dass sie in diesem Begriff, dessen Momente sie nunmehr sind, ihre eigentliche und damit ‚höhere' Bestimmung finden. Erst im Gesamt dieser Bewegung kommt das Aufheben zu seiner Vollendung. – Wenn dagegen hier und im Folgendem vom ‚Aufheben des Rechts' gesprochen wird, ist damit die einseitige Bedeutung des bloßen ‚Beendens' oder ‚Negierens' von Recht gemeint.

Man könnte einwenden, dass zumindest im Falle des assistierten Suizids ja durchaus nicht nur die individuelle Einzelheit der jeweiligen Person, sondern ebenfalls eine sittliche Idee (und damit ein Allgemeines) im Hintergrund steht, nämlich die Idee der Selbstbestimmung als solcher: Weil es eine allgemeine sittliche Forderung ist, dass ich als Geistwesen mich selbstbestimmen soll, wäre es legitim, mein Leben beenden zu lassen, wenn ich zu dieser vernünftigen Selbstbestimmung – etwa im Fall einer Demenzerkrankung – nicht mehr in der Lage bin. Doch auch damit entkommt man Hegels Einwand nicht: Die Idee der Selbstbestimmung wird nicht dadurch gewahrt, dass ich für mich die grundlegendste Möglichkeit zur Selbstbestimmung, eben mein Leben, gänzlich aufhebe. Noch weniger kann ich Dritte dazu verpflichten für den Fall, dass ich selbst nicht mehr in der Lage bin, mein Leben zu beenden. Denn wenn mein Vermögen zu aktueller Selbstbestimmung erloschen ist, obliegt den anderen nicht, mich als gleichsam unnütz gewordenes Instrument der Verwirklichung der Freiheit zu entsorgen, sollte er dies auch als eine Freundespflicht empfinden; eher sollten sie mich als Geist, der gleichsam nicht mehr erwachen kann, als Seele, die zur Klarheit geistiger Selbstbestimmung befähigt war, aber diese nun nicht mehr verwirklichen kann, zum Gegenstand ihrer Fürsorge zu machen.[54]

4 Zusammenfassung und Schlussfolgerungen

Es wurde gezeigt, dass es innerhalb der Philosophie Hegels kein Recht auf Selbsttötung geben kann. Als Grund hierfür wurde herausgearbeitet, dass die Basis des Rechts *einerseits* darin besteht, Selbstbestimmung zu sein, was für Hegel bedeutet: ein Bewusstsein des ‚Ich bin Ich' bilden zu können. In diesem ‚Ich bin Ich' setze ich mich als von allem anderen verschiedener Selbstbezug, als *frei von* allen anderen Wesen, insbesondere von den innerhalb der Welt erscheinenden Dingen. Aber dieses so verstandene Ich ist eben deswegen ebenso zunächst nur ‚abstrakt' und allgemein, noch nicht konkret und in diesem Sinne

---

[54] Der Nachschrift Hotho zufolge haben daher nicht einmal die Heroen wie etwa „Hercules" und „Brutus", die sich bekanntlich das Leben nahmen, dazu in Hegels Augen ein „einfache[s] Recht" (GW 26.2, § 70, 836). – All dies bedeutet auch für den späteren Hegel nicht, dass die Gründe für eine Selbsttötung nicht nachvollziehbar und auch durchaus erschütternd sein können. So spricht Hegel davon, dass eine Selbsttötung „als ein Unglück zu betrachten" sei, „denn es geht vieles im Inneren des Ind*ividuums* vor, Zerreißungen des Inneren, die allerdings ein Unglück sind. Aber damit ist nicht die Frage nach dem Recht beantwortet" (ebd., 835 f.).

auch nicht ‚wahr'; es ist dasjenige ganz leere ‚Ich', das jeder und jede ist, sofern sie nur ‚Ich' sagen können. Diese Leere absoluten Selbstbezugs bedarf daher *andererseits* einer Konkretion, einer Bestimmung, einer *Freiheit zu* einem Inhalt, muss daher in der Welt endlicher erscheinender Dinge selbst endlich werden und *erscheinen*. Dies geschieht in seiner grundlegenden Form so, dass ich mein freies Selbstsein, mein Ich = Ich, nunmehr bestimmt als freier Wille in ein erscheinendes Endliches setze, welches ich darin als *mein,* also als meinen Besitz bestimme. Erst diese Doppelstruktur, nicht schon das bloß ganz abstrakte erste Moment, ist das *Recht.* Reine Selbstbestimmung allein ist daher zwar konstitutiv für Recht, aber nicht selbst schon das Recht. Da nun die Grundbedingung des zweiten für das Recht konstitutiven Moments, nämlich des Ergreifens von Besitz, letztlich meine eigene endliche Existenz als inkorporiertes Wesen ist, wird verständlich, weshalb es kein Recht auf Selbsttötung für Hegel geben kann: Meine Selbsttötung vernichtet ja eben diese endliche Existenz, damit auch die zweite Grundbedingung für Recht und damit das Recht selbst. Ein Recht auf Vernichtung des Rechts kann es aber nicht geben.

Es wird an dieser Überlegung weiterhin deutlich, dass es auch kein Recht darauf geben kann, Dritte dazu zu verpflichten, im Falle des eigenen Unvermögens zur Selbsttötung, etwa bei einer Demenzerkrankung, die Selbsttötung gleichsam stellvertretend in Gestalt eines assistierten Suizids vorzunehmen. Denn wenn bereits kein Recht auf Selbsttötung durch eigene Hand besteht, kann ein *Delegieren* des Wunsches der nunmehr assistierten Selbsttötung diese nicht nachträglich rechtens machen.

Es sei noch einmal eigens betont, dass diese Schlussfolgerungen sich bei Hegel nicht etwa daraus ergeben, dass meine Selbstbestimmung eine äußerliche Einschränkung erfühle, etwa durch eine göttliche Autorität, der ich mein Leben verdankte und der deshalb allein ein Recht über mein Leben zustünde. Vielmehr sind sie Konsequenzen aus der Grundstruktur menschlicher Selbstbestimmung als solcher und ergeben sich also nur aus dieser selbst. Es mag also, wie eingangs erwähnt, unbestreitbar die Würde und den Adel des Menschen zum Ausdruck bringen, dass er im Gegensatz zum Tier als ein Geistwesen dazu in der Lage ist, sich selbstbestimmt das Leben zu nehmen. Ein *Recht* hierauf kann er indessen nicht für sich beanspruchen.

Autonomie und Wille

Zwangsbehandlung und Willensfreiheit

Matthias Kaufmann

Zusammenfassung

Der Zwang, der auf Menschen mit abweichendem Verhalten seit Jahrhunderten und auch heute noch ausgeübt wird, wurde z. T. sehr grundsätzlich kritisiert, doch stehen Menschen in der psychiatrischen Praxis oft vor der Entscheidung, jemandem durch die Gewährung der Bewegungsfreiheit die Möglichkeit zur Selbstschädigung zu eröffnen, oder die Person mit Zwang vor sich selbst zu schützen oder auch Schaden von anderen abzuwenden. Während der Schutz anderer Personen wesentlicher Teil des Strafrechts ist, wird der Schutz vor sich selbst meist mit fehlender Entscheidungskompetenz, individuell fehlender Autonomie begründet. Bei der Frage, ob es überhaupt Willensfreiheit gibt, die der konkreten Person dann abgeht, kann man sich neben einigen allgemeinen Überlegungen auf die Praxis von Strafrecht und medizinischer Ethik beziehen. Für den Willensbegriff ist der Rückgriff auf zwei mittelalterliche Klassiker erhellend, die Wille und Verstand in unterschiedlicher Weise in Beziehung setzen. Dies eröffnet die Möglichkeit einer systematischen Differenzierung von Graden der Willensfreiheit, die bei problematischem Verhalten zu unterschiedlichen rechtlichen und medizinischen Behandlungen führen. Eine besondere Rolle nimmt seit einigen Jahren der – wohl aus dem Mittelalter entlehnte – Begriff des natürlichen

M. Kaufmann (✉)
Seminar für Philosophie (i.R.), Halle (Saale), Deutschland
E-Mail: matthias.kaufmann@phil.uni-halle.de

Willens ein. Dabei bleibt die Einsicht wichtig, dass es in diesem komplexen Problemfeld immer wieder unklare Grenzfälle gibt, so dass als praktische Norm die möglichst große Bewahrung der Autonomie und damit der Würde der Patient*innen zu gelten hat.

Schlüsselwörter

Willensfreiheit · Zwang · Strafrecht · Autonomie · Natürlicher Wille · Medizinethik

1 Worin besteht das Problem?

Seit Jahrhunderten werden in Europa Menschen, die ein ungewöhnliches, „närrisches" Verhalten an den Tag legen, auf die eine oder andere Weise Zwangsbehandlungen unterworfen, häufig zum Zweck der Ausgrenzung aus der Gesellschaft. Einen eindrucksvollen Einblick in die Geschichte der dabei angewandten Methoden, wie u. a. der Narrenschiffe, die in der Kunst der Renaissance dann metaphorische Bedeutung erhielten (Foucault 1973, 45 ff.), über die Internierung aller, die den sozialen Frieden störten, in der Zeit des Absolutismus bis ins frühe neunzehnte Jahrhundert, in die Jahre, nachdem Philippe Pinel Ende des 18. Jahrhunderts den Kranken in Bicêtre und dann in der Salpetrière die Ketten abnehmen ließ, lieferte bereits vor einigen Jahrzehnten Michel Foucault (Foucault 1973). Allerdings führte die weitere Entwicklung der Psychiatrie keineswegs dahin, dass man auf Zwangsmaßnahmen ganz verzichtet hätte. Karl Jaspers schreibt mit einem etwas resignierten Unterton Mitte des zwanzigsten Jahrhunderts:

> „Die Anstalten sind eine Welt für sich. Ihr ‚Geist' ist von der Haltung der Direktoren und Ärzte bestimmt und durch die Überlieferung herrschender Grundgesinnungen. … Immer bleibt der Grundtatbestand des Zwanges. Man muß der Gefahr, die durch gewalttätige, unruhige tobsüchtige Kranke droht, Herr werden. Früher gelang das durch Fesseln und Einsperren, durch weitere Maßnahmen, die mehr an Folterungen als an Therapie erinnern. Es gilt als größter Schritt, daß Pinel ‚die Irren von ihren Ketten befreite' …, jedoch an die Stelle der Ketten mußten Skopolaminspritzen und Dauerbäder treten,… der Geist der Anstalt verwandelte sich, das Grundprinzip des Zwanges ist nicht abzuschaffen." (Jaspers 1948, 701).

Von Foucault wird die Ablösung der Internierungsanstalten durch psychiatrische Anstalten nur unter einigem Vorbehalt als Segen angesehen. Gewiss sei es zu begrüßen, dass man den „Irren" in Bicêtre und anderen Internierungsanstalten die Ketten abnahm, doch insgesamt

„erreicht man nur die Ironie der Widersprüche:– man lässt die Freiheit des Irren spielen, aber in einem geschlosseneren, festeren, weniger freien Raum als dem der Internierung, der stets ein wenig unbestimmt ist;
– man befreit ihn von seiner Verwandtschaft mit dem Verbrechen und dem Bösen, aber nur um ihn den strengen Mechanismen eines Determinismus einzuschließen. Er ist nur in der Absolutheit einer Nicht-Freiheit völlig schuldlos;
– man löst die Ketten, die den Gebrauch seines freien Willens behinderten, aber um ihn jenes Willens zu entledigen, der in den Willen des Arztes verlagert und verändert wird" (Foucault 1973, S. 541).

Der „Irre" erreicht eine Freiheit, nämlich die Befreiung aus Ketten, nur um den Preis einer Unfreiheit, eines Zwanges, da er als determiniert und daher unfähig zu eigenen Entscheidung, somit steuerungsbedürftig klassifiziert wird – und dies mit der gesamten Autorität der Wissenschaft. Die Dominanz einer neurobiologisch orientierten, weitestgehend medikamentös arbeitenden Psychiatrie der letzten Jahrzehnte dürfte diese Entwicklung noch verstärkt haben.

Andererseits gab es immer wieder Stimmen wie die von Antonin Artaud, der im Rahmen seiner Verteidigung Van Goghs anklagt: „ein Geisteskranker ist auch ein Mensch, den die Gesellschaft nicht hören wollte und den sie daran hindern wollte, unerträgliche Wahrheiten zu äußern…" (Artaud 1977, 11).

Jenseits derart grundsätzlicher Fragen steht man in der psychiatrischen Praxis, nicht zuletzt auch in der Gerontopsychiatrie immer wieder vor dem Problem, ob man gegen Patient*innen, die möglicherweise oder auch offensichtlich nicht steuerungsfähig sind, Formen von Zwang ausüben muss, damit sie nicht sich oder anderen Menschen Schaden zufügen, oder ob man sie damit in unverantwortlicher Weise ihrer Freiheit beraubt. Auch hier zeigte eine empirische Studie, dass der „Geist" einer Institution für den Umgang mit den Patient*innen wichtiger sein kann als die von Land zu Land verschiedene Rechtslage (Plunger 2007, Kap. VI und VII).

Will man sich den hier virulenten Schwierigkeiten begrifflich nähern, wird man sehen müssen, ob es Möglichkeiten gibt, Zwang – hier zunächst sehr schlicht verstanden als äußerer Zwang, bei dem gegen den Willen eines Wesens Gewalt angewendet oder angedroht wird – zu rechtfertigen. Vor allem aber wird es unvermeidlich, den für diese Diskussion so zentralen Begriff des Willens in angemessener Weise zu differenzieren. Dass es bei den Versuchen, die Frage nach der Willensfreiheit zu beantworten, hier nur bei rudimentären Hinweisen bleiben muss, versteht sich von selbst.

2 Kann Zwang, speziell Zwangsbehandlung gerechtfertigt werden?

„Every restraint, *qua* restraint, is an evil", heißt es in John Stuart Mills berühmter Streitschrift *On Liberty*, „Über die Freiheit" aus dem Jahr 1859 (Mill 1975, 116). Für Immanuel Kant hingegen gehört Zwang unmittelbar zum Recht, denn „Recht ist mit der Befugnis zu zwingen verbunden" (Kant 1797, Rechtslehre, Einleitung § D). Rechtlicher Zwang ist indessen als „Verhinderung eines Hindernisses der Freiheit" zu verstehen (ebd.), er dient dazu, die Freiheit derer zu schützen, die von anderen in ihrer Ausübung gehindert werden könnten und ist aufgrund seiner Allgemeinheit und Wechselseitigkeit berechtigt, weil er somit frei von Willkür ist (ebd. § E). Bei genauerer Betrachtung ist der Unterschied zwischen beiden Autoren allerdings deutlich geringer, denn für Mill gilt immerhin: „Der einzige Grund, aus dem die Menschheit, einzeln oder vereint, sich in die Handlungsfreiheit eines ihrer Mitglieder einzumengen befugt ist, ist der: sich selbst zu schützen." (Mill 1980, 16). Zwang zum Schutz anderer Menschen oder der Gesellschaft als solcher, also das, was Kant die Verhinderung eines Hindernisses der Freiheit bezeichnet hatte, ist in umgekehrter Ausdrucksweise also auch für Mill berechtigt, aber nur in diesem Fall. Dies wird allerdings sogleich eingeschränkt: „Wer sich noch in einem Stande befindet, wo andere für ihn sorgen müssen, den muss man gegen seine eigenen Handlungen ebenso schützen wie gegen äußere Unbill." (Mill 1980, 17). Sehr kritisch wird mittlerweile – offenbar zu Recht – seine zweite Einschränkung angesehen, betreffend „those backward states of society in which race itself may be considered as in its nonage", wo entsprechend despotische Herrschaft angezeigt ist, solange sie zur Erziehung der Rückständigen nützlich ist (Mill 1975, 15).

Lässt man die rassistischen Konnotationen einmal beiseite, geht es also darum, dass Paternalismus bis zu einem gewissen Grad dort angebracht ist, wo jemand aus irgendwelchen Gründen nicht in der Lage ist, die Folgen des eigenen Handelns zu überblicken (mal angenommen, die „normalen Erwachsenen" seien dazu halbwegs fähig) oder noch weitergehende Probleme mit einer verantwortlichen Lebensführung hat. Es bleibt somit die Frage, worin diese Fähigkeit besteht, die man auch als Willen bezeichnet und ob sich stets klar erkennen lässt, in welchem Maße sie im Einzelfall vorhanden ist. In unserem Fall ist das essentiell. Das Besondere an der medizinischen Zwangs*behandlung* besteht nämlich darin, dass der Zwang entweder mit der Sorge um das Wohl der betroffenen Person begründet wird oder mit dem Schutz der Umgebung und häufig prophylaktisch erfolgt, gerechtfertigt mit dem angeblichen Verlust der Willensfreiheit der betroffenen Person. Ist dies eine sinnvolle Konstruktion, gibt es überhaupt Willensfreiheit?

3 Wille und Willensfreiheit

Für eine prominente philosophische Richtung ist dies eine irrige Unterstellung. Die Kernthese des *Determinismus* besteht darin, dass das Kausalprinzip, wonach es für jedes Ereignis und jeden Zustand eine *causa efficiens* gibt, auf alle Bereiche der Welt anwendbar ist und auch angewandt werden muss, also auch für den Bereich menschlicher Handlungen. Es gibt *prinzipiell* für jede menschliche Handlung ein Kausalgesetz, mit dessen Hilfe wir sie bei ausreichender Kenntnis der Rahmenbedingungen als kausal bedingte Folge eines anderen Ereignisses beschreiben können. Bei ausreichender Kenntnis des vorliegenden Zustands eines Menschen und der relevanten Kausalgesetze könnte man seine Handlungen zuverlässig prognostizieren. Dass dies noch in keinem Fall zuverlässig geglückt ist, ändert nichts an der grundsätzlichen Möglichkeit und daran, dass wir uns bei der Annahme in unseren Entscheidungen frei zu sein täuschen.

Dies wäre in etwa die Position des „harten" Determinismus, den man seit William James' Essay „The Dilemma of Determinism" vom „weichen Determinismus" und von den „Libertarianern" unterscheidet. Der weiche Determinismus oder Kompatibilismus vertritt die Auffassung, dass sich Determinismus und Willensfreiheit durchaus vereinbaren lassen. Libertarianer*innen sind mit dem harten Determinismus der Ansicht, beides sei miteinander unverträglich, lehnt jedoch den Determinismus zugunsten der Willensfreiheit ab (James 2014). Es versteht sich von selbst, dass hier zu einer derart komplexen, seit Jahrhunderten mit allerlei Varianten der genannten Positionen geführten Diskussion nicht mehr als ein paar generelle Bemerkungen möglich sind, die allerdings auch hilfreich erscheinen.

Es gibt z. B. unterschiedliche Varianten des harten Determinismus, je nachdem, welche Art von Faktoren man als determinierend zulassen möchte, ob man sich etwa auf den rein physiologischen Bereich beschränkt (Neurophilosophy), ob man psychologische Gesetzmäßigkeiten wie Triebmechanismen, Resultate der Verhaltensforschung oder auch soziale Milieubedingungen akzeptiert und so weiter. Der freie Wille jedenfalls gilt jeweils als soziale Konstruktion, als bestenfalls nützliche Illusion.

Harter Determinismus sieht sich jedoch verschiedenen Problemen gegenüber. So widerspricht seine These unserer Alltagserfahrung, in der wir die Fälle, in denen Leute nicht anders handeln konnten, von der normalen Situation der Selbstverantwortlichkeit unterscheiden, wo wir sie loben, tadeln oder sogar strafen, weil wir sie für verantwortlich erklären und wo wir sie durch Versprechen und Drohungen unterschiedlicher Art tatsächlich mit gewissem Erfolg zu beeinflussen glauben. Zudem gehört seine These zu jener Art von All-Sätzen über die Welt, die einer empirischen Bestätigung ebensowenig zugänglich sind wie einer zwingenden Falsifizierung durch ein empirisches Resultat, weshalb der harte Determinismus eher einer metaphysische These darstellt als eine wissenschaftliche Behauptung. Der Libertarianismus hat die Alltagserfahrung auf seiner Seite, aber Schwierigkeiten, wenn er eine Grenze für die kausal orientierte empirische Forschung am Menschen angeben soll. Unterschiedliche Versionen des Kompatibilismus finden sich bei Mill (Mill 1886, Buch VI, Kap. II) und auch Kants Lösung der sog. dritten Antinomie – wo These und Gegenthese die Ansicht vertreten, dass es Freiheit gibt bzw. nicht gibt – wird oft so verstanden (Kant 1787, 366–377; Scholten 2022).

Das Strafrecht jedenfalls setzt die Menschen als frei voraus – sonst könnte es ihnen ihre evtl. rechtswidrigen Handlungen nicht zurechnen – was mit einem Kompatibilismus durchaus verträglich wäre, ebenso wer medizinische Zwangsbehandlung von solcher mit *informed consent* (Beauchamp und Childress 2001, 77–97) unterscheiden möchte. Dafür bedarf es zunächst weder subtiler metaphysischer Argumente, noch neurobiologischer Beweise, wie immer diese aussehen könnten. Es genügt die Beobachtung, dass es Entitäten gibt, die auf Drohungen, auf Lob und Tadel oder auch auf Argumente reagieren und solche, bei denen nichts davon der Fall ist. Allerdings ist es sicher nützlich zu überlegen, was mit dem Begriff „Wille" gemeint ist und was daher als „Argument" im weitesten Sinne zählen könnte.

Zur Annäherung an den für unseren Kontext relevanten Begriff des Willens erlaube ich mir den Rückgriff auf zwei mittelalterliche Autoren. Laut Thomas von Aquin gehört zum im vollen Sinne willentlichen Tun das begriffliche Wissen um das Ziel und um das, was zum Erreichen dieses Zieles erforderlich ist (Summa Theologiae Ia IIae, qu. 6 art. 2 co.), also ein Wissen, das nur rationalen Wesen zukommt. Den Willen definiert er entsprechend als *appetitus rationalis* (Summa Theologiae Ia IIae, qu. 6 art. 2 ad 1) bzw. als *appetitus intellectivus* (Summa Theologiae Ia, qu. 83 art. 3 co.), das heißt letztlich als die Fähigkeit, sein Streben nach vernünftigen Argumenten auszurichten. Die Willensfreiheit entspringt also der Fähigkeit des Intellekts, das menschliche Streben zu lenken.

Für den Franziskaner Ioannes Duns Scotus (1266–1308) hingegen ist der Intellekt „zum Erkennen determiniert", und fällt daher „unter die Natur" (Intellectus cadit sub natura. Est enim ex se determinatus ad intelligendum; Metaphysica IX q.15, n.36; Duns Scotus, Vat. IV, 684), er „wird vom natürlichen Objekt mit Notwendigkeit bewegt" (Quodl. XVI, n.6, Duns Scotus, ed. Wadding XII, 449 f.). Der Wille dagegen ist eine eigene Fähigkeit der menschlichen Seele. Er bewegt sich frei, ihm ist Freiheit quasi „eingeboren". Kraft seines Willens kann der Mensch, falls dies moralisch geboten ist, die normalerweise vorhandene Tendenz zur eigenen Glückseligkeit hintanstellen, in seiner Ausdrucksweise die *affectio commodi* zugunsten der *affectio iustitiae* vernachlässigen (Wolter 1986, 144–183).

Zwischen Thomas von Aquin (1224–1274) und Johannes Duns Scotus (1266–1308) verläuft nach Étienne Gilson (Gilson 1959, 604) daher die Trennungslinie zwischen zwei grundlegenden Freiheitskonzepten in der Geschichte der Philosophie: Freiheit als durch den Intellekt gewonnene Fähigkeit nach Gründen zu handeln auf der einen, Freiheit als radikale Unbestimmtheit des moralisch verantwortlichen Willens, auch nach abgeschlossener Argumentation nochmals so oder so zu entscheiden auf der anderen Seite.

Dies mag auf den ersten Blick akademisch erscheinen, nicht umsonst wurde Duns Scotus als *doctor subtilis* bezeichnet. Indessen macht es einen Unterschied, ob man eine Person, der man (vermeintlich) die Richtigkeit einer bestimmten Entscheidung in lückenloser rationaler Argumentation nachgewiesen hat, und die dann doch etwas anderes tut, für „irrational" und „unverantwortlich" erklärt, oder ob man sie in *ihrer* Entscheidung ernst nimmt, allerdings auch für deren Folgen zur Verantwortung zieht. Gleichwohl bleibt zunächst die Frage, was als Argument gelten kann, worauf jemand reagieren können muss, damit man sie oder ihn als frei anerkennen kann.

4 Was zählt als Argument?

Um unterschiedliche Situationen, mit denen Menschen etwa im Bereich der Pflege, aber auch in anderen Lebensbereichen konfrontiert sind, erfassen zu können, schlage ich folgende systematische Einteilung vor, die das breite Feld von Reaktionsweisen aufgliedert, bei denen man zumindest annimmt, dass die betreffende Person hätte anders handeln können, die man somit als – nicht genau voneinander getrennte – Graduierungen der Willensfreiheit ansehen könnte:

Wenn du das (nicht) tust.

i) wirst du geschlagen
ii) sperrt man dich ein, nimmt dir etwas weg etc
iii) tust du dir weh, bekommst du nicht, was du willst
iv) schadest du dir, handelst du gegen deine Interessen
v) schadest du denen, die dir wichtig sind
vi) handelst du moralisch unverantwortlich

Nun mag es überraschen, dass i) überhaupt mit dem freien Willen in Verbindung gebracht wird, zumal Drohungen, jedenfalls drohende Gesten, bereits bei vielen Tierarten Wirkung zeigen. Doch gehört zur Reaktion auf i) erstens bereits das Verstehen eines sprachlichen Ausdrucks und zweitens hat jemand auch die Möglichkeit, die angedrohten Schläge hinzunehmen oder auch zu unterstellen, dass der Drohung keine Handlung folgt. So scheint z. B. Hillel Steiner die reine negative Freiheit zu verstehen (Steiner 1994, 11–21). Beim Kriterium ii) ist die Drohung ein Stück abstrakter, setzt ein Wissen um bestimmte normierte Handlungs- und Ereignisfolgen voraus. Bei iii) handelt es sich nicht um eine Drohung der sprechenden Person, sondern eher um eine Prognose, eine Warnung, welche die oder der Angesprochene ernstnehmen oder ignorieren kann. Spätestens hier, in gewissem Rahmen bereits bei ii) und auf jeden Fall bei iv) können diejenigen, die andere Menschen aus irgendwelchen Gründen zu lenken beabsichtigen, auf das sog. *nudging* zurückgreifen. Man befindet sich dann im Bereich des sog. libertären Paternalismus, der annimmt, Institutionen oder auch natürliche Personen könnten Menschen beeinflussen, ohne ihnen die Wahlfreiheit zu nehmen und dies sei auch legitim (Barton/Grüne-Yanoff 2015). Hilfreich zum Verständnis des Konzepts ist der Begriff der *choice architecture,* die den Kontext beschreibt, innerhalb dessen Menschen Entscheidungen treffen und *nudging* dann als „any aspect of the choice architecture that alters people's behavior in a predictable way without forbidding any options or significantly changing their economic incentives." (Thaler/ Sunstein 2021, 8; vgl. dies. 2018). Im Bereich der Medizin und der Pflege wird die besondere Gestaltung der Entscheidungsarchitektur in der Regel in sprachlicher Form, evtl. auch durch bestimmte Illustrationen – etwa von möglichen Krankheitsverläufen – stattfinden.

Im Recht wird man jemandem, der auf Argumente vom Typ iv) reagieren kann, einen freien Willen zusprechen und z. B. eine Ablehnung medizinischer Behandlung in jedem Fall akzeptieren. Dies ist übrigens nicht neu: Bereits der Jesuit Luis de Molina (1535–1600) lehnt es ab, etwa eine medizinisch erforderliche Beinamputation gegen den Willen des Patienten zu erzwingen, da der

Mensch selbst der Hüter seines Lebens und seiner Glieder ist. Ausnahmen sind Kinder und Ordensgeistliche, bei denen die Eltern bzw. der Abt oder die Äbtissin entscheiden (Molina 1659, Tract. III Disp.I, n. 9–10). Bei Menschen, die dieses Kriterium iv) erfüllen, wird bei gesellschaftsschädigendem Verhalten auch das Strafrecht angewendet, bei iii) würde man bei konkreter Selbst- oder Fremdgefährdung wenn es sich nicht vermeiden lässt, eher und bei ii) sicher mit psychiatrischen Zwangsmaßnahmen reagieren.

Da Menschen keineswegs nur zwanghaft egoistisch agieren, sondern sehr wohl auch Menschen ihrer Umgebung – etwa Familie und Freunde – in ihre Überlegung einbeziehen können und durchaus bereit sind, den Eigennutz zugunsten dieser Menschen zurückzustellen, ist es wichtig, unter v) Argumente einzubeziehen, die diesen Aspekt berücksichtigen. Da nun diese Formen des Altruismus eher kontingenter Natur sind, Kriterien der Bedürftigkeit und Gerechtigkeit nicht in den Mittelpunkt stellen, wird unter vi) die Fähigkeit zum moralischen Handeln ergänzt, die der schon erwähnte Duns Scotus allein dem freien Willen zuschreibt und damit auch Thomas von Aquins Konzept von der *inclinatio naturalis,* der natürlichen Neigung des Menschen zum Guten zurückweist, denn „Moralisch zu sein läßt sich nicht […] in Begriffen der Natur des Handelnden analysieren, weil frei zu sein im eigentlichen Sinn bedeutet, nicht innerhalb der Natur zu sein." (Möhle 1995, 323) Duns Scotus bindet, in Verwendung eines von Anselm von Canterbury übernommenen Begriffspaares, die Moralität an die Freiheit des Willens statt an eine natürliche Neigung, an die Fähigkeit des Menschen, kraft seines Willens die normalerweise vorhandene Tendenz zur eigenen Glückseligkeit, die *affectio commodi* hintanzustellen zugunsten der *affectio iustitiae* (Wolter 1986, 182). Für Kant ist die menschliche Fähigkeit, das Handeln nach dem Sittengesetz auszurichten, die *ratio cognoscendi* der Willensfreiheit (Kant 1788, 4 FN). Es bedarf hier keiner Klärung, ob es einen solchen freien Willen gibt, er wird nur einfach von dieser Art Argument vorausgesetzt. Jedenfalls kann und darf ein vermeintlicher oder tatsächlicher Irrtum in Fragen der Gerechtigkeit im Rechtsstaat nicht zu psychiatrischen Zwangshandlungen führen, wie dies in der Sowjetunion mit Dissidenten wie Andrej Sacharow geschah. Es kann höchstens zu Konflikten mit dem Strafrecht führen, wenn jemand seine Gerechtigkeitsvorstellungen mit Gewalt glaubt durchsetzen zu müssen.

Es liegt nahe, dass diese Kriterien nicht absolut trennscharf sind, sondern einen allmählichen Übergang zwischen den verschiedenen Kategorien vermuten lassen. Noch nicht berücksichtigt wurde bisher ein Begriff, der speziell in der Pflege und im Umgang mit Demenzkranken immer wieder Verwendung findet, nämlich der des natürlichen Willens, den es hier einzuordnen gilt.

5 Was ist natürlicher Wille?

Auch der Terminus „natürlicher Wille" *voluntas naturalis,* findet sich – wie zu erwarten – in der mittelalterlichen Tradition. Auch hier ist Duns Scotus' Auffassung von besonderem Interesse, für den es sich dabei zunächst um eine *contradictio in adiecto* handelt, weil Wille bei ihm, wie eben festgehalten, gerade das der Natur Entgegengesetzte ist. Er akzeptiert indessen, dass es eine breitere Verwendung des Begriffs gibt, wo er – wieder ganz *doctor subtilis* – drei mögliche Verwendungsweisen erläutert. Die erste wäre eine natürliche Neigung eines jeden Dinges zur Vervollkommnung. Wie ein Stein dazu neigt, zur Erde zu fallen, neigt der Wille dann zum frei sein. Doch meint Scotus, ebensowenig wie diese Neigung des Steines eine zusätzliche Eigenschaft zu seiner Schwere sei, sei Freiheit eine zusätzliche Eigenschaft zum Willen als solchem. Eine zweite Bedeutung unterscheide etwa den Willen Jesu als Mensch von seinem übernatürlichen Willen als Gott, eine dritte schließlich die Tendenz des Willens, Akte gemäß seiner natürlichen Neigung zu generieren, die sich aber stets nur auf den eigenen Vorteil, auf die *affectio commodi* richten (Scotus Ordinatio III dist. 17, nach Wolter 1986, 180–183), eben weil er seine eigentliche Fähigkeit, sich von der Natur zu lösen und frei zu sein, nicht realisiert hat. Hier geht es freilich nicht um die Frage, ob die oder der Wollende die intellektuellen Kapazitäten zur Willensfreiheit im vollen Sinne besitzt, sondern nur darum, worauf sich ein Wille, den man zur Not natürlich nennen kann, überhaupt zu richten vermag. Auch für Wilhelm von Ockham (1285–1347) findet der natürliche Wille primär Anwendung im Kontext der Selbstliebe und es lässt sich nicht zeigen, dass er alles Liebens*werte* liebt, im Unterschied zum freien Willen, der deshalb nicht immer mit dem natürlichen Willen übereinstimmt, wohl aber mit der rechten und natürlichen Vernunft (voluntas libera conformatur rationi rectae et naturali, non autem semper voluntati naturali; Quodl. I qu. 1, OTh IX Ockham 1980, 7). Wir hätten bei Ockham also keinen derart schroffen Gegensatz wie bei Duns Scotus, sondern der freie Wille kann mit dem natürlichen Willen übereinstimmen – wenngleich nicht immer – und mit der rechten und natürlichen Vernunft stimmt er überein.

Gibt es hier eine Verbindung zum Begriff des natürlichen Willens, wie er im Kontext des Betreuungsrechts verwendet wird? Wohl primär durch die Verwendung der Terminologie, inhaltlich insofern ein Gegensatz von freiem und natürlichem Willen *per definitionem* hergestellt wird, nicht etwa empirisch oder durch den Versuch, einen bestimmten Phänomenbereich zu strukturieren. Laut dem *Online-Lexikon Betreuungsrecht* gilt: „Der **natürliche Wille** ist der Wille, der in einem die freie Willensbestimmung ausschließenden Zustand krankhafter

Störung der Geistestätigkeit gefasst wird." (https://www.lexikon-betreuungsrecht. de/Natürlicher_Wille). In unserer Systematisierung kann unter natürlichen Willen somit nur das zählen, was unter die Bereiche i)–iii) fällt, doch weist dies bereits eine erhebliche Breite an möglichen Situationen auf, in denen die Differenzierung von freiem Willen und natürlichem Willen relevant wird.

6 Was folgt daraus für die medizinische Ethik?

Wie am Ende von Abschn. 4 bemerkt wurde und wie man, wenn man möchte, aus Ockhams Einschränkung des Gegensatzes von freiem und natürlichem Willen herauslesen kann, gibt es zwischen den Graduierungen der Willensfreiheit keine scharfe Trennung, sondern jeweils fließende Übergänge. Insofern ist es eher nicht anzunehmen, dass sich mittels psychiatrischer Diagnostik stets zweifelsfrei klären lasse, welche Kompetenzen eine Patient*in im jeweiligen Einzelfall besitzt. Neben relativ eindeutigen Fällen gibt es nach Auskunft der in diesem Bereich Tätigen eine nicht unerhebliche „Grauzone", so dass vorsichtiger Umgang mit Zwangsmaßnahmen angeraten scheint. Von selbst verstehen sollte sich, dass derartige Maßnahmen immer nur anhand von Evidenzen nach selbst durchgeführter gründlicher Untersuchung angeordnet oder verlängert werden dürfen, nicht durch Übernahme vorausgegangener Diagnosen von Kolleg*innen, wie es immer wieder vorkommt, bis hin zu medial prominent gewordenen Fällen.

Es bleibt in jedem Fall schwierig, was ein in den letzten Jahren so zentral gewordener Begriff wie der der Patientenautonomie in diesen Fällen besagen kann. Auch hier sollte ja zwischen den vier mittleren Prinzipien, die von Beauchamp/Childress aufgestellt wurden – also Patientenautonomie, Sorge für das Wohl des Patienten, Nicht-Schaden und Gerechtigkeit (Beauchamp und Childress 2001, Chap.3-6) – abgewogen werden und wie bereits festgestellt erfordert die Abwendung von Schaden mitunter Eingriffe in die Bewegungsfreiheit von Patient*innen. Allerdings sollte auch in der Psychiatrie und der Geriatrie bis zum Beweis des Gegenteils die Annahme einer Autonomie gelten und auch bei manifesten Einschränkungen soviel davon gewahrt bleiben, wie irgendmöglich ist (Plunger 2007, 433–454). Auch hier sollte der Weg der partizipativen Entscheidungsfindung, des *shared decision making* (Elwyn et al. 2012; Bieber et al. 2016) – obgleich er ursprünglich für andere Therapiebereiche gedacht war – gesucht und eher auf *nudging* als auf Zwang zurückgegriffen werden. Dies spielt auch dort eine Rolle, wo z. B. in der Pflege von demenzkranken Menschen Roboter und andere Technologien zum Einsatz kommen (Plunger 2017).

Welch hohen Stellenwert diese Autonomie und damit die Achtung vor der Menschenwürde in der Rechtsprechung einnimmt,sogar in den Fällen, wo die Selbstbestimmung offenkundig allenfalls rudimentär vorhanden ist, zeigt sich u. a. am Urteil des Bundesverfassungsgerichts vom 24.6.2018, wonach es für eine Fixierung einer richterlichen Anordnung bedarf. Analog kann man unterstellen, dass für eine Zwangseinweisung hohe Hürden gelten. Für Patient*innen in den Kliniken und in der ambulanten Behandlung bedeutet dies, dass ihre Wünsche – ob frei oder natürlich – zu achten sind, soweit dies vertretbar ist. Dies und generell ein respektvoller Umgang mit Menschen, die sich in einer schwierigen Lage befinden ist die Bedingung dafür, dass ihre Würde gewahrt bleibt, selbst dann, wenn ihr Verhalten wenig würdevoll erscheint.

Literatur

von Aquin, Thomas. *Summa theologiae*, in: Sancti Thomae de Aquino Opera omnia iussu Leonis XIII P. M. edita, Roma 1888–1906 (ed. „Leonina");aufzufinden unter: http://www.corpusthomisticum.org/repedleo.html.

Artaud, Antonin. 1977. *Van Gogh, der Selbstmörder durch die Gesellschaft und Texte über Baudelaire, Coleridge, Lautréamont und Gérard de Nerval*, München.

Barton, Adrien/Grüne-Yanoff, Till. 2015. From Libertarian Paternalism to Nudging – and Beyond, in: *Review of Philosophy and Psychology* 6 (2015), 341–359. https://link.springer.com/article/10.1007/s13164-015-0268-x (6.5.22).

Beauchamp, Tom/Childress, James. 2001. *Principles of Biomedical Ethics*, Oxford: Oxford University Press ^{5}2001.

Bieber, Christiane., e.a., Partizipative Entscheidungsfindung. Arzt und Patient als Team, https://www.thieme-connect.de/products/ejournals/html/10.1055/s-0042-105277 (10.5.22).

Duns Scotus, Ioannes. (Wadding), *Opera Omnia, ed. Wadding* Lyon 1639, Nachdr. Hildesheim: Olms 1969.

Duns Scotus, Johannes. (Ed.Vat), *Opera Omnia, Roma – Civitas Vaticana*, 1950 ff. (Ed. Vat.) IV.

Elwyn, Glyn., e.a. Sharde Decision Making: A Model for Clinical Practise, Journal of General Internal Medicine 27 (2012) 1361–1367, https://link.springer.com/article/10.1007/s11606-012-2077-6 (10.5.22)

Foucault, Michel. 1973. *Wahnsinn und Gesellschaft*, Frankfurt/M.: suhrkamp.

Gilson, Étienne. 1959. *Johannes Duns Scotus. Einführung in die Grundlagen seiner Lehre*, Düsseldorf: Schwann.

James, William. 2014. The Dilemma of Determinism (1886), in: ders. *The Will to Believe and Other Essays in Popular Philosophy*, Cambridge: Cambridge University Press, 145–183.

Jaspers, Karl. 1948. *Allgemeine Psychopathologie*, Berlin/Heidelberg: Springer ^{5}1948.

Kant, Immanuel. 1787. *Kritik der reinen Vernunft, 2. Auflage* (1787), Akademie-Ausgabe Berlin 1901ff. Band III.
Kant, Immanuel. 1788. *Kritik der praktischen Vernunft* (1788), Akademie-Ausgabe, Berlin 1901ff. Band V.
Kant, Immanuel. 1797. *Metaphysik der Sitten* (1797), Akademie-Ausgabe Berlin 1901ff. Band VI.
Möhle, Hannes. 1995. *Ethik als scientia practica nach Johannes Duns Scotus. Eine philosophische Grundlegung*, Münster: Aschendorff.
de Molina, Luis. 1659. *De iustitia et iure*, ed. novissima, Moguntiae: Schoenwetterus.
von Ockham, Wilhelm. 1980. *Quodlibeta septem*, Guillelmi de Ockham Opera Theologica Vol. IX, St. Bonaventure: Franciscan Institute.
Plunger, Sibylle. 2007. *Patientenautonomie und Willensfreiheit im Umfeld der Gerontopsychiatrie*, Frankfurt/M.: Peter Lang.
Plunger, Sibylle. 2017. Sozialassistive Technologien und die ethische Frage nach der Autonomie und Lebensqualität in der Betreuung demenzkranker Menschen, in: Matthias Kaufmann/Hermann Stefan (Hg.), *Architektur des Lebens: das Alter*, Berlin: Peter Lang, 83–100.
Scholten, Matthé. 2022. Kant is a Soft Determinist, in: *European Journal of Philosophy* 30 (2022), 79–95.
Steiner, Hillel. 1994. *An Essay on Rights*, Oxford: Blackwell.
Stuart Mill, John. 1975. *Three Essays. On Liberty. Representative Government. The Subjection of Women*, Oxford: Oxford University Press.
Stuart Mill, John. 1886. *A System of Logic*, 1843, deutsch: *System der Logik*, Leipzig 1886.
Stuart Mill, John. 1980. *Über die Freiheit*, Stuttgart: Reclam.
Thaler, Richard H./Sunstein, Cass R. 2021. *Nudge: The Final Edition*, Penguin.
Thaler, Richard H./Sunstein, Cass R. 2018. *Nudge: Wie man kluge Entscheidungen anstößt*, Berlin: Ullstein [13]2018.
Wolter, Alan B. 1986. *Duns Scotus on the Will and Morality*, Washington, D.C.: The Catholic University of America Press.
https://www.lexikon-betreuungsrecht.de (9.5.22).

Identifikation und Rekonstruktion: Zur Komplexität von Einwilligungsfähigkeit und Willensexploration in der klinischen Praxis

Florian Funer

Zusammenfassung

Im Rahmen des *Informed Consent* wird dem Willen des Patienten eine entscheidende normative Bedeutung für die Legitimität ärztlichen Handelns beigemessen. Aufgrund der konzeptionellen Nähe zur Autonomie läuft die Bestimmung des Patientenwillens jedoch in der klinischen Praxis schnell Gefahr, auf die alleinige Beurteilung von Einwilligungsfähigkeit reduziert zu werden. Aus diesem Grund soll im vorliegenden Beitrag ausgehend von der Einwilligungsfähigkeit und gegenwärtig empfohlenen Kriterien ihrer Erhebung auf die darüberhinausgehende Vielschichtigkeit des Willens und dessen Exploration aufmerksam gemacht werden. Während Reflexionen zum Willen einer Person häufig auf die Erste-Person-Perspektive rekurrieren und aus dieser schlüssig erscheinen mögen, tragen Ärztinnen regelmäßig die Verantwortung, den Willen eines Patienten hinsichtlich seiner normativen Bindungskraft zusätzlich aus der Dritten-Person-Perspektive erheben zu müssen. Dies führt zu besonderen Herausforderungen im Umgang mit dem Willen. Hier sollte sowohl der Förderung der ärztlichen Gewissheit über den aktuellen Patientenwillen als auch der vertieften Auseinandersetzung mit dem

---

F. Funer (✉)
Institut für Ethik und Geschichte der Medizin, Eberhard Karls Universität Tübingen, Tübingen, Deutschland
E-Mail: florian.funer@uni-tuebingen.de

© Der/die Autor(en), exklusiv lizenziert an Springer Fachmedien Wiesbaden GmbH, ein Teil von Springer Nature 2023
M. J. Fuchs et al. (Hrsg.), *Der Patientenwille und seine (Re-)Konstruktion*, Philosophische Herausforderungen der angewandten Ethik und Gesundheitswissenschaften/ Philosophical Challenges of Applied Ethics and Health Sciences, https://doi.org/10.1007/978-3-658-40192-4_5

vorausgehenden Willensbildungsprozess besondere Bedeutung beigemessen werden, die über die Erhebung von Einwilligungsfähigkeit in ihrer gegenwärtigen Konzeption hinausgehen. Diese Reflexionen münden ausblickhaft in einigen Desideraten für die klinische Praxis.

Schlüsselwörter

Patientenwille · Einwilligungsfähigkeit · Erhebung/Exploration/Assessment · Komplexität des Willens

1 Einleitung: Die medizin(eth)ische Rolle des Patientenwillens

Die legitime Durchführung medizinischer Handlungen am Patienten gründet aus heutiger Sicht normativ auf zwei Säulen: der medizinischen Indikation und dem Patientenwillen[1] (vgl. Neitzke 2019). Fehlt eine dieser beiden Säulen, mangelt es der Durchführung an ausreichender normativer Rechtfertigung – das Umgehen einer der beiden Säulen stellt somit nicht nur juristisch, sondern auch ethisch einen unzulässigen Übergriff dar. Für die Durchführung medizinischer Maßnahmen können somit weder die medizinische Indikation noch der Wille des Patienten gegeneinander ausgespielt werden: Es ist vollkommen unzulänglich, wie sehr ein Patient eine bestimmte Maßnahme wünscht oder wie konsequent er diesen Willen vorträgt; ihre Umsetzung bedarf zusätzlich des Vorliegens einer medizinischen, meist ärztlich festgestellten, Indikation für diese Maßnahme. Ebenso ist es für sich genommen ganz unerheblich, für wie ‚rational' oder ‚medizinisch sinnvoll' eine Maßnahme aus ärztlicher Sicht gehalten wird; es ist allein der Wille des Patienten, der darüber entscheidet, ob eine aus ärztlicher Sicht indizierte Maßnahme auch vorgenommen werden darf oder nicht.[2]

---

[1] Zum Zweck der besseren Lesbarkeit wurden im folgenden Beitrag männliche oder weibliche Sprachformen (Patient/Ärztin) genutzt. Alle Formulierungen können jedoch auch auf Personen anderer Geschlechtsidentität bezogen werden.

[2] Der Wille des Patienten (auch der mutmaßliche) ist der rechtliche Handlungsmaßstab und nicht das Ermessen der behandelnden Personen (vgl. BGHSt 37, 376, 378). Eine Ausnahme bilden hier lediglich Maßnahmen der pflegerischen Basisversorgung.

So scheinbar groß die Einmütigkeit hinsichtlich der – manchmal abstrakten – medizinethischen Bedeutung des Patientenwillens für die klinische Praxis heute auch sein mag, so unklar ist oftmals die konkrete Ausgestaltung des Umgangs mit dem Patientenwillen selbst und seiner Erhebung in der Praxis. Der Wille des Patienten wird in der Regel zu zwei Zeitpunkten klinisch explizit(er) zum Thema gemacht: zum einen, in begrifflich etwas veränderter, aber nach wie vor wiedererkennbarer Form im Rahmen der informierten Einwilligung bzw. als Prüfung von Einwilligungsfähigkeit. Hier liegt die Aufmerksamkeit auf den notwendigen Voraussetzungen auf Seiten des Patienten, hinsichtlich der zu treffenden medizinischen Entscheidung den eigenen Willen bestimmen zu können, sowie auf der ärztlichen Erhebung dieser Voraussetzungen in der konkreten Situation. Zum anderen begegnen der Begriff des Patientenwillens und die Herausforderungen seiner Ermittlung in der Praxis zumeist im Kontext von Willenssurrogaten (vgl. ‚vorausverfügter Wille', ‚mutmaßlicher Wille' o. ä.), die heranzuziehen sind, sofern der Patient für die zu treffende Entscheidung als nicht (mehr) einwilligungsfähig beurteilt wird. Mit ihrer Hilfe soll der Wille des Patienten, wie er ihn ehemals zu einem Zeitpunkt vorhandener Einwilligungsfähigkeit geäußert hat oder geäußert hätte, eruiert und auf die gegenwärtige Situation angewandt werden. In beiden Fällen wird deutlich, dass nur ein bestimmter Wille des Patienten hier von Interesse ist, nämlich insofern er als Ausdruck der Autonomie des Patienten verstanden werden kann.

Das bis heute gewachsene und längst arztrechtlich und medizinethisch verankerte Bewusstsein für die Notwendigkeit, Patienten umfassend über klinisch zu treffende Entscheidungen aufzuklären und auf diese Weise zu einer rechtsgültigen Einwilligung zu gelangen, ist mitunter den Bemühungen der modernen Medizinethik seit den 1960er Jahren zu verdanken. Die starke Konzentration auf den Patientenwillen als Ausdruck von Autonomie ist angesichts dieser Entwicklungen nachvollziehbar. Doch der Wille des Menschen und seine Autonomie sind nicht identisch (vgl. Hähnel 2019). Reduziert man den Umgang mit dem Patientenwillen allzu sehr auf die Sicherstellung grundlegender Fähigkeiten, den eigenen Willen ‚autonom bestimmen zu können', verliert man auch allzu schnell den Blick für die kognitive, emotionale und kommunikative Vielschichtigkeit des Patientenwillens und seines Zustandekommens. Daher soll an dieser Stelle für einen umfassenderen Blick auf die Komplexität des Patientenwillens und die Entwicklung von klinischen Methoden und Kompetenzen eines differenzierteren Umgangs mit diesem plädiert werden.

Das Augenmerk meines Beitrags soll ausdrücklich nicht auf Reflexionen zum antizipativen (vorausverfügten Willen, zumeist formuliert als Patientenverfügungen) oder zum subsidiären Patientenwillen (mutmaßlichem Wille aus früheren

Äußerungen, Wertvorstellungen usw.) liegen. Auch bemüht sich der Beitrag nicht um die Frage nach einem möglicherweise definierbaren sog. ‚natürlichen Willen' (vgl. etwa Jox 2013; Coors 2022). Hierzu sei auch auf die anderen Beiträge innerhalb dieses Sammelbandes verwiesen. Mein Interesse ruht im Wesentlichen auf der Komplexität der kommunikativen Identifikation und Rekonstruktion des aktual äußerbaren bzw. geäußerten Willens von Patienten, die in der klinischen Praxis allzu schnell Gefahr läuft, entgegen der zugeschriebenen hohen normativ-ethischen Bedeutung lediglich auf die Bestimmung von Einwilligungsfähigkeit reduziert zu werden. Um dies zu verdeutlichen, soll in einem ersten Schritt Abschn. (2) – durchaus kleinschrittig – dem Konzept der Einwilligungsfähigkeit als notwendiger Voraussetzung einer informierten Einwilligung und seiner klinisch-praktischen Operationalisierung nachgegangen werden. Folgend (3) soll perspektivenartig auf einige Aspekte der Exploration des Willens hingewiesen werden, die dessen komplexe Struktur und die daraus resultierenden Herausforderungen für die Willensbestimmung von Patienten illustrieren. In einem letzten Schritt Abschn. (4) sollen schließlich einige Implikationen der herausgearbeiteten Komplexität des Willens zusammengefasst werden. Diese könnten als Impulse dabei helfen, im interdisziplinären Austausch Instrumente und Methoden für die Exploration des Patientenwillens zu entwickeln, die zukünftig auch dessen normativ-ethischer Bedeutung für die klinische Praxis besser gerecht werden.

2 Klinisch-praktische Operationalisierung(en) des Patientenwillens

Fragt man Angehörige der Gesundheitsberufe, insbesondere Ärztinnen, nach ihrem Vorgehen bei der Bestimmung des ‚Patientenwillens', werden, so wie ich das wahrnehme, alsbald in diesem Kontext übliche Begriffe wie Einwilligungsfähigkeit, Entscheidungsfähigkeit oder Urteilsfähigkeit ins Feld geführt. Unabhängig von den zumeist unterschiedlichen Voraussetzungen des Verständnisses dieser juristisch und ethisch anspruchsvollen Begriffe, lässt sich in ihnen jedoch eine Tendenz bei der Bestimmung des Patientenwillens beobachten: Der Fokus der Aufmerksamkeit liegt auf der Bestimmung von *Minimalvoraussetzungen,* die gegeben sein müssen, um in der konkreten Situation eine aus normativer Sicht gültige Entscheidung, zumeist in Form einer Einwilligung bzw. Ablehnung in eine bestimmte Maßnahme, treffen zu können. Im Folgenden soll daher zunächst auf diese im Kontext der Bestimmung des Patientenwillens wichtigen Begriffe näher eingegangen (2.1), sodann deren für die klinische Praxis empfohlene ‚Kriterien' vorgestellt (2.2) und schließlich die ihnen zugrundeliegende Vorstellung des Patientenwillens herausgearbeitet werden (2.3).

2.1 Konzepte des klinischen Alltags: Informierte Einwilligung, Einwilligungs- und Entscheidungsfähigkeit

Für jede medizinische oder pflegerische Maßnahme ist die Einwilligung von Patienten normativ entscheidend. Nebst der hinreichenden Aufklärung über die potenzielle Maßnahme durch die behandelnde Ärztin setzt die wirksame Einwilligung auf Seiten des Patienten dessen *Einwilligungsfähigkeit* voraus.[3]

Frühen Urteilen des BGH[4] zufolge beschreibt die Einwilligungsfähigkeit vor allem die Fähigkeit, Vor- und Nachteile einer medizinischen Maßnahme abwägen zu können. Die Befähigung zu einer solchen Abwägung bedarf zumindest einer ausreichenden Vorstellung über die medizinische Notwendigkeit sowie über das Vorgehen, über potentielle Risiken der vorgeschlagenen Maßnahme und über bestehende Alternativen. Daraus folgt: „Einwilligungsfähig ist jeder, der Art, Bedeutung, Tragweite und Risiken der ärztlichen Maßnahme erfassen und seinen Willen dementsprechend bestimmen kann" (Erhard 2012).[5] Die Einwilligungsfähigkeit ist dementsprechend konzeptionell als Pendant zum Aufklärungsgespräch verstehbar: Die Aufklärung dient der adressatengerechten Vermittlung von Art, Bedeutung, Tragweite und Risiken der medizinischen Maßnahme sowie möglichen Alternativen; der Patient bedarf wiederum der Fähigkeit(en), diesen Aspekten der Aufklärung inhaltlich folgen zu können und auf Basis des persönlichen abwägenden Urteils über das Für und Wider zu einer handlungswirksamen Entscheidung zu kommen. Dies wird von den medizinischen Fachgesellschaften für Gerontologie und Geriatrie, für Psychiatrie und Psychotherapie sowie für Neurologie in ihrer jüngsten Leitlinie zur Bestimmung von Einwilligungsfähigkeit bei Personen mit Demenz folgendermaßen zusammengefasst (DGGG et al. 2020, 37):

---

[3] Vgl. im deutschen Recht zu den Aufklärungspflichten § 630e BGB und zur Einwilligung und Einwilligungsfähigkeit § 630d Abs. 1 u. 2 BGB; zur juristischen Reflexion auch Mesch (2018), Erhard (2012), May (2004). Ausnahmefälle bilden hier lediglich Situationen unter besonderen Umständen, wie unaufschiebbare Maßnahmen im Rahmen eines Notfalls, oder in denen der Patient ausdrücklich auf die Aufklärung verzichtet (§ 630e Abs. 3 BGB).

[4] BGH, Urteil v. 05.12.1958 – VI ZR 266/57; BGH, Urteil v. 22.02.1978–2 StR 372/77.

[5] Üblicherweise werden im dt. Recht das Verständnis der Bedeutung, Tragweite und möglicher Risiken auch als ‚Einsichtsfähigkeit' und die Bildung eines eigenen Urteils und die Voraussetzungen, nach diesem zu handeln, als ‚Urteils- und Handlungsfähigkeit' bezeichnet. Einsichts- und Urteils- bzw. Handlungsfähigkeit zusammen bilden die ‚Einwilligungsfähigkeit' (vgl. Deutscher Bundestag 2012, 23; BÄK 2019).

„Abstrakt betrachtet ist die Einwilligungsfähigkeit eines Menschen sein situativ und kontextbezogen aktueller Zustand, in dem er höchstpersönliche Angelegenheiten kognitiv erfassen, einordnen und begreifen sowie seine (abgewogene) Entscheidung vermitteln kann."

Die Einwilligungsfähigkeit beschreibt folglich das zur Einwilligung erforderliche Mindestmaß an *Entscheidungsfähigkeit*. Beide Konzepte sind eng miteinander verknüpft und werden auch aufgrund dieser Nähe im klinischen Alltag gerne miteinander verwechselt oder schlechthin synonym genutzt. International voneinander abweichende Terminologien erschweren dies nochmals.[6] Während jedoch die Entscheidungsfähigkeit ein graduelles Konzept darstellt, demzufolge sie mehr oder weniger gegeben oder beeinträchtigt sein kann (vgl. auch ZEKO 2016; Richter-Kuhlmann 2016), verlangt die Beurteilung der Einwilligungsfähigkeit eine dichotome Entscheidung zwischen ‚Ja' und ‚Nein' bzw. ‚einwilligungsfähig' und ‚nicht-einwilligungsfähig'[7] (vgl. BÄK 2019).[8] Das Aufklärungsgespräch durch die Ärztin kann zwar insbesondere durch dessen adressatengerechte Durchführung dazu beitragen, die *Entscheidungs*fähigkeit zu verbessern bzw. zu stärken (vgl. ibid.). Ob jedoch der Patient *einwilligungs*fähig ist oder nicht, bedarf einer eigenen, darüberhinausgehenden Überprüfung und Beurteilung.

Die Einwilligungsfähigkeit wird von Rechts wegen bei Erwachsenen zunächst einmal als gegeben unterstellt[9]; erst bei Zweifeln hat eine gezielte Untersuchung durch die Ärztin zu erfolgen (vgl. BÄK 2019; ZEKO 2016; Mesch 2018). Dadurch wird ein Urteil über die Abwesenheit von Einwilligungsfähigkeit für die konkrete

---

[6] So wird etwa in der Schweiz hauptsächlich von ‚Urteilsfähigkeit' gesprochen (Art. 16 ZGB), was in der klinischen Praxis Ähnlichkeit zur deutschen Einwilligungsfähigkeit aufweist (vgl. Pape et al. 2021, SAMW 2018a). Der im englischsprachigen anzutreffende Begriff *‚decision-making capacity'* entspricht wiederum eher unserer graduellen Entscheidungsfähigkeit, die dann zumeist ebenso in einem näher zu bestimmendes Mindestmaß erreicht werden muss, um für eine wirksame Einwilligung zu genügen.

[7] Zur im Schriftbild leichteren Unterscheidung wird folgend ‚Nicht-Einwilligungsfähigkeit' statt ‚Einwilligungsunfähigkeit' genutzt.

[8] De jure bestimmt die Einwilligungsfähigkeit das vorrangig aus haftungs- und strafrechtlicher Sicht für die Rechtmäßigkeit einer Behandlung erforderliche Mindestmaß an Entscheidungsfähigkeit (vgl. ZEKO 2016).

[9] Auch Minderjährige können in medizinischen Entscheidungssituationen als einwilligungsfähig eingeschätzt werden. Taupitz (2000) etwa stellt fest, die Einwilligungsfähigkeit läge regelmäßig bereits ab Vollendung des 14. Lebensjahres vor. Dennoch sind die individuellen Fähigkeiten im Einzelfall zu prüfen.

Situation begründungspflichtig. Ihr Vorhandensein darf nicht per se aufgrund einer psychiatrischen Diagnose oder einer kognitiven Beeinträchtigung ausgeschlossen werden (vgl. BÄK 2019). Vielmehr muss geprüft werden, ob der Patient „die nötige intellektuelle Reife" (Mesch 2018, 187) für die Beurteilung der konkreten medizinischen Maßnahme besitzt und diese auch aktual in der jeweiligen Situation ausüben kann (vgl. Moye et al. 2006). Insofern ist für jede Entscheidungssituation zu erheben, ob die Einwilligungsfähigkeit des Patienten der Komplexität *dieser konkreten Situation* entspricht: „Je komplexer die Situation, umso höher ist auch der Anspruch" an Einwilligungsfähigkeit (Erhard 2012, 293; vgl. auch schon Drane 1984). Während ein Patient also vielleicht die Art, Bedeutung, Tragweite und Risiken einer Impfung verstehen und seinen Willen diese betreffend bestimmen kann, muss derselbe Patient nicht notwendigerweise auch dazu in Lage sein, in die Implantation einer PEG-Sonde einzuwilligen. Insbesondere im Gesundheitsbereich, in dem besonders schwierige und potentiell folgenreiche Entscheidungen zumeist von besonders vulnerablen und schwer erkrankten Personen getroffen werden müssen, stellt diese konzeptionelle Situationsabhängigkeit die Einschätzung der Einwilligungsfähigkeit vor mehrere ethische und praktische Herausforderungen, auf die später noch näher einzugehen sein wird.

Wie so häufig liegen die Schwierigkeiten im Übergang von der Theorie der Einwilligungsfähigkeit zu ihrer praktischen Operationalisierung. Wie soll nun also tatsächlich die behandelnde Ärztin in der klinischen Praxis beurteilen, ob der ihr gegenüberstehende Patient die „Art, Bedeutung, Tragweite und Risiken einer ärztlichen Maßnahme" versteht und „in der Lage ist, eine unabhängige Willensentscheidung zu treffen" (Erhard 2012, 293)?

2.2 Kriterien zur Beurteilung von Einwilligungs- und Entscheidungsfähigkeit

Aufgrund ihrer fundamentalen Rolle im Rahmen *jeder* medizinischen Maßnahme – von der Durchführung einer Blutentnahme bis zur Beendigung lebenserhaltender Bluttransfusionen – stellt die Feststellung der Einwilligungsfähigkeit durch die behandelnde Ärztin eine alltägliche Routinetätigkeit dar. Dabei ist die Bestimmung der Einwilligungsfähigkeit alles andere als trivial. „Der hohen normativen Bedeutung der Einwilligungsfähigkeit steht entgegen", so problematisiert die Bundesärztekammer (2019) die gegenwärtige Praxis, „dass erhebliche Unsicherheit über die Kriterien für die Beurteilung der Einwilligungsfähigkeit besteht und die Übereinstimmung der ärztlichen Einschätzungen der Einwilligungs*un*fähigkeit bei Fällen im Graubereich sehr gering ist" (ebd. m. w. V.; Hervorhebung hinzugefügt).

Die Standards, die zur Beurteilung der Einwilligungsfähigkeit in Behandlungen herangezogen werden, variieren in den unterschiedlichen Rechtssystemen. Ihnen zumeist gemein sind in Anlehnung an Grisso und Appelbaum (1998a, b) die Erhebung kognitiver Einzelfähigkeiten, die das Verständnis relevanter Informationen, die Einschätzung möglicher medizinischer Konsequenzen, die Reflexion über verschiedene Handlungsoptionen sowie die Kommunikation einer Präferenz ermöglichen. Diese Facetten der Einwilligungsfähigkeit werden zwar in medizinischen und psychologischen Publikationen unterschiedlich bezeichnet, beschreiben jedoch im Wesentlichen die gleichen Komponenten (vgl. Müller 2016, Trachsel et al. 2015/2014, Vollmann 2008, Appelbaum 2007, Leo 1999).

Durch die Beurteilung dieser Einzelfähigkeiten würde es gelingen, so die Auffassung (vgl. Trachsel et al. 2015), nicht den inhaltlichen Ausgang der Entscheidung durch den Patienten, sondern den Prozess, wie er zu seiner Entscheidung kommt *(decision-making process),* zu beurteilen. Blicken wir zunächst näher auf die einzelnen Komponenten, die zur Beurteilung der Einwilligungsfähigkeit herangezogen werden sollen:

2.2.1 Verständnis der relevanten Informationen

Im Rahmen des Informationsverständnisses soll die Fähigkeit des Patienten geprüft werden, die konkret relevanten Informationen über die zugrundeliegende Krankheit und die potenziell zur Verfügung stehende(n) Maßnahme(n) zu verstehen. Dadurch soll sichergestellt werden, dass der Patient die grundlegende Bedeutung der im Aufklärungsgespräch durch die Ärztin übermittelten Informationen auch aufnehmen und verarbeiten kann. Diese Informationen sollten zumindest den Zustand des Patienten, das anvisierte Vorgehen und die Gründe für die vorgeschlagene Maßnahme sowie potenzielle Alternativen und die Vor- und Nachteile bzw. bestehenden Risiken der Maßnahme und der alternativen Handlungsstrategien enthalten (vgl. Applebaum 2007). Rückfragen oder Aufforderungen, die Informationen in eigenen Worten wiederzugeben, können der behandelnden Ärztin zumindest teilweise dabei helfen, das ‚Verständnis' der relevanten Informationen durch den Patienten und nicht etwa bloß dessen ‚Gedächtnis' zu evaluieren (vgl. dazu Sturman 2005; Dunn & Jeste 2001; Grisso & Appelbaum 1998a, b).

> **Beispielfragen für den klinischen Alltag**[10]
> - „Haben Sie verstanden, welches Problem (Ihrer Gesundheit) besteht/vermutet wird?"
> - „Konnten Sie mir folgen, weshalb ich Ihnen eine/diese Therapie empfehle?"
> - „Können Sie bitte in eigenen Worten wiedergeben, wie Sie das Vorgehen, das ich Ihnen empfehle, verstanden haben und welche Vor- und Nachteile damit verbunden sein könnten?"
> - „Haben Sie verstanden, welche Alternativen zu der vorgeschlagenen Maßnahme bestehen?"
> - „Kennen Sie die Risiken, wenn wir Ihre Krankheit nicht behandeln?"
> - „Haben Sie irgendwelche Fragen zur Behandlung?"

2.2.2 Einsicht in die eigene Situation und in mögliche Folgen

Hierbei soll erhoben werden, ob die Person dazu in der Lage ist, die Informationen über die Krankheit und die potenziell zur Verfügung stehende(n) Maßnahme(n) auch auf ihre eigene Situation zu übertragen und die Bedeutung für ihr eigenes Leben ausreichend zu erkennen („*appreciate*", vgl. Appelbaum 2007; Müller 2016). Dies setzt nicht zwangsläufig voraus, dass die Person die Notwendigkeit der konkret vorgeschlagenen Maßnahme genauso einschätzt wie die Ärztin. Die Person kann insofern auch Einsicht in die Situation und mögliche Folgen nachweisen, sofern sie für diese Situation weitgehend konsistent eine alternative Begründung bzw. Einschätzung darlegen kann.[11]

---

[10] Es handelt sich hierbei und folgend nur um Vorschläge, die so oder so ähnlich genutzt werden. Sie sollen hier lediglich dazu helfen, sich die Gesprächssituation besser vorstellen zu können. Manche der Fragen lassen sich auch mehreren Kriterien zuordnen

[11] Müller (2016) weist in diesem Sinne exemplarisch auf die Möglichkeit alternativer Diagnosestellungen oder Empfehlungen durch andere Ärztinnen o. ä. hin. Dies sollte jedoch nicht als Eingrenzung auf ärztliche Expertise missverstanden werden. Eine allzu starke Trennung der ‚Einsicht in die eigene Situation und in mögliche Folgen' und der folgenden ‚Verarbeitung und Bewertung von Informationen' scheint m. E. an dieser Stelle potenziell irreführend zu sein: Aufgrund der Vielfalt von Begründungen, die einer Person in manchen Entscheidungssituationen als Erklärung plausibel erscheinen können, scheint es hier vorrangig von Bedeutung zu sein, dass die Gesundheits- und Situationseinsicht des Patienten nicht von offensichtlichen *Fehleinschätzungen* der von der Ärztin wahrgenommenen Realität gekennzeichnet sein sollte.

> **Beispielfragen für den klinischen Alltag**
> - „Wie schätzen Sie Ihre Gesundheit aktuell ein?"/„Wie gesund fühlen Sie sich?"
> - „Sehen Sie irgendeinen Bedarf für eine Behandlung?"
> - „Was lässt Sie davon ausgehen, diese Behandlung nicht zu benötigen?"
> - „Was vermuten Sie, sind die Gründe für meine Empfehlung an Sie?"

2.2.3 Verarbeitung und Bewertung der Informationen

Ob die Person über die Fähigkeit verfügt, die relevanten Informationen auch weitgehend konsistent zu verarbeiten (*„reason about treatment options"*, vgl. Appelbaum 2007), soll hierbei geklärt werden. Im Fokus des Interesses liegen hier gleich mehrere psychologische Teilvermögen des Entscheidens und Problemlösens (vgl. Müller 2016; Grisso & Appelbaum 1998a, b): So etwa das Vermögen, Vergleiche anzustellen und Alternativen gegeneinander abzuwägen, indem die Vor- und Nachteile potenzieller Folgen der bestehenden Handlungsoptionen sowie deren Wahrscheinlichkeiten von der Person schlussfolgernd gedacht und bewertet werden. Die Folgen der Entscheidung und ihrer Alternativen sollten im Gesamtkontext der eigenen Lebenssituation und vor dem Hintergrund persönlicher Wertvorstellungen beurteilt werden.

> **Beispielfragen für den klinischen Alltag**
> - „Wie kommen Sie zu Ihrer Entscheidung, diese Maßnahme anzunehmen/abzulehnen?"
> - „Können Sie mir kurz begründen, wie Sie zu Ihrer Entscheidung kommen?"
> - „Was macht Ihre Wahl für Sie besser/sinnvoller als [alternative Option]?"
> - „Welche Auswirkungen hätte Ihre Entscheidung für Ihren Alltag/Ihre Zukunft?"

2.2.4 Treffen und Kommunizieren einer Entscheidung

Mithilfe des letzten Kriteriums wird die Fähigkeit des Patienten erhoben, eine Entscheidung über die potenzielle Maßnahme zu treffen sowie diese präferierte Wahl zu kommunizieren – wenn auch nicht notwendigerweise verbal (vgl. Appelbaum 2007). Gegebenenfalls sollten hier mögliche Hemmnisse einer Entscheidung bzw. Wahl identifiziert und, falls möglich, behoben werden. Häufigere Veränderungen der Wahl bzw. Entscheidung können auf einen Mangel dieser Fähigkeit hindeuten (vgl. ibid.).

> **Beispielfragen für den klinischen Alltag**
> - „Welche Entscheidung treffen Sie?"
> - „Warum fällt es Ihnen schwer, eine Entscheidung zu treffen?"

Dem deutschen Rechtsstandard zufolge soll der kommunizierte Wille der Person auf Basis der ersten drei Kriterien, also „Informationsverständnis" (2.2.1), „Krankheits- und Behandlungseinsicht" (2.2.2) und „Urteilsvermögen" (2.2.3), gebildet worden sein (vgl. Klie et al. 2014; auch zit. bei Müller 2016). Die Zusatzanforderung über das ‚Treffen und Kommunizieren einer Entscheidung' dient darüber hinaus dem Nachweis der sog. „Bestimmbarkeit des Willens" (vgl. DGGG et al. 2020, 15, 58, 62; Klie et al. 2014), die ihrerseits wiederum in das ärztliche „Gesamturteil" über die Einwilligungsfähigkeit einfließen soll. Die vierte Teilfähigkeit wird somit gewissermaßen zum verbindenden Element der vorherigen Komponenten. Das Urteil der Nicht-Einwilligungsfähigkeit erfolgt schließlich, wenn mindestens eines der genannten Kriterien nicht ausreichend erfüllt ist (vgl. DGGG et al. 2020, 58; Grisso und Appelbaum 1998a, b).

Nach wie vor gilt zur Beurteilung der Einwilligungsfähigkeit das ‚klinische Urteil' als Goldstandard, das sich im Wesentlichen auf die unmittelbare Kommunikation zwischen Ärztin und Patient stützt. Ungeachtet der bestehenden Unentschiedenheit, inwiefern die oben vorgestellten Einzelfähigkeiten durch Fragen, wie die in Anlehnung an Grisso und Appelbaum (1998a, b) vorgeschlagenen, nun tatsächlich erhoben werden können bzw. erhoben werden (vgl. dazu etwa Sturman 2005), stellt die systematische Nutzung bereits dieser Fragen in der heutigen Praxis eher die Ausnahme als die Regel dar. Abhängig von der jeweiligen klinischen Erfahrung sowie vom individuellen Kenntnis- und Kompetenzstand der erhebenden Ärztin werden zumeist unterschiedliche Kriterien zur Beurteilung herangezogen und diese sodann im Rahmen des ‚Gesamturteils' unterschiedlich gewichtet (vgl. Müller 2016; Vollmann 2008; Grisso und Appelbaum 1998a, b). Hieraus resultieren Einschätzungen der Einwilligungsfähigkeit von Patienten, die unreliabel sein können (vgl. Moye et al. 2006; Marson et al. 1997; Klie et al. 2014).

Fabry (1999; vgl. auch Erhard 2012) stellte etwa in einer Umfrage unter psychiatrisch tätigen Ärztinnen heraus, dass rund 80 % von ihnen die Art und Weise, wie der Patient mit Informationen umgeht, als Indikator für dessen Verständnis diene. Von tatsächlichen Verständnisfragen machten rund 50 % der Befragten Gebrauch; die vorgestellten Inhalte von den Patienten in eigenen Worten wiederholen ließen nur 15–35 % (vgl. Erhard 2012).

Eine besonders ergiebige Studie wurde im Jahr 2014 in der Schweiz unternommen (vgl. Hermann et al. 2014): Im Rahmen des nationalen Forschungsprojekts „Lebensende" (NFP 67) wurde eine Befragung von insgesamt 772 Ärztinnen und Ärzten durchgeführt. Diese zeigte, dass das allgemeine Verständnis von ‚Urteilsfähigkeit' – der Begriff, der in der Schweiz anstelle der ‚Einwilligungsfähigkeit' genutzt wird (vgl. Pape et al. 2021) – unter ihnen deutlich variierte. So bestanden etwa Differenzen hinsichtlich des Verständnisses, ob es sich dabei um ein dichotomes (22,4 %) oder ein graduelles (73,9 %) Konzept handele, sowie hinsichtlich dessen Situations- bzw. Risikorelativität (vgl. ibid.). Zwar würden sich die allermeisten Ärztinnen verantwortlich fühlen, die ‚Urteilsfähigkeit' ihrer Patienten zu erheben, doch selbst unter jenen, die sich hierfür „sehr verantwortlich" fühlten (61,3 %), empfand sich nur rund ein Drittel auch als ausreichend qualifiziert dazu (35,8 %; vgl. ibid.). Die meisten Ärztinnen besäßen eigene Faustregeln, um die ‚Urteilsfähigkeit' von Patienten einzuschätzen (vgl. ibid.). Von 63,5 % der Ärztinnen werde die ‚Urteilsfähigkeit' „oft" oder „immer" nur implizit während anderer Aufgaben mitbeurteilt; Zeit und Raum zur expliziten Prüfung würden sich 36,6 % nehmen. Hierzu würden die meisten ein „unstrukturiertes Interview mit situationsspezifischen Fragen" (92,8 %) durchführen, einige nutzten auch „semi-strukturierte Interviews" (8,6 %) oder „standardisierte Interviews" (7 %) mit vorformulierten Fragen (vgl. ibid.). Sofern Hilfsmittel zur Beurteilung herangezogen würden, sei dies in den meisten Fällen die ursprünglich zur Einschätzung dementieller Erkrankungen konzipierte ‚*Mini Mental State Examination*' (MMSE), in der kurze Aufgaben zur Orientierung, Merkfähigkeit und Sprache absolviert werden müssen (vgl. ibid.; Erhard 2012).[12] Nur rund 2,5 % der befragten Ärztinnen erheben die ‚Urteilsfähigkeit' mit einem Instrument, das auch für diesen Zweck konzipiert wurde. Die meisten hätten noch nie von spezifischen Instrumenten, wie dem ‚*MacArthur Competence Assessment Tool for Treatment*' (MacCAT-T; Grisso und Appelbaum 1998a, b), der ‚*Aid to Capacity Evaluation*' (ACE; Etchells et al. 1999) oder dem ‚*Silberfeld's Competence Tool*' (Fazel et al. 1999) gehört (vgl. Hermann et al. 2014).

---

[12] Versuche, erreichte Punktzahlen im MMSE mit der klinisch beurteilten Nicht-Einwilligungsfähigkeit zu korrelieren, führten zu unterschiedlichen Ergebnissen (vgl. Müller 2016, Trachsel et al. 2014).

Dieses Ergebnis verwundert umso mehr, da doch der von Grisso und Appelbaum (1998a, b) entwickelte MacCAT-T die wissenschaftliche Grundlage darstellt, nach welcher Einwilligungsfähigkeit notwendigerweise die oben vorgestellten Einzelfähigkeiten voraussetzt (Informationsverständnis, Krankheits- und Behandlungseinsicht, Urteilsvermögen, Kommunizieren einer Entscheidung). Tatsächlich existiert eine Vielzahl an potenziell zur Verfügung stehenden psychometrischen Testverfahren, die das klinisch zu fällende Urteil zumindest unterstützen können. Lamont et al. (2013) beschrieben etwa 19 verschiedene solcher Instrumente zur Erhebung der Einwilligungsfähigkeit (vgl. auch DGGG et al. 2020; Vollmann 2008; Moye et al. 2007/2006; Sturman 2005).[13] Dennoch fehlt ihnen bis heute eine breite klinische Akzeptanz. Auf den Mangel ausreichend evidenzbasierter, interdisziplinär anerkannter und fachlich etablierter Vorgehensweisen zur Erhebung der Einwilligungsfähigkeit wurde bereits mehrfach hingewiesen (vgl. Müller 2016; Hermann et al. 2014). Dieser Mangel führe „zu einer Handlungs- und Entscheidungsunsicherheit in der rechtlichen sowie in der medizinischen Praxis" (Müller 2016), wie dies die Umfrage von Hermann et al. (2014) zumindest für die Schweiz deutlich vor Augen führt. Zwar dürfen diese Ergebnisse nicht unkritisch einfach auf Deutschland übertragen werden; dass sich die Kompetenzen und Umgangsweisen in Deutschland jedoch bedeutend von diesen Ergebnissen unterscheiden, bleibt unwahrscheinlich.

Ärztinnen scheinen die notwendigen Kompetenzen zur Erhebung der Einwilligungsfähigkeit nur in geringem Umfang während des Studiums und der Facharztausbildung vermittelt zu bekommen (vgl. Klie et al. 2014). Ausreichend standardisierte und evidenzbasierte Hilfsmittel, die mehr Übereinstimmung der herkömmlichen klinischen Urteile erzeugen könnten (Müller 2016; Vollmann 2008), fehlen bis heute, insbesondere aufgrund der individuellen Situationsabhängigkeit der Beurteilung von Einwilligungsfähigkeit. Zwar wird für besonders kritische Fälle der Erhebung zumeist auf psychiatrisch oder neurologisch qualifizierte Fachärztinnen verwiesen, die aufgrund ihrer Ausbildung als ‚Expertinnen' für die Beurteilung der Einwilligungsfähigkeit gelten (vgl. BÄK 2019; ZEKO 2016). Hierbei sollte jedoch einerseits untersucht werden, inwiefern sich dies mit der tatsächlichen und auch selbst wahrgenommenen Expertise von

---

[13] Die umfangreichste empirische Evidenz liegt nach wie vor für den MacCAT-T vor (Dunn et al. 2006), der auch international die weiteste Verbreitung aufweist. Doch die Besonderheit dieses Tests liegt in seiner notwendigen Adaptation an die spezifische Behandlungssituation; standardisierte Versionen, etwa zur Beurteilung klinisch häufig auftretender Entscheidungssituationen fehlen bis heute (vgl. Müller 2016).

Psychiaterinnen und Neurologinnen heute deckt (angesichts der Befragung von Fabry 1999 weiter oben). Andererseits scheint angesichts der Notwendigkeit, die Einwilligungsfähigkeit von Patienten in der gesamten fachlichen Breite der medizinischen Praxis regelmäßig in unterschiedlichen Situationen zu erheben, eine allzu leichtfertige Delegation dieser Aufgabe inhaltlich wie auch strukturell fragwürdig und kaum umsetzbar.

2.3 Zwischenfazit: Aktuelle Willensäußerungen des Patienten als Ausdruck von Autonomie

Angesichts der soeben dargestellten Operationalisierungen aus der klinischen Praxis stellt sich die Frage, welche Vorstellung von Patientenwillen der beschriebenen Konzeption von Einwilligungsfähigkeit zugrunde liegt.

Konzeptionell stellt die Einwilligungsfähigkeit als ein notwendiges Element der informierten Einwilligung *(Informed Consent)* einen Legitimitätsfaktor medizinischen Handelns dar. Er qualifiziert die Durchführung einer indizierten Maßnahme als kraft der Autonomie des Patienten akzeptiert oder abgelehnt. Die Beurteilung der Einwilligungsfähigkeit im medizinischen Kontext spiegelt demnach die kulturell breit verwurzelte Wertschätzung und hohe moralische Bedeutung der Autonomie von Personen wider: Angesichts der Vielfalt von Wert- und Weltbildern sowie unterschiedlicher verfolgter Ziele im Leben bewerten Patienten die bestehenden Chancen und Risiken einer indizierten medizinischen Maßnahme unterschiedlich. Daher werden Entscheidungen über medizinische Eingriffe in den eigenen Körper als höchstpersönliche Willensakte verstanden. Doch Willensakte des Patienten sind nicht als solche von Interesse, sondern vielmehr nur *jene Willensakte, die als Ausdruck der Autonomie des Patienten (bewusst, informiert, reflektiert, freiverantwortlich) identifiziert werden können* (vgl. Jox 2013). Dies verdeutlicht auch die im Deutschen genutzte Terminologie der ‚Bestimmbarkeit des Willens': Beurteilt wird, ob der Patient in ausreichendem Maße über die Fähigkeit verfügt, auf der Grundlage von Verständnis, Verarbeitung und Bewertung – „unter Ausschaltung anderer Einflüsse" (May 2004, 59) – seinen eigenen Willen für die jeweilige Situation zu bestimmen und zu äußern.

Die Schwelle von Nicht-Einwilligungsfähigkeit zu Einwilligungsfähigkeit erhält dadurch normativ höchst bedeutsame Implikationen: Oberhalb der Schwelle soll der Patientenwille als Ausdruck der Autonomie berücksichtigt und geschützt werden, da der Patient in der konkreten Situation selbst dazu in der Lage ist, seinen Willen bewusst, informiert, reflektiert und freiverantwortlich zu bestimmen. In solchen Fällen entgegen dem Patientenwillen zu handeln, würde bedeuten, dessen Fähigkeit, seinen Willen zu bestimmen, zu missachten und damit seine Autonomie zu umgehen oder unzureichend ernst zu nehmen. Unterhalb der Schwelle zur Einwilligungsfähigkeit jedoch können Maßnahmen, die zwar vermeintlichen „Willensäußerungen" des Patienten entsprechen, aber gar nicht auf autonome Weise zustande kamen, Verletzungen der nicht (mehr) vorhandenen Autonomie darstellen. Mit den Worten von Buchanan und Brock (1989) seien daher vor allem zwei Fehler zu vermeiden: die Missachtung der Patientenautonomie zugunsten des mutmaßlichen Wohlergehens oder aber die Priorisierung der Patientenautonomie auf Kosten des Wohlergehens. Vielleicht auch aufgrund dieser normativ hohen Bedeutung bei gleichzeitiger Schwierigkeit ihrer Erhebung gehören die Beurteilung der Einwilligungsfähigkeit sowie das Vorgehen bei fehlender Einwilligungsfähigkeit mit zu den häufigsten Anlässen für klinische Ethikberatungen (vgl. Swetz et al. 2007; auch zit. bei Jox 2013).

Wer als einwilligungsfähig qualifiziert wird – so die Annahme –, äußert seinen eigenen Willen im Vollzug der Einwilligung oder Ablehnung. Den Patientenwillen zu ermitteln, scheint daher allein in solchen Fällen eine Herausforderung für die klinische Praxis darzustellen, in denen der Patient als nicht (mehr) einwilligungsfähig gilt.[14] So – vor allem aus rechtlicher Sicht – verständlich die große Aufmerksamkeit für den normativ wichtigen Scheidepunkt der Einwilligungsfähigkeit auch sein mag, läuft sie doch Gefahr, den Blick für die umfassende Exploration des Patientenwillens allzu sehr auf die Erhebung seiner Minimalvoraussetzungen, auf seine „Randzonen" (vgl. Schmidt-Recla 2016) hin zu verengen. Mir erscheint jedoch die Auseinandersetzung mit dem

---

[14] Dies illustriert etwa die „Leitlinie zur Ermittlung des Patientenwillens und zum Umgang mit Patientenverfügungen von Volljährigen" der Universitätsmedizin Mainz (2010), die für einwilligungsfähige Patienten die „Zustimmung" nach „umfassender Aufklärung sowie nach angemessener Bedenkzeit" als Erfordernis beschreibt und lediglich bei nicht einwilligungsfähigen Patienten empfiehlt: „Bei nicht mehr einwilligungsfähigen Patienten ist der Patientenwille zu ermitteln." Natürlich sollte den Autorinnen und Autoren der Leitlinie nicht Unrecht getan werden, die aller Voraussicht nach für nicht-einwilligungsfähige Patienten vorrangig die Herausforderung der ‚Ermittlung' betonen wollten. Dennoch scheint mir eine solche Begriffsverwendung im klinischen Alltag symptomatisch dafür, den Patientenwillen primär in den juristischen Kontext von Willenssurrogaten, wie Patientenverfügungen, den ‚mutmaßlichen Wille' oder den ‚natürlichen Wille', zu rücken und ihn selten auch als Gegenstand der alltäglichen Interaktion mit Patienten zu erkennen. Vgl. in diesem Sinne etwa auch die Handreichung von J. Bickhardt und H. Dworzak (2021) mit dem Titel „Der Patientenwille. Was tun, wenn der Patient nicht mehr selbst entscheiden kann?"

Patientenwillen für weite Teile der Interaktion zwischen Ärztinnen und Patienten eine mindestens ebenso wichtige ethisch-normative und kommunikative Herausforderung darzustellen. Die Erarbeitung eines umfassenderen Bildes des Patientenwillens kann schließlich, so soll folgend gezeigt werden, auch für die Beurteilung der Einwilligungsfähigkeit in der konkreten Situation von Nutzen sein.

3 Die Komplexität des Patientenwillens und seiner Exploration

So einig man sich auch ist, dem Willen einer Person eine zentrale Rolle für die Gestaltung des eigenen Lebens beizumessen, so schwer fällt dessen konzeptionelle Eingrenzung insbesondere im interdisziplinären Austausch. Für hier muss folgendes genügen: Wenn wir vom Willen sprechen, meinen wir zumeist das Ergebnis einer Art geistigen Tätigkeit, die unterschiedliche Formen von Motivationen, Wünschen und Zielen einer Person zusammenführt und hieraus im Moment einer Entscheidung einzelne oder einige davon bestimmt, in die Tat umgesetzt zu werden.[15] Dieses Ergebnis ist eine bewusste und absichtsvolle Entscheidung für eine Handlungsoption, die, sofern möglich, zu ihrer Umsetzung führt. Der Patientenwille ist da nicht anders.

An den Umgang mit dem Patientenwillen in der klinischen Praxis sind mindestens zwei besondere Anforderungen zu stellen: Zum einen bedarf es aufgrund seiner Bedeutung für die Legitimität ärztlichen Handelns einer besonderen Gewissheit auf Seiten der Ärztin (Dritte-Person-Perspektive) über den aktuell vorliegenden tatsächlichen Willen des Patienten *(Identifikation des aktualen Patientenwillens)*. Zum anderen ist der Wille zumeist ein (Zwischen-)Ergebnis eines einmal mehr, einmal weniger langen Willensbildungsprozesses, der zumindest potentiell dem Einfluss zahlreicher Faktoren unterliegt. Diese Einflüsse auf die Willensbildung sich gemeinsam mit dem Patienten bewusst zu machen und sie somit als vom Patienten ‚autorisierte' Einflüsse sicherzustellen, erfordert mitunter eine tiefgreifendere Auseinandersetzung mit dem

---

[15] Diese Formulierung versucht, für meine Abhandlung unnötige Exkurse über die Bedingungen der Möglichkeit von Willensfreiheit und nähere Differenzierungen motivationaler Handlungsstrukturen zu umgehen. In meinem Interesse stehen vielmehr die Bedingungen, unter denen sich eine Person als durch ihren Willen bestimmtes, frei handelndes Subjekt erlebt.

Zustandekommen des Willens *(Rekonstruktion der Willensbildung)*. Die Notwendigkeit der Berücksichtigung mindestens dieser beiden, deutlich miteinander verwobenen Dimensionen für eine ernsthafte Exploration[16] des Willens und einige mit ihnen verbundene Schwierigkeiten sollen folgend perspektivenhaft skizziert werden.

3.1 Identifikation des aktualen Patientenwillens

Eine aktuale Willensäußerung führt klinisch zumeist erst dann zu einer intensiveren Auseinandersetzung mit ihr und dem darin geäußerten ‚Willen' des Patienten, sofern sie der von ärztlicher Seite indizierten bzw. empfohlenen Maßnahme zuwiderläuft und daraus ein vermeidbarer Gesundheitsschaden für den Patienten entstehen kann. Solche Situationen erfordern häufig auf Seiten der behandelnden Ärztin eine besondere Gewissheit darüber, ob es sich bei dem – aus ihrer Dritten-Person-Perspektive – wahrgenommenen Willen auch um den ‚tatsächlichen' Willen des Patienten handelt, um die Maßnahme gerechtfertigterweise ggf. auch entgegen der eigenen medizinischen Überzeugung (nicht) durchzuführen.[17]

Diese Forderung folgt der Annahme, der zufolge manche Willensäußerungen aufgrund ihrer Tragweite für das Leben einer Person – und hiervon gibt es evidenterweise in der klinischen Praxis viele – nicht allein aus der Entscheidungssituation heraus begründet, sondern in irgendeiner Form ‚tiefer' in der Person und ihrem Leben verwurzelt sein sollten oder aber ein Abweichen

---

[16] Während im medizinischen Fachjargon die ‚*Exploration*' zumeist auf die Ermittlung von Psychopathologien beschränkt bleibt, bezeichnet sie in der psychologischen Literatur – und in diesem Sinne ist sie auch hier zu verstehen – die Eruierung psychischer Vorgänge im Allgemeinen.

[17] Es ist mir hier daran gelegen, immer wieder auf die besondere Rolle der Ärztin hinzuweisen: Qua ihrer doppelten Verantwortung, zum einen darüber ein sachgerechtes Urteil zu fällen, ob in der jeweiligen Entscheidungssituation die Einwilligungsfähigkeit des Patienten vorliegt oder nicht, und sodann zum anderen den Willen des Patienten hinsichtlich der Entscheidungssituation korrekt zu identifizieren, bedarf sie einer besonderen Gewissheit über die Sachgerechtigkeit ihres Urteils bzw. ihrer Identifikation. Einer besonderen Gewissheit bedarf es deshalb, da im Gesundheitsbereich zwar bei Erwachsenen zunächst von der Einwilligungsfähigkeit ausgegangen wird, diese jedoch regelmäßig, z. B. krankheitsbedingt, nicht gegeben ist oder bei der Identifikation des Willens Missverständnisse und Fehlurteile auf beiden Seiten bestehen können und behoben werden müssen, um dann auf dieser Grundlage ggf. weitreichende Handlungen legitimiert durchführen zu können.

hiervon zumindest reflexiv bewusst erfolgen sollte. Der sich hier auftuenden philosophischen Debatte zu den Bedingungen der Möglichkeit von ‚personaler Autonomie' und ‚Authentizität' kann hier nicht ausführlich nachgegangen werden.[18] Die bisherigen Früchte dieser Diskussion weisen jedoch auf die Komplexität der Interaktion kognitiver, moralischer, emotionaler, volitionaler und relationaler Aspekte einer personalen Identität hin, auf deren Basis Willensbestimmungen getroffen werden. Im Rahmen der Identifikation des Patientenwillens wird die Ärztin in Abhängigkeit von der konkreten Situation sich hierüber ein Bild machen und ggf. bestehende Probleme oder Inkonsistenzen eruieren müssen. Auch wenn Konflikte und Inkonsistenzen im Willen des Patienten durchaus bestehen können und dürfen, sollte jedoch für die Ärztin feststellbar sein, „ob eine Entscheidung in Übereinstimmung steht mit dem bisherigen ‚set' an Überzeugungen, oder ob eine Entscheidung aus dem bisherigen Rahmen bzw. ‚set' herausfällt" (Eickhoff 2014, 51), um folgend auf einer normativ tragfähigen Grundlage handeln zu können.

Möchte sich die Ärztin vergewissern, ob der Patient seine Entscheidung ‚wirklich' will, wird sie zwar zunächst die im Rahmen der Überprüfung von Einwilligungsfähigkeit für sie notwendig erscheinenden Kriterien nutzen, um hierüber zu ihrem ‚klinischen Urteil' zu gelangen. Weit über die Prüfung von Einwilligungsfähigkeit hinaus weist jedoch die Existenz von klinisch anzutreffenden Phänomenen, die die Willensbildung beeinträchtigen oder stören können: Dies können zunächst solche mit Krankheitswert hinsichtlich der in der kognitiven Psychologie als „exekutive Funktionen" bezeichneten Vermögen sein, wie etwa bei Antriebsmangel oder -überschuss (z. B. Depression, Manie), bei Hemmungsmangel oder -überschuss (z. B. Trieb- oder Impulshandlungen, ADHS, Borderline-Persönlichkeitsstörung vom impulsiven Typ, organische Hirnläsionen) oder bei Störungen der Volition selbst (z. B. bei Depression, Frontalhirnsyndrom) (vgl. hierzu ausführlicher Fuchs 2016). Derartige Phänomene kommen in weniger ausgeprägter Form zwar auch jenseits der Krankheitsschwelle vor, können den Willen einer Person aber dennoch punktuell beeinträchtigen. Zuletzt sind etwa Formen von Willensschwäche *(akrasia),* von fehlender Beständigkeit des Willens, aber auch von Unklarheiten, Widersprüchen oder Ambivalenzen des Willens schließlich Breitenphänomene, die situationsbedingt mal mehr, mal weniger deutlich auf jeden Menschen zutreffen können und daher keineswegs

---

[18]Vgl. hierzu die Debatte im Ausgang von G. Dworkin (1976), der Autonomie als „prozedurale Unabhängigkeit plus Authentizität" bezeichnet, etwa bei Betzler (2013), Quante (2002), Christman (2009).

pathologisiert werden müssen und sollten. Bereits *die Möglichkeit* des Vorliegens eines oder mehrerer dieser exemplarisch genannten, den Willen bzw. die Willensbildung beeinträchtigenden Phänomene erfordert von der Ärztin ein Assessment des Patientenwillens, das den jeweiligen normativen Ansprüchen der Gewissheit über diesen Patientenwillen hinsichtlich der bestehenden Entscheidungssituation genügt.

Eine Willensäußerung, die dahingehend befragt werden soll, ob sie dem Willen des Patienten ‚tatsächlich' entspricht, wird nun freilich nicht von der Ärztin aus ihrer Dritten-Person-Perspektive heraus vollständig beurteilbar sein. Vielmehr ist sie zur Klärung aller für die Willensäußerung maßgeblichen Aspekte auf die Kommunikation und Kooperation mit dem Patienten angewiesen. Der kommunikative Prozess zur Eruierung des Willens mit dem Patienten wird aber bei fraglichen Willensäußerungen nicht umhinkommen, ihn dazu aufzufordern, die Werte und Wünsche, die seiner Entscheidung zugrunde liegen, sowie deren Kohärenz – mit John Christman (2009) – vor dem Hintergrund der eigenen diachronen und sozialen Identität kritisch zu reflektieren (vgl. auch Eickhoff 2014). Michael Coors versteht die Selbstbestimmung des Menschen angesichts solcher dialogischen Erfordernisse daher gar primär als einen „kommunikativen Prozess" (Coors 2012).

3.2 Rekonstruktion der Willensbildung

Zu einer umfassenderen Identifikation des aktuellen Patientenwillens gehört auch ein Blick auf dessen Zustandekommen: Denn die individuelle Willensbildung[19] stellt einen Prozess des „instabilen Prüfens und Abwägens" (Kindt 2001) von Alternativen, des „Mit-sich-zu-Rate-Gehens, der Artikulation und Klärung von Motiven und Gründen" (Fuchs 2016, 45) im eigenen Bewusstsein dar, der durch zahlreiche Einflüsse, wie den sozialen, moralischen und situativen Kontext, mitbestimmt wird. Der Psychiater Thomas Fuchs beschreibt den Prozess der Willensbildung folgendermaßen: „In virtuellen Probebewegungen nimmt die Person künftige Möglichkeiten vorweg, bedenkt ihre Vorteile, Risiken oder Hindernisse, und fühlt sich gewissermaßen in die künftigen Situationen ein, um so eine innere

---

[19] In der Psychologie wird häufig von der *Volition* gesprochen als dem Übergang von anfänglichen Antrieben, Bedürfnissen und Motiven (*Konation*), die gegebenenfalls noch vom Individuum gehemmt werden (*Inhibition*), zur tatsächlichen Entscheidung bzw. Handlung (vgl. etwa Fuchs 2016, 45).

Stimmigkeit oder Kohärenz und damit eine Orientierung in der offenen Situation zu finden" (Fuchs 2016, 46). Der Wille ist also eine grundsätzlich offene, zur Veränderung fähige und beeinflussbare Erscheinung. Hieraus ergeben sich mehrere Implikationen für die klinische Willensexploration von Patienten, von denen ich auf zwei kurz näher hinweisen möchte:

Zum einen sollten unerwünschte Einflüsse, die Teil des Willensbildungsprozesses geworden sein könnten oder geworden sind, bewusst gemacht und kritisch reflektiert werden. Der Wille einer Person reift in der Regel durch unterschiedliche Erfahrungen des eigenen Lebens und entwickelt sich fortwährend weiter. Ökonomische, weltanschauliche, emotionale oder soziale Einflüsse können dabei mitunter legitime Faktoren für die Bestimmung des eigenen Willens darstellen. Die Vorstellung eines Willens, der als Ausdruck von Autonomie gebildet wurde, gebietet es jedoch, dass diese Einflüsse vom Patienten zumindest nicht abgelehnt, bestenfalls sogar reflektiert angenommen und zu eigen gemacht wurden. Die Ärztin ist freilich auch hier nicht immer in der Verantwortung, alle potentiellen Einflüsse auf die Willensbildung des Patienten mit ihm gemeinsam zu rekonstruieren. Zumindest jedoch wird es im Hinblick auf medizinische Entscheidungen erforderlich sein, fragwürdige Einflüsse, wie etwa finanzielle Nöte, sozialen Druck, mangelnde soziale Unterstützung etc., als Ursachen für das Zustandekommen dieses Willens zu identifizieren und bewusst zu machen.

Zum anderen charakterisiert Entscheidungssituationen im medizinischen Kontext die Besonderheit, dass der in ihnen erforderliche Wille des Patienten zuallermeist nicht bereits langfristig gebildet worden ist und in manchen Fällen mit einer gewissen zeitlichen Dringlichkeit eingefordert wird (vgl. hierzu auch Moos 2016, 194, der auch weitere Spezifika klinischer Entscheidungssituationen, etwa hinsichtlich der Verantwortungslast, herausarbeitet). Denn die meisten medizinischen Entscheidungen fallen mehr oder weniger plötzlich und unerwartet im Leben eines Menschen an. Eine Erkrankung oder ein Unfall sind nicht Gegenstände unseres alltäglichen Bewusstseins, hinsichtlich derer wir unseren Willen bestimmen oder gar regelmäßig reevaluieren. Sind wir dann jedoch in eine solche Situation einer Erkrankung oder eines Unfalls geworfen, führt diese zu neuen und den meisten Menschen inhaltlich zunächst einmal fremden Fragen, für die dann ein eigener Wille bestimmt werden soll bzw. muss. Wenngleich auch in anderen Bereichen Entscheidungen ebenso plötzlich notwendig werden können, zeichnet sich die Willensbildung in medizinischen Fragen in der Regel dadurch aus, dass Patienten hierfür sehr stark auf die fachliche Expertise Dritter angewiesen sind. Die Art und Weise, in der wir über eine gesundheitliche Frage, für die wir unseren eigenen Willen bestimmen sollen, informiert bzw. aufgeklärt werden, hat daher einen außerordentlich großen Einfluss auf die sie betreffende Willensbildung.

Psychologische Studien zur Entscheidungsfindung weisen in diesem Sinne schon seit Langem auf die Bedeutung von *Bias-* und *Framing*-Effekten in Aufklärungsgesprächen hin. Diesen zufolge führen Unterschiede der Art und Weise, wie ein und derselbe Inhalt (z. B. das Risiko einer indizierten Behandlung) präsentiert wird, zu unterschiedlichen Wahrnehmungen und divergierendem Verhalten beim Patienten (vgl. Edwards und Elwyn 2001). Freilich wird die Willensbestimmung von Patienten von derartigen kommunikativen Effekten sowohl positiv als auch negativ beeinflusst. Auch hängt die kognitive Wahrnehmung und das Verständnis von Informationen, wie etwa von Wahrscheinlichkeiten für das Eintreten eines bestimmten Ereignisses oder von potentiellen Komplikationen oder Nebenwirkungen, maßgeblich von den individuellen Vorerfahrungen und dem Kenntnisstand des Patienten ab. Aufgrund der Pluralität heuristischer Vorgehensweisen bei der Bestimmung des eigenen Willens (vgl. Slovic et al. 1982) weichen Patienten daher in Bezug darauf, wie sie Informationen präsentiert bekommen möchten oder jedoch müssen, um diese tatsächlich zu verstehen und auf Basis der eigenen Überzeugungen und Erfahrungen bewerten zu können, deutlich voneinander ab. Während einige durch die Bereitstellung numerischer Werte zu einer besseren Risikoeinschätzung für eine Behandlung befähigt werden, können andere wiederum hierdurch überfordert werden (vgl. Dudley 2001; Lloyd 2001). Derartige Effekte haben weitreichende Folgen für die Willensbildung von Patienten im Gesundheitsbereich und die darauf aufbauende Vorstellung einer ‚informierten Einwilligung', die es weiter zu erforschen und folgend unbedingt in die kommunikative Praxis zu integrieren gilt.

Diese Erkenntnisse sollten natürlich keinesfalls zu manipulativen Versuchen führen, die Willensbildung von Patienten durch geschickte Kommunikation bewusst zu lenken. Stattdessen sollten sie, insbesondere in Fällen eines vom indizierten Vorgehen scheinbar abweichenden Willens des Patienten, zur gemeinsamen kritischen Reflexion über die Form der Kommunikation anregen und so das Zustandekommen der Entscheidung nochmals zu „überdenken" (vgl. auch Neitzke 2019), um auch mit hinreichender Gewissheit vom tatsächlichen Patientenwillen überzeugt sein zu können: Wurden durch die Art und Weise der Aufklärung Ängste beim Patienten erzeugt? Kann der Patient sich etwas unter den potentiellen Risiken vorstellen oder hat er ein falsches Bild über die potentielle Tragweite für sein Leben? Kann er deren Wahrscheinlichkeit eines Auftretens überhaupt realistisch einschätzen (im Vergleich zu anderen Wahrscheinlichkeiten)? Spielen Faktoren bei der Bestimmung des eigenen Willens eine Rolle, die auch auf eine andere Weise behoben, erreicht bzw. umgesetzt werden können?

Diese herausfordernde Aufgabe, ein umfassenderes Bild über den Patientenwillen und dessen Zustandekommen zu gewinnen, deckt sich interessanterweise auch schemenhaft mit einigen der von den befragten Schweizer Ärztinnen und Ärzten geäußerten Kriterien, die sie im Rahmen der Beurteilung von Einwilligungsfähigkeit heranziehen: Trotz des Schwerpunkts auf kognitiven Kriterien empfanden einige von ihnen auch darüber hinausgehende Faktoren im Rahmen der Beurteilung als relevant, wie etwa die emotionale Beteiligung (69,1 %), den Bezug zur Biographie, zu Erfahrungen und Intuitionen (71,2 %) sowie den Bezug zu den eigenen Werten (89,2 %) (vgl. Hermann et al. 2014). Ihres Erachtens scheinen solche Faktoren für die Fähigkeit des Patienten, den eigenen Willen zu bestimmen, ebenso von Bedeutung zu sein. Was folgt nun aber aus diesem – hier nur perspektivenartig aufgezeigten – Horizont unterschiedlichster Schwierigkeiten, die mit der Exploration des Willens verbunden sind, für die klinische Praxis und die Bestimmung von ‚Einwilligungsfähigkeit'?

4 Zur klinischen Herausforderung, der Komplexität des Patientenwillens gerecht zu werden

Der Patientenwille ist zu jedem Zeitpunkt des Lebens und damit in jeder Phase der Erkrankung zu respektieren – diesem normativen Stellenwert gerecht zu werden, bedeutet jedoch auch, in die Identifikation des aktualen Patientenwillens und die Rekonstruktion seines Zustandekommens Zeit und Mühe zu investieren; und das sowohl auf individueller wie auch auf struktureller Ebene. Es ist eine herausfordernde Aufgabe, den „weichen, flexiblen und situations-, kontext- und zeitlaufbezogenen Prozess mit seinen tatsächlichen Unschärfen und Varianten" (DGGG et al. 2020, 37) sowohl normativ wie auch klinisch einwandfrei zu fassen. Diese Aufgabe kann auch hier nicht gelöst werden. Auf Basis der bis hierhin vorgestellten konzeptionellen Versatzstücke können jedoch zusammenfassend einige Desiderate der klinischen Praxis festgestellt werden, deren Deckung voraussichtlich eine Verbesserung der Patientenversorgung ermöglichen könnte:

4.1 Qualitätssicherung in der Erhebung von Einwilligungsfähigkeit

Zunächst zeigten die Reflexionen zur Erhebung von Einwilligungsfähigkeit, dass diese juristisch wie auch ethisch als Bedingung der Möglichkeit von ‚autonomen Willensäußerungen' verstanden wird. Mithilfe der Erhebung von Einwilligungsfähigkeit wird das Vorhandensein vor allem *kognitiver* Einzelfähigkeiten geprüft, die als Voraussetzungen dafür gelten, den eigenen Willen bestimmen zu können

(Bestimmbarkeit des Willens). Eine adäquate Prüfung der Einwilligungsfähigkeit bedarf angesichts ihrer normativen Bedeutung einer soliden Kenntnis medizinischer, rechtlicher und ethischer Grundlagen (vgl. DGGG et al. 2020, 53). Da es sich dabei um eine Aufgabe in der Breite der ärztlichen Praxis handelt, bedarf es auch ausreichender Schulungsangebote für diese Grundlagen. Empirische Untersuchungen, die das Vorliegen notwendiger Kompetenzen sowie eine professionelle Sicherheit im Umgang mit ihnen analysieren, könnten dabei helfen, bedarfsorientierte Angebote zur Qualitätssicherung zu schaffen. Dabei sollte eine hohe Kommunikationssensibilität und deren Umsetzung im klinischen Alltag eine zentrale Stellung einnehmen. Bei der Bekanntmachung, Bereitstellung und Etablierung von Leitfäden und Hilfsmitteln zur Erhebung von Einwilligungsfähigkeit besteht jedenfalls noch heute erheblicher Spielraum.[20]

Diesem Bedarf der klinischen Praxis begegnete die Schweizerische Akademie der Medizinischen Wissenschaften (SAMW) etwa mit ihrer 2018 veröffentlichten Leitlinie mitsamt eines praxisnahen Evaluationsbogens. Dieser Bogen fußt im Wesentlichen auf den bereits mit dem MacCAT-T eingeführten Einzelfähigkeiten. Indem er aber den „Bezug zu eigenen Werthaltungen", die „lebensgeschichtliche Einordnung", die „affektive Beteiligung" sowie die „Widerstandskraft gegen inneren Drang" oder „gegen äußere Einflüsse" explizit zum Gegenstand der Prüfung macht, richtet er den Blick über die vorrangig kognitive Verarbeitung der Aufklärungsinhalte hinaus auch auf emotionale, motivationale und voluntative Kompetenzen des Patienten (vgl. SAMW 2018b; Pape et al. 2021).

In ähnlicher Weise benennt die jüngste Empfehlung der Bundesärztekammer zum Umgang mit Zweifeln an der Einwilligungsfähigkeit aus dem Jahr 2019 „mögliche Hinweise für eine eingeschränkte Einsichtsfähigkeit" und „Steuerungsfähigkeit", die ihrerseits wiederum Zweifel an der Einwilligungsfähigkeit begründen können. Unter der „Einsichtsfähigkeit" werden dort weithin die unter Abschn. 2.2 vorgestellten Einzelfähigkeiten aufgeführt. Darüber hinaus werden unter der „Steuerungsfähigkeit" jedoch auch folgende Fähigkeiten genannt: „das Für und Wider der vorgeschlagenen Maßnahme(n) gegeneinander abzuwägen"; „die diesbezüglichen Überlegungen mit persönlichen Werthaltungen

---

[20] In diesem Sinne zeigte die Schweizer Befragung (Hermann et al. 2014) nicht nur, dass den wenigsten die Existenz von Leitfäden zur Beurteilung von Einwilligungsfähigkeit (bzw. in der Schweiz ‚Urteilsfähigkeit') bekannt ist, sondern sich die Mehrheit der befragten Ärztinnen derartige Evaluationsinstrumente wünschen und klare Richtlinien befürworten würde. Ebenfalls bekundete die Mehrheit ein Interesse an Schulungsangeboten auf dem Gebiet.

und Überzeugungen in Bezug zu bringen"; „eine der Situation angemessene affektive Beteiligung am Entscheidungsprozess zu zeigen"; „eine Entscheidung zu treffen und verständlich zu machen"; „Impulse, Zwänge oder Ängste, die ihn daran hindern, die getroffene Entscheidung umzusetzen, zum Ausdruck zu bringen und zu kontrollieren" sowie „die eigene Entscheidung gegenüber widersprechenden Meinungen anderer zu behaupten" (BÄK 2019).

Mir ist nun nicht daran gelegen, zu behaupten, letztere Kriterien seien bisher *de lege lata* nicht Gegenstand der Prüfung von Einwilligungsfähigkeit gewesen. Ihre deutlichere Betonung, wie etwa durch die Nennung im Schweizer Evaluationsbogen (SAMW 2018b), könnte jedoch in der klinischen Praxis ein Bewusstsein für die Vielschichtigkeit von Willensbildungsprozessen schaffen, wo dieses bisher noch nicht ausreichend vorhanden ist.

4.2 Bewusstsein für die Vielschichtigkeit von Willensbildungsprozessen und Raum für die Willensexploration

Die Verhältnisbestimmung von kognitiven Fähigkeiten zum Prozess der Willensbildung stellt sich somit als Frage von fundamentaler Bedeutung; und dies nicht als empirische, sondern als in erster Linie normative Frage (vgl. Coors 2022; aber auch schon Dworkin 1993, 201–208).[21] Sofern man die Bedeutung kognitiver, moralischer, emotionaler, motivationaler, voluntativer und relationaler Aspekte für die Willensbildung des Patienten und damit auch seiner Entscheidungsfähigkeit als Ganzer anerkennt, kann diese Beobachtung eine auf das Vorhandensein kognitiver Einzelfähigkeiten enggeführte Konzentration des klinischen Urteils vor legitimatorische Probleme stellen. Darauf deutet auch die Diskussion über die normative Verbindlichkeit von Willensäußerungen hin, die nicht auf Verstehen und Einsicht gründen und etwa unter dem Schlagwort des „natürlichen Willens" verhandelt werden (vgl. dazu etwa Jox 2013).

---

[21] Strittig sei, Coors zufolge, „welches Gewicht der Fähigkeit des Verstehens für die moralische Verbindlichkeit der Willensäußerung einer Person zukommt" (Coors 2022, 12). Er arbeitet beispielsweise daraufhin heraus, dass das normativ Verbindliche an einer Willensäußerung *nicht in erster Linie* „das Abwägen rationaler Argumente im Prozess der Entscheidung" sei, „sondern das rational nicht mehr ableitbare, dezisionistische Moment der Entscheidung", in der sich die Person entwerfe, wie sie sein wolle (Ibid., 15).

Auch bedarf es des Bewusstseins auf Seiten der Ärztin, durch die Gesprächssituation zur Erhebung des Patientenwillens zumeist selbst Teil des Willensbildungsprozesses zu werden. Die Willensbildung erfolgt, so fasst es Thomas Fuchs zusammen, „keineswegs auf rein rationale oder streng systematische Weise. Vielmehr stellt sie eher einen dynamischkreativen Prozess dar, in dem bewusste und unbewusste Komponenten, Gefühle, Wünsche, Vorstellungen, Erwartungen, Überlegungen und Gründe einander wechselseitig beeinflussen" (Fuchs 2016, 47). Und weiter: „Bei hinreichender Klärung stellt sich im Abwägungsprozess schließlich ein Gefühl der Stimmigkeit oder Kohärenz ein: ‚Das ist das Richtige für mich', ‚das mache ich jetzt' – ein Gefühl, das nun in die Entscheidung oder den Entschluss mündet: Der Prozess der Abwägung muss aktiv zu einem Abschluss gebracht werden, der die möglichen Alternativen bis auf eine verwirft" (Ibid.). Der behandelnden Ärztin kann in diesem Prozess, wie gezeigt wurde, eine maßgebliche Rolle zukommen von der Präsentation der Handlungsoptionen und der mit ihnen verbundenen Risiken, Vor- und Nachteile über die Unterstützung beim Verständnis und der Interpretation von begründeten und unbegründeten Überlegungen bis hin zur Bestärkung oder Infragestellung eines gefassten Entschlusses. Dies macht die Willensbestimmung und Willensbildung in der klinischen Praxis zu einem vorrangig relationalen Prozess. In ihm sollte die „voraussetzungsreiche Subjektform" (Moos 2016, 197) des Patienten nicht schlechthin als gegeben angenommen, sondern dem Weg seines Entstehens und der ärztlichen Rolle darin mindestens ebenso große Bedeutung beigemessen werden. Um dieser Rolle ausreichend gerecht werden zu können, wird es notwendig sein, die kommunikativen Kompetenzen klinisch tätiger Ärztinnen entschieden und langfristig zu fördern, um sowohl eine größere Qualität und Sicherheit bei der Bestimmung des Patientenwillens zu erreichen als auch den kommunikativen Einfluss der Ärztin auf die Willensbildung in Aufklärungsgesprächen bewusst zu machen und so einen reflektiert-konstruktiven Umgang zu ermöglichen.

Eine vollständige Gewissheit über den ‚tatsächlichen' Patientenwillen wird eine behandelnde Person aus ihrer Dritten-Person-Perspektive niemals erreichen können. Dies ist bei nicht-einwilligungsfähigen Patienten aufgrund kognitiver oder kommunikativer Hürden (vgl. Neitzke 2019) zumeist offensichtlicher der Fall als bei einwilligungsfähigen Patienten. Doch auch bei Letzteren veranschaulicht die Komplexität von Willensbildungsprozessen, dass die Exploration des Willens eines Patienten nicht allzu schnell unter dem verkürzten Tabu, dessen Autonomie „nicht verletzen zu wollen", abgetan werden sollte.

Ich behaupte nun keineswegs, dass diese Bedeutung der dialogischen Willensexploration eine Neuerung der ärztlichen Praxis darstellen würde. Vielmehr bin ich davon überzeugt, dass dieses Ziel von den meisten Ärztinnen im Rahmen ihrer Möglichkeiten verfolgt wird. Doch eine solche Exploration braucht geeignete Rahmenbedingungen: So könnten beispielsweise transparente Strukturen und die tatsächliche klinische Etablierung von empirisch fundierten Hilfsinstrumenten die Qualität der Willensexploration sichern. Qualitätsstandards sollten daher wie bei der Indikationsstellung auch für die Exploration des Patientenwillens existieren. Anderenfalls scheinen, ökonomische Interessen und der daraus resultierende Zeitdruck zu verkürzten Formen einer möglichst schnellen Willenserzwingung oder aber stark suggestiven Formen der Willenslenkung von Seiten der Ärztinnen zu führen, die paternalistische Züge aufweisen.

Um Missverständnissen vorzubeugen: Das Ziel der Willensexploration ist nicht (notwendigerweise) die Veränderung des Willens von Patienten. Vielmehr ist es die Ermöglichung eines ausreichend gesicherten Prozesses, den Willen des Patienten in seinen Motivationen und Gründen zu explorieren, mögliche Inkohärenzen und falsche Annahmen aufzudecken und zu thematisieren, um so zu einer bewussteren – vielleicht auch überzeugteren und daher dem Patienten dienlicheren – Entscheidung zu kommen. So kann es gelingen, eine höhere Gewissheit über das reflektierte und autorisierte Zustandekommen des Willens hinsichtlich der zu treffenden Entscheidung zu erreichen und somit dem normativen Anspruch, der dem Willen beigemessen wird, auch tatsächlich gerecht zu werden. Je wichtiger, sprich weitreichender, die zu fällende Entscheidung sein wird, desto wichtiger ist dieser Prozess der Identifikation und Rekonstruktion des Patientenwillens.

Literatur

Appelbaum, Paul S. 2007. Assessment of Patients' Competence to Consent to Treatment. *The New England Journal of Medicine* 357: 1834–1840.

Betzler, Monika. Hrsg. 2013. *Autonomie der Person (Mentis anthologien philosophie).* Münster: Mentis Verlag.

Bickhardt, Jürgen, und Hans Dworzak. 2021. *Der Patientenwille. Was tun, wenn der Patient nicht mehr selbst entscheiden kann?* München: C. H. Beck.

Buchanan, Allen E., und Dan. W. Brock. 1989. *Deciding for Others: The Ethics of Surrogate Decision Making.* Cambridge: Cambridge University Press.

Bundesärztekammer (BÄK). 2019. Hinweise und Empfehlungen der Bundesärztekammer zum Umgang mit Zweifeln an der Einwilligungsfähigkeit bei erwachsenen Patienten. *Deutsches Ärzteblatt* 116(22): A1133–A1134.

Christman, John. 2009. *The Politics of Persons: Individual Autonomy and Sociohistorical Selves.* Cambridge: Cambridge University Press. https://doi.org/10.1017/CBO9780511635571.

Coors, Michael. 2012. „Was würdest Du wollen?" Patientenverfügung und vermuteter Patientenwille – Zum praktisch-hermeneutischen Problem von Patientenverfügungen. *Zeitschrift für Evangelische Ethik* 56: 103–115.

Coors, Michael. 2022. Willensäußerungen und selbstbestimmte Entscheidung bei Demenz. Zur non-kognitivistischen Dimension des Willens. *Zeitschrift für medizinische Ethik* 68(1): 7–20. https://doi.org/10.14623/zfme.2022.1.7-19

Deutscher Bundestag. 2012. *Gesetzesentwurf der Bundesregierung: Entwurf eines Gesetzes zur Verbesserung der Rechte von Patientinnen und Patienten* (BT-Drs. 17/10488), 15.08.2012.

DGGG, DGPPN, und DGN (Hg.). 2020. *Einwilligung von Menschen mit Demenz in medizinische Maßnahmen. Interdisziplinäre S2k-Leitlinie für die medizinische Praxis* (AWMF-Leitlinie Registernummer 108 – 001). https://www.awmf.org/uploads/tx_szleitlinien/108-001l_S2k_Einwilligung_von_Menschen_mit_Demenz_in_medizinische_Ma%C3%9Fnahmen_2020-10_01.pdf

Drane, James F. 1984. Competency to give an informed consent. A model for making clinical assessments. *JAMA* 252(7): 925–927.

Dudley, N. 2001. Importance of risk communication and decision making in cardiovascular conditions in older patients: a discussion paper. *Quality in Health Care* 10(Suppl. I): i19–i22. https://doi.org/10.1136/qhc.0100019

Dunn, Laura B., und Dilip V. Jeste. 2001. Enhancing Informed Consent for Research and Treatment. *Neuropsychopharmacology* 24(6): 595–607. https://doi.org/10.1016/S0893-133X(00)00218-9

Dunn, Laura B., Milap A. Nowrangi, Barton W. Palmer, Dilip V. Jeste, und Elyn R. Saks. 2006. Assessing decisional capacity for clinical research or treatment: a review of instruments. *American Journal of Psychiatry* 163(8): 1323–1334. https://doi.org/10.1176/ajp.2006.163.8.1323

Dworkin, Gerald. 1976. Autonomy and behavior control. *Hastings Center Report* 6: 23–28. https://doi.org/10.2307/3560358.

Dworkin, Ronald. 1993. *Life's Dominion. An Argument about Abortion, Euthanasia, and Individual Freedom.* New York: Alfred A. Knopf.

Edwards, A., und G. Elwyn. 2001. Understanding risk and lessons for clinical risk communication about treatment preferences. *Quality in Health Care* 10(Suppl. I): i9–i13. https://doi.org/10.1136/qhc.0100009

Eickhoff, Clemens. 2014. *Patientenwille am Lebensende? Ethische Entscheidungskonflikte im klinischen Kontext* (Kultur der Medizin 38). Frankfurt/New York: Campus Verlag.

Erhard, Daniela. 2012. Die Einwilligungsfähigkeit des Patienten. *Lege artis* 2(5): 292–295. https://doi.org/10.1055/s-0032-1330928

Etchells, Edward, Peteris Darzins, Michek Silberfeld, Peter A. Singer, Julia McKenny, Gary Naglie, Mark Katz, Gordon H. Guyatt, William Molloy, und David Strang. 1999. Assessment of patient capacity to consent to treatment. *Journal of General Internal Medicine* 14(1): 27–34. https://doi.org/10.1046/j.1525-1497.1999.00277.x

Fabry, Götz B. 1999. *Einschätzung der Einwilligungsfähigkeit – zum „informed consent" in der Psychiatrie.* Dissertationsschrift. Medizinische Fakultät, Albert-Ludwigs-Universität Freiburg. http://www.freidok.uni-freiburg.de/volltexte/2909/.

Fazel, Seena, Tony Hope, und Robin Jacoby. 1999. Assessment of competence to complete advance directives: Validation of patient centred approach. *BMJ* 318(7182): 493–497. https://doi.org/10.1136/bmj.318.7182.493.

Fuchs, Thomas. 2016. Wollen können. Wille, Selbstbestimmung und psychische Krankheit. In *Randzonen des Willens. Anthropologische und ethische Probleme von Entscheidungen in Grenzsituationen* (Praktische Philosophie kontrovers 6), Hrsg. Thorsten Moos, Christoph Rehmann-Sutter und Christina Schües, 43–62. Frankfurt a. M.: Peter Lang. https://doi.org/10.3726/978-3-653-05216-9

Grisso, Thomas, Paul S. Appelbaum. 1998. *Assessing competence to consent to treatment*. New York: Oxford Unity Press.

Grisso, Thomas, und Paul S. Appelbaum. 1998b. *MacArthur Competence Assessment Tool (MacCAT-T)*. Sarasota, FL: Professional Resource Press.

Hähnel, Martin. 2019. Leiderleben und Willensexploration bei sterbenskranken Menschen. In *Gelingendes Sterben. Zeitgenössische Theorien im interdisziplinären Dialog* (Grenzgänge. Studien in philosophischer Anthropologie 1), Hrsg. Olivia Mitscherlich-Schönherr, 255–272. Berlin/Boston: De Gruyter. https://doi.org/10.1515/9783110599930-015

Hermann, Helena, Manuel Trachsel, Christine Mitchell, und Nikola Biller-Andorno. 2014. Medical decision-making capacity: knowledge, attitudes, and assessment practices of physicians in Switzerland. *Swiss Medical Weekly* 144: w14039. https://doi.org/10.4414/smw.2014.14039

Jox, Ralf J. 2013. Der „natürliche Wille" bei Kindern und Demenzkranken. Kritik an einer Aufdehnung des Autonomiebegriffs. In *Patientenautonomie. Theoretische Grundlagen – Praktische Anwendungen*, Hrsg. Claudia Wiesemann und Alfred Simon, 329–339. Münster: Mentis.

Kindt, Hildburg. 2001. Einwilligungsfähigkeit in der Partnerschaft zwischen Arzt und Patient. *Zeitschrift für medizinische Ethik* 47(4): 363–370.

Klie, Thomas, Jochen Vollmann, und Johannes Pantel. 2014. Autonomie und Einwilligungsfähigkeit bei Demenz als interdisziplinäre Herausforderung für Forschung, Politik und klinische Praxis. *Informationsdienst Altersfragen* 41(4): 5–15.

Lamont, Scott, Yun-Hee Jeon, und Mary Chiarella. 2013. Assessing patient capacity to consent to treatment: an integrative review of instruments and tools. *Journal of Clinical Nursing* 22(17/18): 2387–2403. https://doi.org/10.1111/jocn.12215

Leo, Raphael J. 1999. Competency and the Capacity to Make Treatment Decisions: A Primer for Primary Care Physicians. *Primary Care Companion to the Journal of Clinical Psychiatry* 1(5): 131–141.

Lloyd, A. J. 2001. The extent of patients' understanding of the risk of treatments. *Quality in Health Care* 10(Suppl. I): i14–i18. https://doi.org/10.1136/qhc.0100014.

Marson, Daniel C., Bronwyn McInturff, Lauren Hawkins, Alfred Bartolucci, und Lindy E. Harrell. 1997. Consistency of physician judgments of capacity to consent in mild Alzheimer's disease. *Journal of the American Geriatrics Society* 45(4): 453–457. https://doi.org/10.1111/j.1532-5415.1997.tb05170.x

May, Arnd. 2004. Ermittlung des Patientenwillens. In *Ärztliche Behandlung an der Grenze des Lebens. Heilauftrag zwischen Patientenautonomie und Kostenverantwortung* (Schriftenreihe Medizinrecht), Hrsg. Arbeitsgemeinschaft Rechtsanwälte im Medizinrecht e. V., 59–78. Berlin/Heidelberg: Springer.

Mesch, Maria. 2018. Die Ermittlung des Patientenwillens beim aktuell einwilligungsunfähigen Patienten. In *Aktuelle Fragen des Medizinrechts. Ein Ost-West-Vergleich* (MedR Schriftenreihe Medizinrecht), Hrsg. A. Spickhoff et al., 185–194. https://doi.org/10.1007/978-3-662-56341-0_14

Moos, Thorsten. 2016. Wollen machen. Die Rolle von Klinikseelsorgenden in Praktiken des Willens. In *Randzonen des Willens. Anthropologische und ethische Probleme von Entscheidungen in Grenzsituationen*, Hrsg. T. Moos, C. Schües, C. Rehmann-Sutter, 189–214, Frankfurt/M. u.a.

Moye, Jennifer, Ronald J. Gurrera, Michele J. Karel, Barry Edelstein, und Christopher O'Connell. 2006. Empirical advances in the assessment of the capacity to consent to medical treatment: Clinical implications and research needs. *Clinical Psychology Review* 26: 1054–1077. https://doi.org/10.1016/j.cpr.2005.04.013

Moye, Jennifer, Michele J. Karel, und Jorge C. Armesto. 2007. Evaluating Capacity to Consent to Treatment. In *Forensic Psychology: Emerging Topics and Expanding Roles*, Hrsg. Alan M. Goldstein, 260–293. Hoboken (NJ): John Wiley & Sons.

Müller, Tanja. 2016. *Beurteilung der Einwilligungsfähigkeit in medizinische Maßnahmen bei Menschen mit Demenz – empirischer Vergleich verschiedener Methoden*. Dissertationsschrift Frankfurt a. M.

Neitzke, Gerald. 2019. Ermittlung des Patientenwillens. *AINS: Anästhesiologie, Intensivmedizin, Notfallmedizin, Schmerztherapie* 54: 474–483. https://doi.org/10.1055/a-0821-6772

Pape, Eva, Sebastian Euler, Roland von Känel, und Oliver Matthes. 2021. Urteilsfähigkeit in der klinischen Praxis. *Primary and Hospital Care – Allgemeine Innere Medizin* 21(3): 75–81.

Quante, Michael. 2002. *Personales Leben und menschlicher Tod. Personale Identität als Prinzip der biomedizinischen Ethik.* Frankfurt a. M.: Suhrkamp.

Richter-Kuhlmann, Eva. 2016. Entscheidungsfähigkeit. Eine fixe Grenze gibt es nicht. *Deutsches Ärzteblatt* 113(15): A716.

Schmidt-Recla, Adrian. 2016. Das Recht als Willensgenerator. Juristische Konstruktionen zu Wille und Wollen. In *Randzonen des Willens. Anthropologische und ethische Probleme von Entscheidungen in Grenzsituationen*, Hrsg. T. Moos, C. Schües, C. Rehmann-Sutter, 147–169, Frankfurt/M. u.a.

Schweizerische Akademie der Medizinischen Wissenschaften (SAMW). 2018a. *Medizinethische Richtlinien: Urteilsfähigkeit in der medizinischen Praxis.*

Schweizerische Akademie der Medizinischen Wissenschaften (SAMW). 2018b. *U-Doc: Evaluation der Urteilsfähigkeit*. www.ibme.uzh.ch/de/Biomedizinische-Ethik/U-Doc.html

Slovic, Paul, Baruch Fischhoff, und Sarah Lichtenstein. 1982. Facts versus fears: understanding perceived risk. In *Judgement under uncertainty: heuristics and biases*, Eds. David Kahneman, Paul Slovic, und Amos Tversky, 463–489. Cambridge: Cambridge University Press.

Sturman, Edward D. 2005. The capacity to consent to treatment and research: A review of standardized assessment tools. *Clinical Psychology Review* 25: 954–974. https://doi.org/10.1016/j.cpr.2005.04.010

Swetz, Keith M., Mary Eliot Crowley, Christopher Hook, und Paul S. Mueller. 2007. Report of 255 clinical ethics consultations and review of the literature. *Mayo Clinic Proceedings* 82(69: 686–691.

Taupitz, Jochen. 2000. Gutachten A: Empfehlen sich zivilrechtliche Regelungen zur Absicherung der Patientenautonomie am Ende des Lebens? In *Verhandlungen des dreiundsechzigsten Deutschen Juristentages. Band I*, Hrsg. Ständige Deputation des deutschen Juristentages, A 58–61.

Trachsel, Manuel, Helena Hermann, und Nikola Biller-Andorno. 2014. Urteilsfähigkeit: Ethische Relevanz, konzeptuelle Herausforderung und ärztliche Beurteilung. *Swiss Medical Forum* 14(11): 221–225.

Trachsel, Manuel, Helena Hermann, und Nikola Biller-Andorno. 2015. Cognitive Fluctuations as a Challenge for the Assessment of Decision-Making Capacity in Patients With Dementia. *American Journal of Alzheimer's Disease & Other Dementias* 30(4): 360–363. https://doi.org/10.1177/1533317514539377

Vollmann, Jochen. 2008. *Patientenselbstbestimmung und Selbstbestimmungsfähigkeit. Beiträge zur Klinischen Ethik*. Stuttgart: Kohlhammer.

Zentrale Ethikkommission der Bundesärztekammer (ZEKO). 2016. Entscheidungsfähigkeit und Entscheidungsassistenz in der Medizin. Stellungnahme. *Deutsches Ärzteblatt*: A1–A6.

Der mutmaßliche Wille als problematische Argumentationsfigur bei Behandlungsurteilen für nicht mehr entscheidungsfähige Patient*innen

Monika Bobbert

Zusammenfassung

Bei nicht mehr entscheidungsfähigen Patient*innen ohne schriftliche Vorausverfügung stellt sich in Bezug auf medizinische Behandlungen die Frage nach dem mutmaßlichen Willen. In der klinischen Praxis werden Nahestehende dann nach Hinweisen gefragt und teilweise darauf basierend Behandlungsentscheidungen getroffen. Hier wird anhand ethischer und psychologischer Anfragen dargelegt, warum der mutmaßliche Wille eine aus ethischer Sicht problematische Argumentationsfigur darstellt: Zum einen muss sich eine Erschließung des mutmaßlichen Willens unweigerlich auf anspruchsvolle Autonomiekonzepte beziehen, die Außenstehende vor komplexe Interpretationsfragen zum Selbstverständnis und gelingenden Leben des betroffenen Patienten stellen. Zum anderen müssen Außenstehende einen Perspektivwechsel vollziehen und Mutmaßungen in Bezug auf Situationen mit Kontrollverlust, Verletzbarkeit und Behinderung vornehmen. Dabei werden unter Umständen psychische Phänomene wie „Übertragung" und „Behinderungsparadox" wirksam, die sich verzerrend auf Mutmaßungen über den Willen des Betroffenen auswirken. Außerdem zeigen empirische Studien zur Frage der Übereinstimmung von

M. Bobbert (✉)
Seminar für Moraltheologie, Katholisch-Theologische Fakultät, Westfälische Wilhelms-Universität Münster, Münster, Deutschland
E-Mail: M.Bobbert@uni-muenster.de

Behandlungsentscheidungen zwischen Betroffenen und ihren Nahestehenden, dass zumindest in den dargebotenen Fallvignetten in ca. einem Drittel der Fälle keine Überstimmung zwischen Behandlungsurteilen besteht. Wenn Behandlungsentscheidungen im Zusammenhang mit Leben oder Tod stehen, ist eine so hohe Irrtumswahrscheinlichkeit problematisch. Die angeführten Anfragen und empirischen Erkenntnisse aus der Psychologie machen deutlich, dass das Konzept des mutmaßlichen Willens, sofern es einer informierten Zustimmung bzw. Ablehnung oder einer schriftlichen Vorausverfügung nicht ausgesprochen nahe kommt, eine aus ethischer Sicht problematische Argumentationsfigur darstellt. Statt des mutmaßlichen Willens sollte in der klinischen Praxis auf ethische (und rechtliche) Normen und Entscheidungskriterien zurückgegriffen werden, die eine Behandlung, Weiterbehandlung oder Behandlungsbeendigung aus anderen Gründen als dem des mutmaßlichen Willens rechtfertigen können. Gute Gründe wären zum einen die Normen Lebensschutz und Diskriminierungsverbot, zum anderen im Fall einer weit fortgeschrittenen letalen Erkrankung eine rechtfertigbare Behandlungsbegrenzung oder -beendigung angesichts einer mit großer Sicherheit letalen Prognose in naher Zukunft und keiner Besserung trotz Maximaltherapie. Der mutmaßliche Wille lässt sich hier allenfalls als Zusatzargument eingesetzt.

Stichwörter

Autonomie · Behandlungsentscheidung · mutmaßlicher Wille · Behinderungsparadox · Perspektivwechsel

1 Einleitung

Bei der medizinischen Behandlung von Patient*innen, die nicht mehr entscheidungsfähig sind, stellt sich, sofern keine schriftliche Vorausverfügung vorliegt, die Frage nach dem mutmaßlichen Willen.[1] In der klinischen Praxis werden

---

[1] Der vorliegende Beitrag diskutiert den mutmaßlichen Willen aus ethischer Sicht. Neben dem „mutmaßlichen Willen" kennt das Bürgerliche Recht auch den „hypothetischen Willen", die „mutmaßliche Einwilligung" und die „hypothetische Einwilligung". Auf diese Unterscheidungen im Recht kann im Rahmen dieses Beitrags nicht eingegangen werden. Es sei lediglich angemerkt, dass der mutmaßliche Wille im Recht nur dann relevant wird, wenn der tatsächliche Wille nicht artikuliert werden kann. Ob ein mutmaßlicher Wille umgesetzt werden darf, hängt von weiteren rechtlichen Voraussetzungen ab.

insbesondere nahestehende Angehörige, Lebenspartner*innen oder Nahestehende aus dem Freundeskreis nach Hinweisen zum mutmaßlichen Willen der meist schwerkranken Person gefragt. Da nur in seltenen Fällen eine schriftliche Vorausverfügung vorliegt, kommen Überlegungen zum mutmaßlichen Willen in der Notfallambulanz und der Intensivmedizin recht häufig vor. Meist handelt es sich um Patient*innen mit einer fortschreitenden unheilbaren Erkrankung oder mit einer überraschend eingetretenen lebensbedrohlichen Erkrankung, um Patient*innen nach einem schweren Unfall oder um multimorbide, hochbetagte Patient*innen, die in eine lebensbedrohliche Situation geraten.

Der vorliegende Beitrag diskutiert die Argumentationsfigur des mutmaßlichen Willens aus psychologischer und ethischer Sicht. Es wird gezeigt, warum der mutmaßliche Wille nur dann, wenn er sehr nah an eine informierte Zustimmung herankommt, eine aus ethischer Sicht vertretbare Argumentationsfigur darstellt. Insbesondere das Erfordernis des Perspektivenwechsels auf Seiten der Außenstehenden und ein Autonomieverständnis, das anspruchsvoller sein muss als beim Informed Consent, sind mit psychologischen und ethischen Problemen verbunden. Diese werden weiter unten unter Heranziehung von Erkenntnissen aus der Psychologie ausgeführt.

Die Ausführungen beschränken sich auf Fallkonstellationen, die durch folgende Aspekte charakterisiert sind: 1) Eine kranke Person, die sich nicht oder nicht mehr äußern und keine Entscheidung über Behandlungsfragen treffen kann, 2) hat eine lebensbedrohliche Diagnose und Prognose und damit verbunden stellen sich Fragen wie der Verzicht auf neue Behandlungsformen oder eine Begrenzung oder Beendigung bisheriger Behandlungsformen. 3) Es muss eine Vorstellung davon geben, welche Art des Willens der nicht mehr entscheidungsfähigen Person anzustreben ist und 4) es werden Informationen Außenstehender zum mutmaßlichen Willen der kranken Person eingeholt.

In dem folgenden Fallbeispiel aus der klinischen Ethikberatung, in dem primär auf den mutmaßlichen Willen abgestellt wurde, zeigen sich bereits in erster Näherung Probleme, die mit der Argumentationsfigur des mutmaßlichen Willens verbunden sind.

Das Strafrecht kennt gleichermaßen die o.g. Unterscheidungen des Bürgerlichen Rechts, es gelten jedoch andere Beweisregeln. Auch hier wird unterschieden zwischen „Einwilligung mit Problemen der Einwilligung" (in eine Körperverletzung), „mutmaßlicher Einwilligung" (z. B. bei einwilligungsunfähigen Moribunden) und „hypothetischer Einwilligung" (insbesondere im Zusammenhang mit einer vorausgegangenen unvollständigen Aufklärung). Vgl. ausführlicher Paeffgen und Zabel (2022).

2 Fallbeispiel aus der klinischen Ethikberatung: „Amputation zur Lebensrettung?"

Ein 57-jähriger Patient wurde von einer peripheren Klinik auf die Intensivstation eines Krankenhauses der Maximalversorgung überführt. An ihm war – in gesundem Zustand – 10 Tage zuvor eine Prostata-Biopsie durchgeführt worden. Offenbar hatte diese Biopsie zu einer Infektion geführt. Der Patient hatte plötzlich hohes Fieber, hohe Entzündungswerte, Nierenversagen, eine Leberinsuffizienz und eine Lungenentzündung entwickelt. Zudem bestand ein ausgeprägter septischer Schock mit Embolien, die bereits zu Nekrosen an beiden Beinen und am linken Unterarm geführt hatten. Eine Rettung des Patienten sei, so die behandelnden Ärzt*innen, nur noch möglich, wenn beide Unterschenkel und der linke Unterarm innerhalb der nächsten 3 Tage amputiert würden.

Die Ehefrau und die Tochter werden nach dem mutmaßlichen Willen des Patienten gefragt. Beide erklären übereinstimmend: „Er will nicht als Amputierter leben." Sie begründen dies damit, dass der Patient sportbegeistert sei, sein Leben auf dem Fußballplatz verbracht habe, ein „Bewegungsmensch" sei. Beim Besuch eines Nachbarn in einer Reha-Klinik habe er angesichts eines beidseitig beinamputierten Rollstuhlfahrers gesagt: „So wollte ich nicht leben." Es wird im Gespräch mit den Angehörigen zudem deutlich, dass Ehefrau und Tochter Angst vor späteren Beschimpfungen und auch vor dem Leiden des Patienten haben.

In der durch eine Pflegekraft angeregten klinischen Ethikberatung wird deutlich, dass der Patient durch die Amputationen eine Überlebenschance hat, die schon allein deshalb ergriffen werden sollte, weil er dann selbst wieder entscheidungsfähig werden könnte. Grundsätzlich haben die Ärzt*innen die Pflicht zur Lebensrettung – ungeachtet von Vermutungen, wie der Patient seine Behinderung bewerten wird. Psychologische Hintergrundinformationen zum Behinderungsparadox und zu Formen der Bewältigung einer erworbenen Behinderung belegen, dass es zum einen schwierig ist, Situationen schwerer Krankheit oder erworbener Behinderung zu antizipieren, und zum anderen, dass Bewältigungsprozesse die Einschätzung von Lebensqualität verändern können. Das Fallbeispiel zeigt, dass die behandelnden Ärzt*innen angesichts einer drohenden Behinderung zwar zunächst die Feststellung des mutmaßlichen Willens initiiert, sich dann aber für die Weiterbehandlung des Patienten entschieden haben.

3 Medizinethik: Das Konzept der informierten Zustimmung und weitere, anspruchsvollere Autonomiekonzepte

Das Konzept des mutmaßlichen Willens wird dann bemüht, wenn ein kranker Mensch keine informierte Zustimmung mehr geben kann. Im Folgenden wird nochmals kurz auf die informierte Zustimmung eingegangen um zu zeigen, dass sich diese Form der Selbstbestimmung nicht durch Mutmaßungen über andere ersetzen lässt. Denn das Konzept des mutmaßlichen Willens implizit unweigerlich anspruchsvolle Vorstellungen von Autonomie, die – dies sei bereits angedeutet – höhere Anforderungen in Bezug auf die Mutmaßungen der Außenstehenden stellen als das begrenzte Konzept der informierten Zustimmung.

Die informierte Zustimmung beruht traditionell auf einem libertären Autonomieverständnis im Sinne eines Abwehrrechts: Ohne Einwilligung stellt eine ärztliche Maßnahme zur Diagnostik, Therapie oder Prävention eine unerlaubte Körperverletzung bzw. einen Eingriff in die physische und psychische Integrität des Menschen dar. Zwang und Manipulation dürfen nicht stattfinden und außerdem muss in einer bestimmten Entscheidungssituation ein ausreichender Grad an Entscheidungsautonomie realisiert sein.

Der mutmaßliche Wille muss sich, wie weiter unten gezeigt wird, unweigerlich auf anspruchsvollere Autonomiekonzepte beziehen, die meist jedoch nicht explizit gemacht werden. Eine Explikation denkbarer, unterschiedlicher Autonomiebezüge im Rahmen des vorliegenden Beitrags soll aufzeigen, vor welch komplexe Aufgabe sich Nahestehende gestellt sehen, wenn sie nach dem mutmaßlichen Willen eines nicht urteilsfähigen Patienten gefragt werden.

3.1 Informierte Zustimmung als zentrale Norm der Medizinethik

Im Bereich der medizinischen Therapie und der Forschung am Menschen stellt die informierte Zustimmung seit Jahrzehnten die zentrale ethische Norm dar. (Marckmann und Bormuth 2020) Das Standardwerk von Faden und Beauchamp (1986), aber auch viele andere Beiträge zum Informed Consent unterstützen folgendes Konzept mit fünf Bestandteilen: 1) Aufklärung, 2) Verstehen, 3) Freiwilligkeit, 4) Kompetenz, 5) Zustimmung. Als notwendige Voraussetzungen gelten Freiwilligkeit sowie umfassende Information der betroffenen Person. Diese Information soll auf die individuelle Situation bezogen sein und ein „ausreichendes" Verstehen in Bezug auf Chancen und mögliche Risiken gewährleisten.

Im Rahmen der Arzt-Patient-Beziehung werden anlässlich einer Diagnose, Therapie oder Prävention Abwägungen vorgenommen. In erster Linie geht es darum, durch eine Behandlung das Wohl des Patienten zu bessern oder Schaden zu verhindern – gegebenenfalls unter Inkaufnahme gewisser Nebenwirkungen und Risiken. Zur Norm der informierten Zustimmung des Patienten tritt die ärztliche Behandlungshoheit, die auf der medizinischen Indikation und der Wahrnehmung ärztlicher Verantwortung beruht.

Der Patient hat das moralische und (juridische) Recht auf Gesundheitsschutz und medizinische Hilfe im Fall von Krankheit. Jedoch stellt das Recht auf Zustimmung oder Ablehnung von Handlungen Anderer, die den Leib oder intime psychische Belange berühren, ein zentrales moralisches (sowie juridisches) Abwehrrecht jedes Menschen dar. Ohne informierte Zustimmung ist eine medizinisch indizierte Behandlung seitens Ärzt*innen nicht zulässig.

Für die informierte Zustimmung müssen dem Patienten das Therapieziel (möglichst mit Diagnose und Therapiemöglichkeiten), die Sicherheit der medizinische Aussage, die Art der medizinischen Maßnahmen, die potentiell damit einhergehenden Belastungen und Risiken sowie die Erfolgsaussicht der Maßnahmen im Hinblick auf das Therapieziel kommuniziert werden. Der Patient wird die medizinischen Möglichkeiten dann mit seinen individuell erstrebenswerten Alltags- und Lebenszielen in Verbindung bringen. Da jeder sein Eigenwohl, d. h. seine Vorstellungen von Lebensqualität, Alltagsgestaltung und Lebensführung selbst festlegen darf und diese auf das Gelingen des Lebens ausgerichteten Wertungen und Entscheidungen individuell unterschiedlich sind, muss in Medizin und Pflege über die verschiedenen Interventionsmöglichkeiten und Zielsetzungen informiert werden. In der Arzt-Patient-Kommunikation sollten daher individuelle Präferenzen, die von einer Behandlung und ihren Nebenwirkungen berührt sein könnten, thematisiert werden. Abschließend obliegt es dem Patienten, in Bezug auf eine indizierte Behandlung den potentiellen Nutzen mit den potentiellen Belastungen und Risiken abzuwägen und dann eine Entscheidung zu treffen. Der Patient entscheidet im Hier und Jetzt angesichts seiner gegenwärtigen Situation, den aktuell vorliegenden konkreten medizinischen Informationen und seinen Möglichkeiten des Verstehens und des persönlichen Abwägens.

3.2 Anspruchsvollere Autonomiekonzepte als impliziter Horizont

Beim Konzept des mutmaßlichen Willens sind die unter Abschn. 3.1. genannten Erwägungen seitens des Patienten nicht möglich. Stattdessen sollen Außenstehende Hinweise geben, die für die individuelle Risiko-Nutzen-Abwägung des Betroffenen aufschlussreich sind.

Bei einer informierten Zustimmung in der Gesundheitsversorgung ordnet eine betroffene Person die Diagnose- oder Therapieentscheidung mehr oder weniger implizit in ihr „Wertesystem" ein. Beim mutmaßlichen Willen, für den Andere Hinweise geben oder Mutmaßungen in Bezug auf die erforderliche Behandlungsentscheidung anstellen, ist zunächst offen, welche Art von Hinweisen und Mutmaßungen angebracht sind, da sich diese auf das konkrete Individuum und seine „Sicht der Dinge" beziehen müssen: Welcher Nutzen und welche Risiken sind bedeutsam aus der Perspektive dieser konkreten Person? Ist sie eher risikoscheu oder zuversichtlich-risikofreudig? Außenstehende sind zum Perspektivwechsel und zur Deutung medizinischer Maßnahmen und Ziele vor dem Hintergrund des „Naturells", der Lebenseinstellung und Lebensdeutung der erkrankten Person aufgefordert. Wie lässt sich diese moralische Aufgabe operationalisieren?

In Anlehnung an das Betreuungsgesetz (§ 1901 BGB) sollen konkrete Anhaltspunkte, „insbesondere frühere mündliche oder schriftliche Äußerungen", „ethische oder religiöse Überzeugungen" oder „sonstigen persönlichen Wertvorstellungen" vorliegen.[2] Diese vagen rechtlichen Aspekte implizieren bereits, dass hinter dem Konzept des mutmaßlichen Willens ein anspruchsvolleres Verständnis von Autonomie steht als hinter der informierten Zustimmung.

---

[2] Der mutmaßliche Wille wird im Bürgerlichen Gesetzbuch im sogenannten Betreuungsgesetz bzw. Patientenverfügungsgesetz erläutert. Gemäß des am 1.9.2009 in Kraft getretenen Dritten Gesetzes zur Änderung des Betreuungsrechts ist nach § 1901a Abs. 2 BGB der mutmaßliche Wille aufgrund konkreter Anhaltspunkte zu ermitteln, wenn der Betroffene/die Betroffene selbst nicht durch eine schriftliche Vorsorgeverfügung in Bezug auf Gesundheitsangelegenheiten, insbesondere Fragen medizinischer Behandlung vorgesorgt hat. Für den mutmaßlichen Willen sind insbesondere frühere mündliche oder schriftliche Äußerungen, ethische und religiöse Überzeugungen und sonstige persönliche Wertvorstellungen der betreuten Person zu berücksichtigen. Zusätzlich einschlägig aus rechtlicher Sicht ist in Bezug auf Behandlungsfragen § 1904 Abs. 4 BGB: Aufgabe des Arztes/der Ärztin ist es zu prüfen, welche ärztlichen Maßnahmen im Hinblick auf den Gesamtzustand und die Prognose des Patienten/der Patientin indiziert sind.

4 Unterschiedliche Autonomiekonzepte als Horizont des mutmaßlichen Willens

4.1 Libertäre Autonomiekonzepte

Libertäre Autonomiekonzepte gehen von einem subjektivistisch-präferenzorientierten Autonomiekonzept aus, nach dem ein entscheidungsfähiges Individuum in seinem Freiheitsrecht nicht eingeschränkt werden darf, es sei denn, andere Personen würden in der Ausübung ihres Freiheitsrechts geschädigt.[3] Die so genannten libertären Autonomieansätze geben Begründungen dafür, dass eine Person die Freiheit hat, ihr Leben in Einklang mit eigenen Vorstellungen und Überzeugungen zu gestalten. (Vgl. u. a. Locke 2000; Ach 2013; Engelhardt 1996; Harris 1995; Nozick, 1976) Leitend ist eine Vorstellung von Autonomie, nach der die Wahl zwischen verschiedenen Möglichkeiten unabhängig von anderen Menschen getroffen werden kann. Charakteristisch für libertäre Autonomiekonzepte ist, dass sie sich kaum mit der Frage befassen, wie Entscheidungen eines Individuums zustande kommen, d. h. welche inneren und äußeren Faktoren jenseits von Zwang und Manipulation eine Rolle spielen.

Die informierte Zustimmung in ihrer Grundform ist ein Spezialfall eines libertären Autonomiekonzepts. Sobald in Bezug auf einen individuellen Patienten Fragen der Kompetenz, meist in Form von Fragen nach der Relevanz der zu vermittelnden Informationen und dem Verstehen der Informationen für die eigene Situation und Lebensführung gestellt werden, erweitert sich das Konzept der informierten Zustimmung. Gleichwohl stellen das Gewahrwerden, Reflektieren und Artikulieren „innerer" Beweggründe oder Lebensfragen seitens des kranken Menschen kein Erfordernis für eine informierten Zustimmung dar. Da libertäre Autonomiekonzepte den Blick nach außen richten, bleibt meist offen, was im Inneren eines Individuums vor sich geht.

Libertäre Autonomiekonzepte sparen den Prozess und die Kriterien der Urteilsbildung innerhalb des Individuums aus und stützen sich nur auf den erklärten Willen. Genau diese vom Patienten sonst oft ausgelassenen bzw. nicht verbalisierten Aspekte sollen nahestehende Personen nur für den mutmaßlichen Willen erschließen. Also müssen beim Konzept des mutmaßlichen Willens Außenstehende über die „inneren" Beweggründe des Betroffenen, der selbst nicht (mehr) entscheidungsfähig ist,

---

[3]Vgl. zum Folgenden ausführlicher sowie zu den inneren und äußeren Voraussetzungen von Autonomie Bobbert 2015.

mutmaßen. Unter Umständen müssen sie damit etwas leisten, was der/die Betroffene selbst im Fall einer informierten Zustimmung oder Ablehnung nicht explizit gemacht hätte. Aus dem libertären Autonomiekonzept der informierten Zustimmung lässt sich für die Mutmaßungen Angehöriger lediglich festhalten, dass sie ihre Vermutungen über den Willen des Betroffenen auf Tendenzen zu Zwang und Manipulation hin überdenken sollten. Darüber hinaus erscheint es allerdings erforderlich, dass Hinweise zum mutmaßlichen Willen Minimalbedingungen wie einer gewissen „inneren Vernünftigkeit" und „Wohlüberlegtheit" genügen, denn ohne eine solche Voraussetzung ließen sich beispielsweise rechtliche Hinweise zu „ethischen oder religiöse" „Überzeugungen" oder „sonstigen persönlichen Wertvorstellungen" schwerlich anführen.

4.2 Autonomie als Wohlüberlegtheit

Will man die inneren Einflussfaktoren einer Behandlungsentscheidung stärker in den Blick nehmen, gelangt man zu so genannten hierarchischen Autonomiekonzepten.[4] Das Innen ist wichtig, da wir uns als individuell und damit unauswechselbar erachten und wollen, dass unser Selbst in einer Entscheidung oder Handlung stimmig artikuliert wird. Ein individueller Wille soll also wohlüberlegt und in diesem Sinne mit uns „authentisch" sein.

Die innere Seite der Autonomie und damit die Willensbildung beleuchten die so genannten hierarchischen Autonomiekonzepte von Gerald Dworkin und – ausführlicher bis heute – Harry Frankfurt. Ihnen geht es um individuelle Präferenzen, d. h. um Vorlieben und Wünsche erster und zweiter Ordnung:[5] Die Präferenz einer Person gilt dann als autonom, wenn sie in Einklang mit den Präferenzen zweiter Ordnung steht. Wer z. B. in erster Präferenz die Neigung verspürt, jetzt eine Zigarette zu rauchen, zugleich aber eine Präferenz zweiter Ordnung hat, von dieser Neigung frei zu sein, handelt nicht autonom, wenn er nun zum Rauchen hinausgeht. Hauptanliegen des so genannten hierarchischen Autonomiemodells ist die Konsistenz, d. h. die Stimmigkeit subjektiver Präferenzen. Das Handlungssubjekt muss also zu einer Reflexion fähig sein, bei der es seine vielschichtigen persönlichen Wünsche wahrnimmt, ordnet und abwägt. Außerdem müssen die Präferenzen als eigene betrachtet werden. Eine bloße Motivation zu etwas, z. B. zu rauchen, reicht nicht aus. Autonomie ist nur gegeben, wenn sich

---

[4] Vgl. zur Unterscheidung von Autonomiekonzepten auch Bobbert und Werner (2014).
[5] Vgl. Dworkin (1970), Frankfurt (1971) und modifiziert Frankfurt (1992).

eine Person mit ihren Plänen, Werten, Zielen und Wünschen identifiziert – wenn sie sagen kann, „es ist meins". (Dworkin 1989, 60). Dass Individuen sich selbst aufklären, indem sie ihre persönlichen Bedürfnisse, Emotionen und spontanen Willensneigungen re-flektieren, ist Ziel hierarchischer Autonomiekonzepte. In hierarchischen Autonomiekonzepten sind für eine selbstbestimmte Entscheidung Wohlüberlegtheit und Konsistenz von Präferenzen erster und zweiter Ordnung entscheidend.

Um diesen Anforderungen gerecht zu werden, gilt es im Zusammenhang mit dem mutmaßlichen Willen nicht nur, spontane frühere Äußerungen anzuführen, sondern diese in einen individuumsbezogenen Zusammenhang von Präferenzen und Zielen einzuordnen. Schwierig dürfte allerdings werden, für jemand Anderen Vermutungen über die Präferenzen zweiter oder dritter Ordnung anzustellen und diese hierarchisch zu ordnen.

Der auf ein bestimmtes Individuum bezogene mutmaßliche Wille kann sich somit – anders als die informierte Zustimmung und anders als ein libertäres Autonomiekonzept, das sich vor allem über Abwehrrechte konturiert – nur auf ein Autonomiekonzept beziehen, das die Innenwelt des Betroffenen benennt und daraus Schlussfolgerungen für Behandlungsfragen zieht. Dies macht implizit auch das deutsche Betreuungsrecht deutlich, das Aspekte wie „frühere mündliche oder schriftliche Äußerungen", „ethische oder religiöse Überzeugungen" oder „sonstige persönliche Wertvorstellungen" als für den mutmaßlichen Willen relevant erklärt.

Allerdings lassen sich diese ungleichgewichtigen Aspekte nicht, wie der Gesetzestext durch die Aufzählung nahelegt, lediglich sammeln und nebeneinanderstellen. Außerdem wäre zu klären, wie „wohlüberlegt" gegebenenfalls mündliche oder schriftliche Äußerungen waren und in welchem Kontext sie geäußert worden sind. Nahestehende haben entsprechend hierarchischen Autonomiekonzepten die Aufgabe, die Präferenzen eines anderen Menschen zu bestimmen und sie zu ordnen. Es gilt also, im Zusammenhang mit dem mutmaßlichen Willen nicht nur, spontane frühere Äußerungen anzuführen, sondern diese in einen Zusammenhang mit zahlreichen weiteren individuellen Präferenzen und Zielen des Betroffenen zu bringen. Es dürfte recht schwierig sein, Vermutungen über die Präferenzen zweiter oder dritter Ordnung eines Menschen anzustellen und diese hierarchisch zu ordnen.

4.3 Autonomie als Stimmigkeit mit dem eigenen Lebensentwurf

Wenn man die Innenwelt des Menschen nicht allein über Präferenzen angemessen repräsentiert sieht und innere Beweggründe mit Lebenszielen und Vorstellungen vom gelingenden Leben in Verbindung gesetzt sehen will, legt sich ein Verständnis von Autonomie als „Stimmigkeit mit dem eigenen Lebensentwurf" nahe. Auch im deutschen Betreuungsgesetz wird diese noch etwas anspruchsvollere Autonomievorstellung durch die „ethischen oder religiösen Überzeugungen" und „sonstigen persönlichen Wertvorstellungen" relevant. Aber auch davon abgesehen müssen Außenstehende sich für eine Rekonstruktion des mutmaßlichen Willens auf persönliche Wertungen, Zielvorstellungen und Lebensdeutungen der betroffenen Person beziehen und daraus Schlussfolgerungen generieren – es sei denn, ein Patient hätte im Voraus zeitnah mündlich Behandlungsanweisungen kommuniziert, die auch im Sinne einer Vorausverfügung gedacht waren und die daher einer konkreten, auf die Situationen zutreffenden schriftlichen Vorausverfügung gleichkämen.[6]

Insbesondere eine mit schweren Nebenwirkungen verbundene Behandlungsentscheidung oder eine Behandlungsentscheidung über Leben und Tod sollte zum eigenen Lebensentwurf passen und damit zum Gelingen des Lebens beitragen. Über das Feststellen von Präferenzen und Werten hinaus geht ein „authentisches" Autonomiekonzept wie das von Hans Krämer. Er distanziert sich von ontologischen und teleologischen Ansätzen antiker Ethik, spricht aber auch nicht von Präferenzordnungen. Vielmehr müsse in einer modernen Strebensethik das Handlungssubjekt wiederholt und teils neu Lebensziele setzen. Diese seien graduell, sektoriell, temporär und hermeneutisch. „Eine moderne Strebensethik muss insbesondere die Dimension der Lebenszeit und -geschichte in ihre Kategorienlehre aufnehmen." (Krämer 1995, 129) Es gehe darum, das eigentliche Wollen und damit die wirklichen oder bevorzugten Ziele zu finden und außerdem darum, diejenigen Mittel und Wege zu erschließen, die eine Person ihre Ziele am besten erreichen lassen. Die Neuzeit biete mannigfaltige Lebensziele, Güterhierarchien und Wertorientierungen. Der Ethik als Lebenskunstlehre bzw. der philosophischen Lebensberatung falle die Aufgabe zu, „Freiheitsräume zu erschließen, zu erproben und auszumessen, und zum andern, sie auszufüllen und zu bewältigen helfen"

---

[6] Vgl. zu den Chancen und Schwierigkeiten von Patientenverfügungen und Vollmachten in Gesundheitsangelegenheiten ausführlicher Bobbert (2016).

(Krämer 1995, 130). „Zur Vertauschbarkeit der Ziele tritt hinzu die weitergehende Umkehrbarkeit der Relation zwischen Zielen und Mitteln." Krämer (1995, 130) Ratschläge in Form von Vorzugskriterien, Alternativvorschlägen, Parallelfällen und Lösungsmodellen haben nach Hans Krämer hohen Stellenwert für die Praxis.

Krämer weist einer so verstandenen Autonomie einen Platz in der Ethik des guten Lebens zu: Etwas ist nicht an sich gut, sondern das Gute ist gut für ein Individuum, da es zu seinem Gewollten und Erstrebten passt. Bei Krämer wird auch deutlicher als bei Dworkin und Frankfurt, dass Autonomie im Sinne innerer Selbstklärung auf das Glück des Einzelnen abzielt. Weiter gehend als Dworkin und Frankfurt betrachtet Krämer nicht nur den inneren Bereich des Individuums, sondern zielt auf die Umsetzung des individuellen Willens. Die philosophische Lebensberatung in der speziellen Weise, wie er sie in seinem Werk „Integrative Ethik" ausführt, unterstützt und erweitert die individuelle Autonomie. Wir sehen also bei Krämer eine dialogische Form von Bildung bzw. Unterstützung der auf das gute Leben ausgerichteten Autonomie. Hier wird deutlich, dass Autonomie als Selbstreflexion bzw. Selbstaufklärung zwar als innerer Dialog denkbar ist, doch durch realen Dialog, d. h. die Hinzuziehung eines hermeneutischen Blicks von außen und reflektierte Erfahrungen, umfassender werden kann.

Philosophische Beratung bietet Unterstützung, um zur richtigen Lebensführung zu finden. Eine Bandbreite neutraler Informationen, Orientierungen, Ratschlägen, Anweisungen bis hin zu Appellen ist moralisch geboten, damit der Beratene zur richtigen Lebensführung finden und Kompetenzen der Selbstfindung und Entscheidung aktivieren und fördern kann. (Krämer 1995, 232 ff.) Nach Krämer ist eine Lebensdeutung als Gesamtbilanz im Singular nicht denkbar, da sich Ziele und Interpretationen wandeln. Ebenso geht der französische Philosoph Paul Ricoeur, der Identität und Authentizität über Erinnern und Erzählen erschließt, von einer Vielfalt an Deutungsmöglichkeiten aus. (Ricoeur 1996)

Auch Charles Taylor sieht den Menschen als Wesen der Selbstinterpretation. (Taylor 1996) Situation, Empfindung, Deutung und Sprache bilden einen hermeneutischen Zirkel. Das moderne Selbst sieht sich in einen moralischen Raum gestellt, in dem es in Wechselwirkung mit den Auffassungen und Werten der Anderen steht. Für eine orientierungsstiftende Identität muss ein Mensch sich gegenüber den Werten der Anderen positionieren und sich klar darüber werden, was für sein individuelles Leben zentral ist. (Taylor 1996, 56) In einer pluralistischen Gesellschaft ist jeder ist für sein Selbst verantwortlich, d. h. wir nehmen entsprechend unserer Entwicklung, Gemeinschaft und Kultur einen Standpunkt ein.

Wenn nun andere Menschen diesen Prozess der Selbstreflexion stellvertretend durchlaufen wollen, können sie weder die Freiheit noch die Entscheidung für eine von vielen Selbstdeutungen ersetzen. Zudem wird sich, wenn mehrere Nahestehende einbezogen werden, im Erzählen und Deuten rasch eine Vielfalt zeigen, die sich durch die eigene Lebensdeutung und die Art der Beziehung zum Patienten ergibt.

4.4 Autonomie als moralische Verpflichtung

Schließlich lässt sich Autonomie im Sinne moralischer Selbstverpflichtung verstehen. Schon bei Hans Krämer[7] und Charles Taylor (1996) ist die moralische Dimension der Autonomie Thema – allerdings primär als Frage des guten Lebens. Zentral für die Frage nach Autonomie als moralischer Verpflichtung ist jedoch das Autonomiekonzept Immanuel Kants. (Kant 1968, 385–464) Ein autonomer Wille darf nach Kant nicht durch vorgängige Festlegungen, beispielsweise persönliche Vorlieben oder Neigungen bestimmt sein, sondern muss sich vielmehr am Kategorischen Imperativ orientieren: Es gilt, nur nach Grundsätzen zu handeln, die ein Subjekt vernünftigerweise als allgemeine praktische Gesetze für das Handeln aller Vernunftwesen akzeptieren könnte. Dieses Autonomieprinzip ist zugleich oberstes Moralprinzip, d. h. alle Vernunftwesen müssen ihm gerecht werden. Die Autonomiekompetenz ist die Fähigkeit, den eigenen Willen am Kategorischen Imperativ auszurichten. Diesen Autonomieanspruch einzulösen bedeutet nicht nur die Verwirklichung eigener Autonomie, sondern die Anerkennung der Autonomieansprüche aller anderen Vernunftwesen.

Das Autonomiekonzept Kants beantwortet die Frage, ob mit Autonomie zwingend die Forderung verknüpft ist, dass selbstbestimmte Entscheidungen oder Handlungen aus ethisch-normativer Sicht vertretbar sein müssen, mit einem Ja. Damit sind egoistische Wünsche, Entscheidungen oder Handlungen schlichtweg nicht autonom, weil sie fremdbestimmten Gesichtspunkten folgen bzw. selbstwidersprüchlich sind. Kant würde die wohlüberlegte oder lebenszielbezogene Autonomie insofern zurückweisen, als sich Wünsche zweiter Ordnung nicht eo ipso verallgemeinern lassen.

Der Kategorische Imperativ in seinen verschiedenen Formulierungen ist nicht nur formal, sondern auch inhaltlich ausgeführt, deutlich in der so genannten Zweckformel mit dem Instrumentalisierungsverbot und in der Menschenwürdeformel.

---

[7]In der philosophischen Beratung können auch Normen verdeutlicht, eingeklagt oder modifiziert werden, die vom Beratenden nicht hinreichend wahrgenommen oder realisiert werden – vgl. Krämer (1995), 324.

Folgt man Kant in seinem zentralen Gedanken von Autonomie als moralischer Selbstverpflichtung, d. h. einer auf andere Menschen bezogenen Gesetz- bzw. Normgebung, dann muss jedes konkrete Autonomiekonzept dem Anspruch der Vernünftigkeit und Verallgemeinerbarkeit genügen. In der Sprache moralischer Rechte und Pflichten muss man daher sagen, dass nur solche Autonomievorstellungen vertretbar sind, die sich mit begründeten moralischen Rechte und Pflichten anderer Menschen in Einklang bringen lassen.

Bei Überlegungen zum mutmaßlichen Willen eines Individuums wäre also auch zu klären, ob sich das Individuum in seinem Willen dem Autonomieverständnis von Kant verpflichtet sähe, d. h. ob es moralisch verantwortlich entscheiden wollte.

Diese Form von Autonomie erlangt bei der Rekonstruktion des mutmaßlichen Willens dann Relevanz, wenn solche Interessen des Patienten oder Außenstehender berührt sind, deren moralische Legitimität geklärt werden muss. Allerdings bedarf es für solche Überlegungen einer ethisch-normativen Reflexion, welchen Bedürfnissen und Interessen aus ethischer Sicht Rechnung zu tragen ist. Neben der Notwendigkeit, Normkonflikte zu erkennen und explizit zu machen, wäre eine entsprechende ethische Beratung, wie sie z. B.in Krämers Modell philosophischer Beratung enthalten ist, sicherlich hilfreich im Zusammenhang mit Überlegungen zum mutmaßlichen Willen eines Patienten.

4.5 Dem Konzept des mutmaßlichen Willens fehlen Reflexion und Deutung der betroffenen Person

Das Konzept des mutmaßlichen Willens beruht auf Interpretationen Außenstehender. Welches Autonomieverständnis diejenigen, die nach dem mutmaßlichen Willen oder nach Hinweisen für den mutmaßlichen Willen gefragt werden, als Horizont voraussetzen, ist dabei offen bzw. bleibt meist implizit. Es besteht die Tendenz, Prozesse der Selbstdeutung, dialogische Beratungsprozesse und moralische Selbstverortungen zu verkürzen und einen in gewisser Weise „ontologisch" verstandenen Willen ausmachen zu wollen. Angesichts der dargelegten Autonomiekonzepte zeigt sich jedoch, dass die Aufgabe, den mutmaßlichen Willen feststellen zu wollen, Reflexions- und Deutungsprozessen erfordern würde, die im Grunde nur die betroffene Person selbst durchlaufen kann.

5 Psychische und gesellschaftliche Phänomene bei Mutmaßungen Nahestehender

5.1 Perspektivwechsel und das Phänomen der Übertragung

Die Erschließung des mutmaßlichen Willen eines Menschen setzt zum einen voraus, dass man ihn näher kennen gelernt hat, und zum anderen, dass man in der Lage ist, einen Perspektivwechsel vorzunehmen, d. h. die eigenen Interessen und Wertungen zurückzustellen und sich in einen anderen Menschen „hineinzuversetzen". Es würde den Rahmen dieses Beitrags sprengen, die unterschiedlichen Möglichkeiten eines zwischenmenschlichen Perspektivwechsels darzulegen und im Einzelnen zu diskutieren.[8] Inwiefern eine persönliche Kompetenz zum Perspektivwechsel in Bezug auf so unterschiedliche Bereiche wie Sehen, Fühlen, Denken und Wissen einer anderen Person geschult werden kann, ist eine in der Psychologie offene Diskussion.

Dass selbst ein Perspektivwechsel in Bezug auf die Frage aktueller Emotionen schon für Eltern in Bezug auf ihre kleinen Kinder schwierig ist, zeigen beispielsweise Studien zur Elternwahrnehmung. (Hansen Lagatutta et al. 2012; Lester et al. 2009) Darin zeigt sich, dass die Eltern stark dazu tendieren, zum einen ihre eigene emotionale Gestimmtheit in ihre Kinder hineinzuinterpretieren, oder mit anderen Worten, ihren „kognitiven Stil" auf ihre Kinder anzuwenden. Verglichen mit den Selbstauskünften der Kinder im Vorschulalter neigten Eltern zudem dazu, Ängste und Sorgen ihres Kindes zu unterschätzen und deren optimistische Gestimmtheit zu überschätzen. Welche allgemeinen oder personalen Fähigkeiten für komplexere Formen des Perspektivwechsels erforderlich sind, stellt in der Psychologie nach wie vor ein Forschungsdesiderat dar. (Cole et al. 2020).

Im Rahmen dieses Beitrags soll jedoch zumindest auf das psychische Phänomen der Übertragung und Gegenübertragung, das in zwischenmenschlichen Beziehungen zum Tragen kommen kann, eingegangen werden. Psychotherapeut*innen und Psychiater*innen kennen dieses Phänomen, auch wenn sie sich nicht der psychoanalytischen Richtung zurechnen.

Therapeut*innen wissen, dass selbst professionelle Helfer*innen nicht gegen dieses Phänomen gefeit sind. So berichtet etwas Aaron T. Beck in seinem Standardlehrbuch der Kognitiven Therapie der Depression davon, dass er als

---

[8] Vgl. für eine Ausdifferenzierung des Konzepts aus psychologischer Sicht Cole et al (2020). (2019); Comer Kidd und Castano (2013).

Therapeut, wenn er die Rolle des wissenschaftlichen Beobachters ablege, dazu neige, die negative Realitätskonstruktion und fehlerhafte Verallgemeinerungen des Klienten zu übernehmen. (Beck 1986, 95).

Das Phänomen der Übertragung und Gegenübertragung beinhaltet, dass ein Mensch auf einen anderen reagiert, indem er seine Gefühle, Wünsche, Erwartungen oder Vorurteile dem anderen unterstellt. In der Psychotherapie gilt es, diese störenden Einflüsse zu erkennen und sich nicht davon zu distanzieren.

Nahestehenden kann es jedoch ebenso unterlaufen, dass sie von ihren eigenen Bedürfnissen Wünschen und Ängsten und Wertungen ausgehen und diese dem Patienten zuschreiben. Auch kann der eigene Abschiedsprozess oder das Verdrängen einer bedrohlichen Situation dazu führen, dass sich eigene Anliegen und die Mutmaßungen über den Willen der kranken Person vermischen.

Für Nahestehende, die den mutmaßlichen Willen eines Kranken zu erschließen suchen, ist es daher eine anspruchsvolle Aufgabe, eine Gegenübertragung wahrzunehmen und sich gerade nicht davon leiten zu lassen bzw. gerade nicht die eigene Perspektive mit der des anderen zu verwechseln.

5.2 Empirische Erkenntnisse zur Fremdeinschätzung: „Behinderungsparadox"

Für die meisten Menschen ist es schwierig, angstbesetzte Situationen, etwa eine schwerwiegende oder lebensbedrohliche Erkrankung oder bleibende Behinderung, zu antizipieren. Zudem ist fraglich, ob sich ein Urteil aus gesunden Tagen übertragen lässt, da sich der mit einer unheilbaren Erkrankung oder Behinderung verbundene Anpassungs- und Bewältigungsprozess nicht vorwegnehmen bzw. vorausschauen lässt.[9] Für Überlegungen zum mutmaßlichen Willen eines schwerkranken oder bleibend beeinträchtigten Menschen ist es wichtig, das so genannte „Behinderungsparadox" zu kennen und zu berücksichtigen.[10] (Albrecht und Devlieger 1999) Albrecht und Devlieger weisen darauf hin, dass es nicht sinnvoll ist, Lebensqualität nur an Gesundheit festzumachen. Nach einem ganzheitlicheren Konzept gehe „Lebensqualität" über eine Betrachtung der Alltagsaktivitäten und

---

[9] Vgl. dazu ausführlicher Bobbert im Zusammenhang mit schriftlichen Vorausverfügungen (2016).
[10] Vgl. Bobbert (2016), 10; vgl. ausführlicher zum Behinderungsparadox Bobbert (2012a), Abschn. 4.2; vgl. für eine neue empirische Studie zum Behinderungsparadox O'Hara et al. (2021).

Krankheitskategorien hinaus und ziele umfassender auf ein soziales, psychisches und spirituelles Wohlergehen. Als Teil einer größeren Studie zum „Leben mit einer Behinderung" wurden 150 Menschen mit einer Behinderung zu Hause interviewt. Sie berichteten, dass sie sich zwar in ihren Alltagsaktivitäten eingeschränkt fühlten, gesellschaftlicher Ausgrenzung erführen und über nur geringe finanzielle Mittel verfügten. Zugleich gaben sie jedoch an, eine gute Lebensqualität zu haben – die der Selbsteinschätzung von Menschen ohne erkennbare Behinderung gleichkommt. Demgegenüber geht die Mehrheit der Bevölkerung, irrtümlich davon aus, dass diese Menschen eine im Vergleich zu gesunden Menschen geringere, nicht zufriedenstellende Lebensqualität haben. Offenbar haben aber viele Erkrankungen und Gesundheitseinschränkungen weniger Auswirkungen auf die subjektive Lebensqualität als vermutet.[11]

Das „Behinderungsparadox" lässt sich dadurch erklären, dass Kranke oder Menschen mit einer Beeinträchtigung bestimmte Lebensqualitätsaspekte anders gewichten, also nicht nur die medizinisch-pflegerischen Aspekte, sondern soziale, psychische und spirituelle Aspekte des Wohlergehens relevant werden und dass beeinträchtigte Menschen zudem Anpassungsprozesse durchlaufen, in denen neue Lebensvollzüge, Alltags und Lebensziele erschlossen werden, die unter den neuen Bedingungen erreichbar sind.

Andere psychologische Forschungen sprechen noch allgemeiner vom „Paradox des subjektiven Wohlbefindens", stützen aber die These der Anpassungsprozesse, so etwa Staudinger.[12] Obwohl die Selbstregulation des Wohlbefindens auch Grenzen habe, führten in den ersten zwei bis drei Monaten nach einem belastenden Ereignis zahlreiche Mechanismen wie z. B. Änderungen des Anspruchsniveaus, Bewältigungsformen und sich wandelnde Selbstdefinitionen dazu, dass sich das zunächst verminderte subjektive Wohlbefinden meist wieder dem Ausgangsniveau angleiche. So würden sich z. B. schwer erkrankte alte Menschen unter Umständen auf einige wenige Lebensbereiche wie etwa familiäre Kontakte konzentrieren und außerdem fehlende Handlungsbereiche kompensieren, so etwa die eingeschränkte Mobilität durch Telefonate oder die Bitte, zu Hause besucht zu werden.

Psychosoziale Anpassungsprozesse können allerdings auch durch geringen sozialen Rückhalt und andere Faktoren ungünstig verlaufen und dann in Angst und Depression münden. (Seidel et al. 2006) Lern- und Anpassungsprozesse etwa bei einer Querschnittslähmung bedürfen psychologischer Begleitung (Stubreither

---

[11] Vgl. Ausführlicher zu Lebensqualität aus ethischer Sicht Bobbert (2012a), Abschn. 7.
[12] Vgl. z. B. Staudinger (2000), 185 f. und 190 ff.

et al. 2014); die Rehabilitationspsychologie hat Unterstützungsmaßnahmen für vielfältige Einschränkungen erarbeitet. (Bengel und Mittag 2020; Wolf-Kühn und Morfeld 2016) So können sich positive Erfahrungen ergeben, wenn es dem Betroffenen gelingt, dem Unfall oder der Krankheit eine persönliche Bedeutung zu verleihen, das Ereignis in den Lebenszusammenhang einzuordnen, wenn Verhaltensänderungen gelernt und Lebensziele neu bestimmt werden.

Nahestehende Angehörige, die sich um die Erschließung des mutmaßlichen Willens eines Kranken bemühen, können in ihren Überlegungen zum durch das Phänomen des „Behinderungsparadoxes" negativ beeinflusst sein. Zum anderen fehlt ihnen häufig das Wissen um Coping-Prozesse und die Möglichkeit psychologischer Hilfestellungen zur Bewältigung einer schweren Beeinträchtigung.

5.3 Erkenntnisse aus der Rehabilitationspsychologie

Erkenntnisse aus der Rehabilitationspsychologie vermögen Wege der Bewältigung einer Lebenskrise, die durch eine erworbene Behinderung oder diagnostizierte chronische Erkrankung bedingt ist, aufzuzeigen. (Bengel und Mittag 2020; Strubreither et al. 2014; Lude und Strubreither 2014) Der Weg der Bewältigung betrifft in etwas abgeschwächter Form ebenso nahestehende Angehörige oder Partner*innen. So sind bei einer bleibenden Behinderung Trauerreaktionen, Motivationsverlust, soziale Ablehnung, Vermeidungsverhalten und Angst vor Misserfolg zu erwarten. Aus der Lerntheorie weiß man, dass die Betroffenen und ihre Angehörigen Vieles neu erlernen müssen: Es gilt, Verhaltensziele neu zu bestimmen und durch Verhaltensänderungen positive Erfahrungen des Erfolgs zu machen. Die sozialkognitive Lerntheorie, die vom Zusammenhang zwischen Kognition, Emotion und Motivation ausgeht, kann mit ihren Therapieformen dazu beitragen, Kontrollverlust durch selbsteffiziente Handlungen zu verändern und dem Unfall oder der Erkrankung eine persönliche Bedeutung zu geben. Angesichts von gesellschaftlicher Stigmatisierung und angesichts eines durch den Verlust stark reduzierten Selbstwertgefühl können Trainings zur sozialen Kompetenz und zur Selbstwertperspektive hilfreich sein. Bewältigung als Prozess zielt auf die Annäherung an die neue Realität, auf den Erwerb neuer Kompetenzen und Verhaltensweisen und auf die Nutzung verbliebener Ressourcen. Für die von Behinderung oder krankheitsbedingten Einschränkungen Betroffenen kann professionelle psychologische Unterstützung das Herantasten an die neue Situation erleichtern. Hinderliche Bewältigungs„stile" wie antizipatorisches Grübeln kann so zum Beispiel in eine produktive gedankliche Auseinandersetzung zum Zweck der Problemlösung münden.

Wie Anpassungs- und Bewältigungsprozesse verlaufen, welche Höhen und Tiefen damit verbunden sind, welche Unterstützung hilfreich sein kann, wissen häufig weder Nahestehende noch Ärzt*innen. Insofern fehlt ihnen unter Umständen das Vorstellungsvermögen für einen Prozess, der zwar nicht zwingend, aber doch häufig zu einem guten Leben mit einer Behinderung oder einem Leben, in dem jemand von der Pflege und Fürsorge anderer abhängig ist, führen kann. Wird der mutmaßliche Wille unter Ausblendung eines Anpassungsprozesses in der Annahme gebildet, der Betroffene wolle nicht mit einer schweren kognitiven oder physischen Behinderung leben, wird die Möglichkeit, dass der betroffene Mensch sich doch auf den Weg macht, ausgeschlossen.

5.4 Empirische Erkenntnisse zur Übereinstimmung von Behandlungsentscheidungen Betroffener und ihrer Nahestehenden

Empirische Studien zum Thema der Übereinstimmung zwischen Patient*innen und Angehörigen stellen eine provozierende Anfrage an die Argumentationsfigur des mutmaßlichen Willens dar, weil sie zumindest in Bezug auf fiktive Behandlungsentscheidungen eine mangelnde Übereinstimmung aufzeigen.[13] Behandlungsentscheidungen wurden in den Befragungen simuliert, indem mehrere fiktive Fallszenarien vorgestellt wurden, die die Schilderung von Krankheitssituationen (etwa eine unheilbare Krebserkrankung, eine dauerhafte körperliche Einschränkung, Wachkoma, fortschreitende Demenz) beinhalteten, für die es dann aus mehreren medizinischen Maßnahmen (Herz-Lungen-Wiederbelebung, künstliche Beatmung, Antibiotika, künstliche Nahrungs- und Flüssigkeitszufuhr) eine auszuwählen galt.

Die Ergebnisse der vor allem in den USA durchgeführten Studien zum Vergleich von Behandlungsurteilen in fiktiven Fallszenarien ergaben, dass lediglich 65 bis 75 % der nahestehenden Angehörigen den Behandlungswunsch eines „betroffenen" Patienten richtig einschätzten.[14] (Shalowitz et al. 2006; Spalding

---

[13] Vgl. dazu ausführlicher, u. a. mit einer Methodendiskussion der empirischen Studien Bobbert (2012a), Abschn. 5.

[14] Vgl. die Überblicksstudien von Shalowitz 2006 und Spalding 2021, wobei der „review" von Spalding einen Großteil der bereits von Shalowitz ausgewerteten älteren Studien beinhaltet. Lediglich einige wenige jüngere Studien zu dieser Fragestellung konnten in den jüngsten Überblick einbezogen werden.

2021) Eine ältere Studie von Sulmasy (1998) arbeitete heraus, dass sich die Stellvertreter in Bezug auf den fiktiv betroffenen Patienten in der Regel für das entschieden, was sie selbst wählen würden. Sobald jedoch der Betroffene von weit verbreiteten Wertungen oder Lebensvorstellungen abwich, schien eine stellvertretende Entscheidung schwieriger zu werden: Patient*innen mit „unüblicheren" Wünschen liefen eher Gefahr, dass ihre Stellvertreter sich irrten.

Man könnte nun sagen, dass es ein gutes Ergebnis darstellt, wenn zwei Drittel der Nahestehenden dem Behandlungswunsch der Betroffenen bzw. dem mutmaßlichen Willen entsprechen. Wenn es jedoch, wie häufig, bei diesen Behandlungsfragen, die „stellvertretend" entschieden werden müssen, um Leben und Tod geht, ist ein potentieller Irrtum von mehr als 30 % problematisch.

Hinzu kommt, dass das Problem einer potentiell mangelnden Übereinstimmung von Patient*innen und Angehörigen selbst nicht unbedingt wahrgenommen wird. „Betroffene wie auch ihre potentiellen Stellvertreter*innen" schätzten ihre Urteile als recht treffsicher in: So glaubten in zwei Studien ca. 90 % der Patient*innen und Angehörigen an eine Übereinstimmung,[15] d. h. sie hinterfragten ihr Urteilsvermögen kaum.

Zuletzt lässt sich die mit den Fallszenarien verbundene Frage, wie anschaulich und ausführlich die Fallschilderungen sein müssen und ob sich Urteil in Bezug auf fiktive Fallszenarien auf reale Entscheidungssituationen übertragen lassen, im Rahmen dieses Beitrags nicht diskutieren.[16] An dieser Stelle kann nur darauf hingewiesen werden, dass weitere, methodisch ausdifferenzierte und empirische Studien zur Treffsicherheit von Stellvertreter*innen bei Behandlungsurteilen und zu den auf die Überstimmung oder Abweichung einflussnehmenden Faktoren ein Forschungsdesiderat darstellen.

6 Schlussfolgerungen

Erkundungen zum mutmaßlichen Willen sind dann, wenn ein entscheidungsunfähiger Patient keine schriftliche Vorausverfügung verfasst hat, erforderlich, um abzuklären, ob zuverlässige, konkrete, zeitnahe und zuverlässige Belege für einen mündlich geäußerten Willen vorliegen, der einer informierten Zustimmung

---

[15] Vgl. Ditto (2001); Hare (1992). Studien zu dieser Fragestellung sind selten. Daher werden an dieser Stelle ältere Studien genannt.

[16] Vgl. für eine ausführliche Diskussion der Methode Fallszenario Bobbert (2012a), 146–161.

bzw. Ablehnung oder einer Vorausverfügung (Vollmacht in Gesundheitsangelegenheiten oder Patientenverfügung) gleichkäme. Die Anforderungen an eine solche Willenserklärung im Voraus dürften aber nicht geringer angesetzt werden als bei den genannten ansonsten üblicherweise schriftlich abgefassten Vorausverfügungen.

In den meisten Fällen, wenn Patient*innen nicht mehr für sich selbst entscheiden können, wird eine solch konkrete, auf die entsprechende Entscheidungssituation passende und nachprüfbare Willensäußerung nicht vorliegen. Alle darüber hinausgehenden Überlegungen zum mutmaßlichen Willen gehen weit über das hinaus, was Nahestehende zutreffend erschließen können. Stattdessen werden durch andere Autonomiekonzepte als das libertäre Autonomiekonzept, das der informierten Zustimmung zugrunde liegt, weitreichende Annahmen und Wertungen durch Außenstehende erforderlich, die sich nur schwer anstellen lassen und auch nicht überprüfbar sind. Es handelt sich um Autonomiekonzepte, die auf Selbstverständnis, Lebensführung und Lebensdeutung ausgerichtet sind und damit weitreichende Mutmaßungen über einen selbst nicht mehr auskunftsfähigen Menschen beinhalten. Außenstehende müssen nicht nur über personale Fähigkeiten des Perspektivwechsels verfügen, sondern zudem naheliegende psychische Effekte wie Übertragung und Behinderungsparadox erkennen und sich daraufhin selbstkritisch befragen können. Für professionelle Kontexte der Psychotherapie, Sozialpädagogik und Sozialarbeit müssen diese anspruchsvollen selbstreflexiven Fähigkeiten eigens in Trainings und Supervision erlernt werden. Insofern lässt sich nicht davon ausgehen, dass Nahestehende von nicht mehr urteilsfähigen Patient*innen generell über diese Fähigkeiten verfügen.

Inwiefern es möglich wäre, Nahestehende zu einem selbstreflektieren und selbstkritischen Perspektivwechsel anzuleiten, um aus den Erzählungen und Erfahrungen mehrerer nahestehender Personen mit dem schwerkranken, nicht mehr Patienten vorsichtige Schlüsse für Behandlungsfragen vorzunehmen, stellt ein psychologisch-ethisches Forschungsdesiderat dar. Ebenso sollte noch weiter zu den negativen und positiven Einflussfaktoren für die Frage der Kenntnis von Behandlungsurteilen geforscht werden – und dies nicht nur mithilfe von Fallvignetten, sondern mit anderen sozialwissenschaftlichen Methoden wie Interviews und qualitativen Fragebögen.

Wenn Patient*innen kein eigenes Urteil zu Fragen ihrer Behandlung bilden können, d. h. keine informierte Zustimmung möglich ist, sollte das Hauptgewicht auf die Betrachtung des aktuellen gesundheitlichen Zustands und die verbleibenden medizinischen Möglichkeiten gelegt werden.[17] Wenn die Chance zur Lebensrettung, Lebensverlängerung oder Heilung besteht, sollte ein Patient, eine Patientin maximal behandelt werden – in der Annahme, dass er/sie gerettet werden möchte. Eine „Beweislastumkehr" bei mutmaßlich schlechter Lebensqualität, nach der Hinweise gefordert werden, die zeigen sollen, dass ein Patient noch weiterleben, d. h. also weiterbehandelt werden möchte, ist aus einer ethisch-normativen Sicht, die von grundlegenden individuellen moralischen Rechte und entsprechenden Pflichten ausgeht, nicht zulässig.[18] Je schwächer oder unsicherer die Hinweise für den mutmaßlichen Willen sind, umso stärker muss das Recht auf Schutz des Lebens beachtet werden. Sollte es trotz schwerer Erkrankung und einer sehr ungünstigen Prognose noch Behandlungsmöglichkeiten geben, müsste angesichts des Rechts auf Lebensschutz und Gesundheitsversorgung sowie des Vorsichtsprinzips im Zweifel für das Leben bzw. für die Wahl derjenigen Behandlungsmöglichkeit optiert werden, die noch eine Überlebenschance oder eine Chance der Lebensverlängerung beinhaltet.

Insgesamt wird die Zusammenschau folgender ethisch relevanter Aspekte erforderlich: „Grunderkrankung" und hinzutretende Erkrankungen (mit der Frage nach Letalität und Progredienz), Prognose (beste und schlechteste Entwicklung) in Verbindung mit der Frage nach der prognostischen Sicherheit und der herangezogenen Expertise, bereits angewandte medizinische Maßnahmen und die Möglichkeiten einer weiteren Steigerung der Maßnahmen (Maximaltherapie), verbunden mit der Frage nach der Wirksamkeit der bisherigen Maßnahmen und möglicher weiterer Maßnahmen, die explizit zu machenden Ziele der Therapie (Lebensrettung, Palliativversorgung, Zustands- oder Funktionsverbesserung, Heilung) – alles bezogen auf den kranken Menschen und die Frage, wie es ihm mit diesen Behandlungsmaßnahmen akut (meist nur auf somatischer Ebene von außen beurteilbar aufgrund physiologischer Parameter) geht.

Neben der Norm der Schmerzlinderung, der Lebensrettung, des Nicht-Schadens und des Heilens von Krankheit, sofern dies medizinisch noch möglich ist, treten die Vorsichtsregel angesichts der Lebensbedrohung und die Pflicht zur bestmöglichen Absicherung der Prognose als mittlere Prinzipien hinzu. Die Argumentationsfigur des mutmaßlichen Willens und die in diesem Zusammenhang oft von Außenstehenden „vermutete Lebensqualität", die letztlich jedoch immer nur subjektiv bewertet werden kann, sind deswegen mit kritischer Distanz zu

---

[17] Vgl. dazu ausführlich Bobbert (2012a und zusammenfassend Bobbert 2012b).
[18] Dass dies auch aus rechtlicher Sicht problematisch ist, zeigt Merkel (2021), 502–504, auf.

betrachten, weil sie sich mehr oder weniger stark aus den Interessen, moralischen Intuitionen und Werturteilen Außenstehende speisen. Dies kann den individuellen moralischen Rechten des Betroffenen Patienten auf Lebensschutz und Selbstbestimmungsrecht zuwiderlaufen. Im Zweifelsfall dürfen und sollten Ärzt*innen aufgrund ihrer Pflicht zur Lebensrettung und Hilfeleistung weiterbehandeln.

Patient*innen, Bürger*innen, die eine „Überbehandlung" am Lebensende befürchten oder die keinesfalls in bestimmten Behinderungszuständen medizinisch behandelt werden wollen, sollten sich mit ihrer Vulnerabilität, Endlichkeit und mit Fragen des Lebensendes auseinandersetzen und ihre Wünsche und Behandlungsvorstellungen schriftlich oder sehr präzise und zielgerichtet mündlich Angehörigen oder den behandelnden Ärzt*innen kommunizieren. Der mutmaßliche Wille bietet dafür keinen adäquaten Ersatz.

Literatur

Ach, Johann. 2013. Der konsequentialistische Wert der Autonomie. Ach, Johann (Hrsg.), *Grenzen der Selbstbestimmung in der Medizin*, Münster: 45–64.
Albrecht, Gary L. und Devlieger, Patrick L. (1999). The Disability Paradox. High Quality of Life against all Odds. *Social Science and Medicine* Bd 48: 977-988.
Beck, Aaron T. 1986. Kognitive Therapie der Depression, München-Weinheim.
Bengel, Jürgen, Mittag, Oskar (Hrsg.) 2020. Psychologie in der medizinischen Rehabilitation, Berlin 2. Aufl.
Bobbert, Monika, 2015. Keine Autonomie ohne Kompetenz und Fürsorge. Plädoyer für die Reflexion innerer und äußerer Voraussetzungen, in: Mathwig, Frank, Meireis, Torsten, Porz, Ruben, ZImmermann, Markus (Hg.), *Macht der Fürsorge?*, Zürich, 69–91.
Bobbert, Monika 2016. Patientenverfügungen zwischen Antizipation, Selbstbestimmung und Selbstdiskriminierung. *Jusletter* 25.01.2016:1–18.
Bobbert, Monika 2012a. Ärztliches Urteilen bei entscheidungsunfähigen Schwerkranken. Geschichte – Theorie – Ethik, Münster.
Bobbert, Monika 2012b. Ethische Fragen medizinischer Behandlung am Lebensende. Eckart, Wolfgang U., Anderheiden, Michael (Hrsg.), *Handbuch Sterben und Menschenwürde* Bd. 2, Berlin: 1099–1114.
Bobbert, Monika und Werner, Micha H. 2014. Autonomie/Selbstbestimmung im Humanexperiment. Lenk, Christian, Duttge, Gunnar und Fangerau, Heiner (Hrsg.), *Handbuch Ethik und Recht der Forschung am Menschen*, Berlin: 105–114.
Cole, Geoff G., Millett, Abbie C., Samuel und Steven et al. 2020. Perspective-Taking. In Search of a Theory. *Vision* 30/4: 1–18.
Comer Kidd, David, Castano, Emanuele 2013. Reading Literary Fiction Improves Theory of Mind. *Science*. October, 6 pages. (DOI: https://doi.org/10.1126/science.1239918)
Ditto, Pater H., Danks, Joseph H. und Smucker, William D. et al. 2001. Advance Directives as Acts of Communication: A Randomized Controlled Trial. *Archives of Internal Medicine*, Bd. 161/3: 421-430.

Dworkin, Gerald 1970. Acting freely. *Nous* 4 (4): 367-383.
Dworkin, Gerald 1989. The Concept of Autonomy. Christman, John (ed.), *The Inner Citadel. Essays on Individual Autonomy*, New York: 54–62.
Engelhardt, Tristram H. Jr. 1996. The Foundation of Bioethics, New York, 2. Aufl.
Faden, Ruth R., Beauchamp, Tom L. 1986. A History and Theory of Informed Consent, New York.
Frankfurt, Harry G. 1992. The Faintest Passion. *Proceedings and Addresses of the American Philosophical Association* 66 (3): 5–16.
Frankfurt, Harry G. 1971. Freedom of Will and the Concept of a Person. *Journal of Philosophy* 68 (1): 5–20.
Hansen Lagattuta, Kristin, Sayfan, Liat, Bamford, Christi 2012. Do you Know How I Feel? Parents Underestimate Worry and Overestimate Optimism Compared to Child Self-Report. *Journal of Experimental Child Psychology* 113: 211–232.
Hare, Jan, Pratt, Clara, Nelson, Carrie 1992. Agreement between Patients and their self-Selected surrogates on Difficult Medical Decisions. *Archives of Internal Medicine*, Bd. 152: 1049–1054.
Harris, John 1995. Wert des Lebens. Eine Einführung in die medizinische Ethik, Berlin.
Kant, Immanuel, Grundlegung zur Metaphysik der Sitten. *Gesammelte Werke. Akademieausgabe*, Bd. IV, Berlin 1968.
Krämer, Hans 1995. Integrative Ethik, Frankfurt/M.
Lester, Kathryn J., Field, Andy P., Oliver, Samantha et al. 2009. Do Anxious Parents Interpretive Biases Towards Threat Extend into their Child's Environment? *Behaviour Research and Therapy* 47: 170–174.
Locke, John 2000. Two Treatises on Government, Birmingham.
Lude, Peter, Strubreither, Wilhelm (2014). Psychologische Theorien zur Bewältigung, in: Strubreither, Wilhelm, Neikes, Martina, Stirnimann, Daniel et al. 2014. Klinische Psychologie bei Querschnittslähmung. Psychologische und psychotherapeutische Interventionen bei psychischen, psychosomatischen und psychosozialen Folgen. Wien: 184–222.
Marckmann, Georg und Bormuth, Matthias 2020. Arzt-Patient-Verhältnis und Informiertes Einverständnis: Einführung und Textauszüge von Medizinethikern aus dem deutschsprachigen und angelsächsischen Raum. Wiesing, Urban, (Hrsg.), *Ethik in der Medizin. Ein Studienbuch*, Stuttgart, 5. Aufl., 95–128.
Merkel, Grischa 2021. Behandlungsabbruch und Lebensschutz Baden-Baden.
Nozick, Robert 1976. Anarchie, Staat, Utopia. München (engl. Orig. 1974).
O'Hara, Jamie, Martin, Anthony P., and Nugent, Diana et al. 2021. Evidence of a disability paradox in patient-reported outcomes in haemophilia. *Haemophilia* 27: 245–252 (https://doi.org/10.1111/hae.14278).
Paeffgen, Hans-Ullrich und Zabel, Benno 2022. Vor §§ 32–35. Kindhäuser, Urs u.a. (Hrsg.), *Nomos-Kommentar Strafgesetzbuch*, Baden-Baden, 3 Bde, 6. Aufl.: Rn. 157–178.
Ricoeur, Paul 1996. Das Selbst als ein Anderer, München.
Seidel, Erwin, Lange, Corinna, Wetz, Hans-Henning, Heuft, Gereon. 2006. Angst und Depressionen nach einer Amputation der unteren Extremität, *Orthopäde* 35: 1152–1158.
Shalowitz, David I., Garret-Mayer, Elisabeth, and Wendler, David 2006. The Accuracy of Surrogate Decision Makers. A Systematic Review. *Archives of Internal Medicine*, Bd. 166/Mar 13: 493–497.

Spalding, Rachael 2021. Accuracy in Surrogate End-of-Life Medical Decision-Making: A Critical Review. *Applied Psychology: Health and Well-Being* 13/1: 3–33. (doi:https://doi.org/10.1111/aphw.12221)

Strubreither, Wilhelm, Neikes, Martina, Stirnimann, Daniel et al. 2014. Klinische Psychologie bei Querschnittslähmung. Psychologische und psychotherapeutische Interventionen bei psychischen, psychosomatischen und psychosozialen Folgen, Wien.

Staudinger, Ursula M. 2000. Viele Gründe sprechen dagegen, und trotzdem geht es vielen Menschen gut: Das Paradox des subjektiven Wohlbefindens, *Psychologische Rundschau* 51, 4, 185–197

Sulmasy, Daniel P., Terry, Peter B., Weisman, Carol et al. 1998. The Accuracy of Substituted Judgements in Patients with Terminal Diagnosis. *Annals of Internal Medicine*, Bd 128/8: 621–629.

Taylor, Charles 1996. Quellen des Selbst, Frankfurt/M.

Wolf-Kühn, Nicola und Morfeld, Matthias 2016. Rehabilitationspsychologie, Wiesbaden.

Freiheit und Zwang im Umgang mit schwer psychisch kranken Menschen

Hans-Jürgen Luderer

Zusammenfassung

Psychisch Kranke sind vor dem Gesetz frei. Ihnen steht, wie allen Menschen, das Recht zu, über ihr Leben selbst zu entscheiden. Im Rahmen schwerer psychischer Störungen können sie jedoch in Situationen geraten, in denen die Freiheit, selbstverantwortlich zu handeln, eingeschränkt oder aufgehoben ist. Dies geschieht unter anderem im Rahmen von Erregungszuständen, die besonders häufig bei Intoxikationen mit oder dem Entzug von Alkohol, Medikamenten und Drogen und bei bestimmten psychischen Störungen mit Beeinträchtigung des Realitätsbezugs (Schizophrenien) auftreten. Auch bei anderen psychischen Störungen kann es zu Erregungszuständen kommen, z. B. bei Reaktionen auf akute psychosoziale Konfliktsituationen, bei bestimmten Persönlichkeitsstörungen und bei Demenzen. Die Freiheit, selbstverantwortlich zu handeln, kann auch außerhalb von krankheitsbedingten Erregungszuständen eingeschränkt oder aufgehoben sein. Vor allem geschieht dies bei von den Betroffenen nicht beherrschbaren Suizidimpulsen, aber auch Impulsen, sich selbst zu verletzen, oder bei schweren Störungen der räumlichen und situativen Orientierung. Unter bestimmten Voraussetzungen

H.-J. Luderer (✉)
Klinik für Gerontopsychiatrie und Psychotherapie, Klinikum am Weissenhof, Weinsberg, Baden-Württemberg, Deutschland
E-Mail: Hj.luderer@gmx.de

können Betroffene gegen ihren Willen in einer hierfür anerkannten Klinik für Psychiatrie und Psychotherapie untergebracht werden. Sie können dort, wiederum unter bestimmten engen Voraussetzungen, in ihrer Bewegungsfreiheit eingeschränkt und gegen ihren Willen behandelt werden. Die Einschränkung der Bewegungsfreiheit und die medikamentöse Behandlung gegen den Willen der betroffenen Personen stellen erhebliche Eingriffe in deren Freiheitsrechte dar. Diese sind nur gerechtfertigt und rechtlich möglich, wenn der Realitätsbezug gestört und die Maßnahme erforderlich ist. Vorher müssen alle Möglichkeiten ausgeschöpft werden, die Person davon zu überzeugen, dass eine Behandlung für sie hilfreich und in dieser Situation erforderlich ist. Sie müssen vom zuständigen Amtsgericht genehmigt werden (Richtervorbehalt). Ziel der Behandlung ist die Wiederherstellung von Entscheidungsfreiheit und Selbstkontrolle. Zwangsmaßnahmen werden von Betroffenen meist als Willkür erlebt, unabhängig vom Anlass. Viele Betroffene erinnern sich an das, was bei der Fixierung geschehen ist und an ihre Hilflosigkeit in der Fixierung, aber nicht an den Anlass der Zwangsmaßnahme. Deshalb sollten Zwangsbehandlungen und Fixierung, wenn immer möglich, vermieden werden.

Schlüsselwörter

Psychische Störung · Zwangsmaßnahmen · Fixierung · Freiheitsrechte · Selbstverantwortliches Handeln

1 Einführung

Laut Art. 2, Abs. 1 GG steht jedem Mensch „das Recht auf Freiheit, Leben und körperliche Unversehrtheit zu, in das nur auf Grund eines Gesetzes eingegriffen werden" dürfe. In diesen Worten ist ein Prinzip formuliert, das der Selbstbestimmung des Menschen einen hohen Stellenwert einräumt, aber gleichzeitig die Möglichkeit von Einschränkungen dieser Freiheiten eröffnet.

Damit setzt das Grundgesetz die Freiheit des Menschen voraus, einen eigenen Willen zu bilden und zu formulieren und zudem für das eigene Handeln Verantwortung zu übernehmen. Ohne diese Festlegung wäre es nicht möglich, Menschen zivilrechtlich, beispielsweise für Nichteinhaltung von Verträgen oder für strafbare Handlungen, zur Verantwortung zu ziehen.

In der Philosophie und in der Psychologie wird dagegen seit langem diskutiert, ob und auf welche Weise eine freie Willensbildung überhaupt möglich ist (Kaufmann 2023, in diesem Band), und welchen Einfluss biografische und soziale Faktoren auf Willensbildung und persönliche Entscheidungen haben. Diese Diskussionen betreffen jedoch nicht die Fragen der Verantwortlichkeit für das eigene Handeln oder des Rechts auf Entscheidungen in Bezug auf das eigene Leben und den eigenen Körper.

1.1 Freiheitsrechte in der Medizin

Freiheitsrechte gelten auch für körperlich und psychisch kranke Menschen. Ausübung von Kontrolle und Zwang sind nur unter bestimmten Bedingungen möglich. Das war nicht immer so. Kennzeichnend für frühere Einstellungen in der Medizin ist das Prinzip des Paternalismus: Ärztliche Fachleute entscheiden, was für Betroffene gut ist. Dabei wurde es bis ins 20. Jahrhundert hinein als unnötig oder sogar schädlich angesehen, Betroffene über die Ergebnisse medizinischer Untersuchungen zu informieren oder sie auf andere Weise in die Behandlungsplanung einzubeziehen (Murray 1990).

In den USA begannen die Diskussionen zur Frage, ob und in welcher Form ärztlicher Paternalismus gerechtfertigt ist, in der ersten Hälfte des 20. Jahrhunderts. Diese Diskussionen führten 1914 erstmals zu einem Gerichtsurteil, in dem festgestellt wurde, dass jede Person über ihren Körper bestimmen kann, und dass der Wille einer Person über ihrem von ärztlichen Fachleuten bestimmten gesundheitlichen Wohl stehe. 1944 entschied ein weiteres Gericht, dass Eltern nicht berechtigt seien, aus religiösen oder anderen Gründen ihren Kindern medizinische Behandlungsmaßnahmen zu verweigern. Mit diesem Urteil wurden die Rechte der Eltern eingeschränkt, über das Wohl ihrer Kinder nach eigenem Gutdünken zu entscheiden.

In den 1950-er Jahren wurde die Pflicht zur ärztlichen Aufklärung als Voraussetzung für ärztliche Maßnahmen („informed consent") weiter präzisiert (Murray 1990). Im deutschsprachigen Bereich wies der Jurist Paul Bockelmann darauf hin, dass Einwilligung nach Aufklärung die Grundlage jedes ärztlichen Handelns sei, und dass der Wille und nicht das von ärztlicher Seite gesehene Wohl der betroffenen Person die Grundlage ärztlicher Maßnahmen sei (Bockelmann 1961, 1981). Voraussetzung für eine wirksame Einwilligung sei zum einen eine angemessene Aufklärung, zum anderen die Einwilligungsfähigkeit der betroffenen Person.

Das Prinzip der Einwilligung nach Aufklärung beruht in Deutschland, wie oben ausgeführt, auf Art. 2, Abs. 1 des Grundgesetzes. Der BGH legte in einem Urteil vom 22.6.1971 fest, dass dieser auch für medizinische Maßnahmen gilt, und dass ein ärztlicher Eingriff ohne Einwilligung des Patienten den Straftatbestand der Körperverletzung erfüllt (Bundesgerichtshof 1971).

Die ärztlichen Aufklärungspflichten wurden am 26.02.2013 im Gesetz zur Verbesserung der Rechte von Patientinnen und Patienten präzisiert (Patientenrechtegesetz, Bundesgesetzblatt 2013, § 630e BGB). Demnach sind behandelnde Personen verpflichtet, die Betroffenen über alles zu informieren, was für ihre Entscheidung für oder gegen eine vorgeschlagene Untersuchung oder Behandlung bedeutsam sein könnte. Die erforderliche Aufklärung umfasst nicht nur den Teil der Information, der früher unter dem Begriff der Sicherungsaufklärung zusammengefasst wurde, sondern auch Informationen zur Prognose und zum an die Krankheit angepassten Verhalten.

Die Einwilligung nach Aufklärung (informed consent) ist jedoch nur möglich, wenn die betroffene Person einwilligungsfähig ist. Was aber geschieht, wenn eine nicht einwilligungsfähige Person Hilfe benötigt?

Einwilligungsfähig ist, wer Art, Bedeutung und Tragweite (Risiken) einer medizinischen Maßnahme erfassen kann. Nicht einwilligungsfähig sind zum einen Kinder und mit gewissen Einschränkungen Jugendliche bis zur Vollendung des 18. Lebensjahrs. Die erforderliche Einwilligung in medizinisches Handeln müssen die Eltern für ihre Kinder erteilen (Eser 1982). In medizinischen Notfallsituationen sind jedoch auch erwachsene Betroffene häufig nicht einwilligungsfähig, beispielsweise, wenn sie in ihrem Bewusstsein beeinträchtigt sind und sich deswegen nicht äußern können, oder aufgrund anderer schwerer psychischer Symptome. Sie haben aber ein Recht auf Hilfe. Wer diese nicht leistet, macht sich unter Umständen strafbar (§ 323c StGB, Unterlassene Hilfeleistung). Wenn Hilfeleistung im Notfall eine Pflicht ist, muss sie gesetzlich erlaubt sein.

Grundsätzlich können helfende Personen davon ausgehen, dass hilfsbedürftige Personen in Notfällen Hilfe wollen, auch wenn sie diesen Wunsch nicht äußern können. Wer z. B. eine bewusstlose Person nach einem schweren Unfall medizinisch versorgt, erfüllt ihren mutmaßlichen Willen (§§ 677–687 BGB, Geschäftsführung ohne Auftrag). Wenn die betroffene Person in einer Notsituation die erforderliche Hilfe ablehnt, aber erkennbar ihre Situation nicht erkennen und beurteilen kann, ist eine Hilfe durch § 34 StGB (Rechtfertigender Notstand) abgedeckt.

1.2 Der freie Wille und seine Einschränkung durch Zwangsmaßnahmen bei der Versorgung psychisch kranker Menschen

Auch außerhalb akuter Notfälle sind Hilfen bei nicht einwilligungsfähigen erwachsenen Betroffenen möglich. Rechtsgrundlage hierfür sind das Betreuungsrecht (§ 1896 ff. BGB) oder die Psychisch-Kranken-(Hilfe)-Gesetze (Psych-KHG) der Bundesländer. Beim Betreuungsrecht steht das wohlverstandene Interesse der betroffenen Person im Vordergrund, bei den psychisch-Kranken-(Hilfe)-Gesetzen der Bundesländer die Abwehr von Gefahren für Leib und Leben der Betroffenen. Sowohl nach dem Betreuungsrecht als auch nach dem jeweils geltenden Psych-KHGs waren früher Behandlungsmaßnahmen gegen den Willen der Betroffenen möglich.

2011 entschied jedoch das Bundesverfassungsgericht (2011) über Klagen mehrerer Patienten gegen Zwangsbehandlungen, dass § 8 Absatz 2 Satz 2 des damaligen baden-württembergischen Gesetzes über die Unterbringung psychisch Kranker (Unterbringungsgesetz – UBG) vom 2. Dezember 1991 mit Artikel 19 Absatz 4 des Grundgesetzes unvereinbar und deswegen nichtig sei. Dieser lautete: „Der Untergebrachte ist über die beabsichtigte Untersuchung oder Behandlung angemessen aufzuklären. Er hat diejenigen Untersuchungs- und Behandlungsmaßnahmen zu dulden, die nach den Regeln der ärztlichen Kunst erforderlich sind, um die Krankheit zu untersuchen und zu behandeln.". Das BVerfG stellte fest, die medizinische Zwangsbehandlung sei nicht auf Fälle krankheitsbedingt fehlender Einsichtsfähigkeit begrenzt. Deshalb könne § 8 UBG zur Rechtfertigung möglicherweise willkürlicher ärztlicher Entscheidungen missbraucht werden. Diese Bestimmung und ähnliche Regelungen in anderen Psychisch-Kranken-Hilfe-Gesetzen sowie im Betreuungsrecht waren nach der Entscheidung des Gerichts nicht mehr gültig und wurden von den Ländern geändert.

In Baden-Württemberg wurde das Unterbringungsgesetz durch ein völlig neu formuliertes Psychisch-Kranken-Hilfe-Gesetz (Psych-KHG Baden-Württemberg) ersetzt. In § 20 ist der Anspruch untergebrachter Personen auf Behandlung festgelegt. Diese ist im Regelfall nur nach Aufklärung und Einwilligung möglich. Eine medikamentöse Zwangsbehandlung setzt fehlende Fähigkeit zur Krankheitseinsicht und eine erhebliche Gefährdung der untergebrachten oder anderer Personen voraus, oder die Notwendigkeit der Wiederherstellung einer krankheitsbedingt beeinträchtigen Fähigkeit zur freien Selbstbestimmung.

In der Zeit zwischen dem Urteil und der Verabschiedung des neuen Psych-KHGs waren in Baden-Württemberg für 8 Monate Zwangsbehandlungen nicht genehmigungsfähig. Flammer und Steinert (2015) verglichen die routinemäßig erhobenen Daten von 2644 Behandlungsfällen für den betreffenden Zeitraum im Vergleich mit dem entsprechenden Vorjahreszeitraum des Vorjahres. Der Vergleich ergab eine signifikante Zunahme der Zwangsmaßnahmen und der aggressiven Übergriffe von Betroffenen gegenüber den Klinikmitarbeitenden in der Zeit, während der keine Zwangsbehandlung möglich war. Insofern scheinen medikamentöse Behandlungen gegen den Willen Betroffener nach Ausschöpfen aller Möglichkeiten der Überzeugung ein durchaus sinnvolles Mittel sein, um Aggressionshandlungen auf der einen und eingreifende Sicherungsmaßnahmen auf der anderen Seite zu vermeiden.

Diese Sicherungsmaßnahmen sind in § 25 Psych-KHG BW und in anderen Landesgesetzen geregelt. Sie umfassen Beschränkung des Aufenthalts im Freien, Wegnahme von Gegenständen, Absonderung in einem gesicherten Raum, Fixierung oder Festhalten anstelle der Fixierung.

Diese Maßnahmen sind nur zulässig bei erheblicher Gefahr für die Sicherheit, z. B. Selbstgefährdung, Gefährdung Dritter oder Gefahr des nicht abgesprochenen Verlassens der Einrichtung. In der ursprünglichen Fassung vom 25.11.2014 war festgelegt, dass diese Maßnahmen nur mir ärztlicher Anordnung, Befristung, Aufhebung bei Wegfall der Notwendigkeit und engmaschiger Überwachung möglich sind. Bei Fixierung waren eine unmittelbare, persönliche und in der Regel ständige Begleitung und umfangreiche Dokumentationspflichten festgeschrieben, aber kein gesonderter Gerichtsbeschluss.

Am 24. Juli 2018 präzisierte das Bundesverfassungsgericht aufgrund der Klagen mehrerer Betroffener die bestehenden gesetzlichen Regelungen zur mechanischen Fixierung Betroffener. Es stellte fest, dass die Fixierung einer Person, d. h. die mechanische Beschränkung der Beweglichkeit durch Gurte einen Eingriff in deren Grundrecht auf Freiheit der Person nach Art. 2 Abs. 2 Satz 2 in Verbindung mit Art. 104 GG) darstelle (2 BvR 309/15, 2 BvR 502/16). Fixierungen seien nicht durch einen Unterbringungsbeschluss abgedeckt, sondern erfordern einen eigenen Gerichtsbeschluss (Richtervorbehalt). Zusätzlich sei „aufgrund der Schwere des Eingriffs und der damit verbundenen Gesundheitsgefahren grundsätzlich eine Eins-zu-eins-Betreuung durch therapeutisches oder pflegerisches Personal zu gewährleisten." Durch diesen Beschluss wurden die formalen Hürden für eine Fixierung erhöht. Die behandelnde Ärztin oder der behandelnde Arzt muss in jedem Einzelfall die krankheitsbedingt fehlende Einsichtsfähigkeit und die Verhältnismäßigkeit der vorgesehenen Sicherungsmaßnahme gegenüber dem zuständigen Gericht begründen.

Am Tag der Verkündung des Bundesverfassungsgerichtsurteils veröffentliche die Deutsche Gesellschaft für Psychiatrie, Psychotherapie und Neurologie eine Pressemitteilung, in der sie diese Entscheidung ausdrücklich begrüßte. Sie betonte, dass sie Anfang des Jahres 2018 in Karlsruhe diese Position aktiv vertreten habe und verwies auf die ebenfalls an diesem Tag veröffentlichter Leitlinie zur Vermeidung von Zwang und Gewalt.

Tab. 1 zeigt am Beispiel des Landes Baden-Württemberg eine Aufstellung der historischen Entwicklung gesetzlicher Regelungen zur Behandlung psychisch Kranker gegen deren Willen. Mit jedem neuen Gesetz wurden die Regeln für die Anwendung von Zwang bei der Versorgung psychisch kranker Menschen enger gefasst.

Zusammenfassend sind die Unterbringung psychisch kranker Personen, deren Behandlung gegen ihren Willen und besonders die Fixierung Betroffener nur möglich, wenn das zuständige Gericht jeder einzelnen Maßnahme zustimmt. Voraussetzung für die gerichtliche Zustimmung sind die krankheitsbedingte Einschränkung der Fähigkeit, die eigene Erkrankung zu erkennen, sowie eine erhebliche Gefährdung der untergebrachten oder anderer Personen oder die Notwendigkeit der Wiederherstellung krankheitsbedingt beeinträchtigen Fähigkeit zur freien Selbstbestimmung. Die Einschränkung der Freiheit betroffener Personen setzt somit eine erhebliche krankheitsbedingte Einschränkung der freien Willensbestimmung voraus.

Tab. 1 Gesetze zur Regelung von Zwangsmaßnahmen am Beispiel des Bundeslandes Baden-Württemberg	• GUGS: Gesetz zur Unterbringung Geisteskranker und Suchtkranker (1955)
	• UBG: Unterbringungsgesetz (1991)
	• 2011: Regelung der Zwangsmedikation (§ 8 UBG Baden-Württemberg) ist nicht verfassungsgemäß Urteil BVerfG, 2 BvR 633/11, 12.10.2011
	• 2013: Neuformulierung der Regelung zur Zwangsmedikation (§ 1906 BGB, Änderung vom 18.2.2013)
	• 2015: Psych-KHG BW: Neues Gesetz, regelt u. a. Richtervorbehalt bei Zwangsmedikation
	• 2018: Änderung des Psych-KHG, Neuformulierung der Regelung zur Fixierung gemäß dem Urteil des BVerfG (2 BvR 309/15, 2 BvR 502/16) vom 24.7.2018

2 Umgang mit krankheitsbedingten Einschränkungen der freien Willensbestimmung

2.1 Erregungszustände bei psychischen Störungen

Die Unterbringung in einer dazu geeigneten Einrichtung und die Behandlung gegen den Willen der Betroffenen kann angeordnet werden, wenn diese Maßnahmen der Wiederherstellung der krankheitsbedingt beeinträchtigten Fähigkeit zur freien Selbstbestimmung dienen. Besonders eingreifende Sicherungsmaßnahmen wie die Fixierung erfordern jedoch besondere Situationen. Fast immer handelt es sich dabei um schwere Erregungszustände. Die häufigsten Ursachen dieser Erregungszustände sind Intoxikationen oder schwere Entzugssyndrome bei Konsum von Alkohol oder anderen Substanzen und Schizophrenien. Auch bei anderen psychischen Störungen (Manien, Reaktionen auf akute psychosoziale Konfliktsituationen, Persönlichkeitsstörungen, Demenzen, Störungen der Intellektuellen Entwicklung, Hirnschädigung unterschiedlicher Ursachen) können Erregungszustände auftreten (Steinert und Kohler 2005, DGPPN 2018, S. 39 f.). Bei alle genannten psychischen Störungen sind Häufigkeit und Schwere von Erregungszuständen bei gleichzeitigem Substanzkonsum erhöht. Im Folgenden sollen zwei Fallbeispiele typische Situationen erläutern. Im ersten Fallbeispiel erwies sich eine Fixierung als unvermeidlich, beim zweiten konnte auf eine solche Maßnahme und auf eine Zwangsbehandlung verzichtet werden.

Intoxikationen bei Substanzkonsumstörungen
Unter dem Begriff der Substanzkonsumstörungen (SKS) werden psychische und körperliche Veränderungen zusammengefasst, die als Folgen des Konsums bestimmter Substanzen entstehen können (APA 2013). Zu diesen Substanzen gehören Alkohol, Beruhigungs- und Schlafmittel, bestimmte Schmerzmittel (Opiate), Tabak und eine ganze Reihe meist illegaler Drogen. Die betroffen Personen konsumieren diese Substanzen weiter, obwohl sie dadurch schwere körperliche, psychische und soziale Folgen in Kauf nehmen müssen. Im allgemeinen Sprachgebrauch und bei der Planung, Organisation und Umsetzung der Versorgung wird für die Substanzkonsumstörungen der Begriff der Sucht verwendet (Behr et al. 2020, S. 332). Beim Konsum kann es zu Intoxikationen (Vergiftungen) kommen, d. h. zur schädlichen Einwirkung der Substanzen auf den Körper, vor allem auf das Gehirn.

Fallbeispiel Ein 44-jähriger Mann wurde durch den Rettungsdienst in eine Klinik für Psychiatrie gebracht. In den Wochen vor der Einweisung hatte er Cannabis konsumiert.

Bei der Untersuchung war eine geordnete Befragung nicht möglich. Der Patient konnte kaum eine der an ihn gestellten Fragen sinngemäß beantworten. Er sprach von sich aus wechselnde, inhaltlich nicht zusammenhängende Themen an. Viele seiner Sätze waren unverständlich. Er bat den untersuchenden Arzt, mit einem bundesweit bekannten Arzt Kontakt aufzunehmen, er habe eine bahnbrechende Entdeckung gemacht. Im Verlauf des Gesprächs ging der Zusammenhang des Denkens immer mehr verloren, die Gereiztheit nahm zu, was der Patient nicht erkannte. Im Verlauf des Abends und der Nacht stieg die Anspannung des Antragstellers, er trat mit den Füßen mehrfach gegen eine Glastür. Im Gespräch war er nicht mehr erreichbar. Wegen der Gefahr schwerer Verletzungen wurde der Antragsteller schließlich fixiert. Zwischen Aufnahme und Fixierung vergingen drei Stunden, während derer alle beteiligten Mitarbeitenden der Klinik versuchten, den Patienten zu beruhigen. In der Nacht erklärte er, er sei ein berühmter Forscher. In den frühen Morgenstunden kam er langsam zur Ruhe, sodass die Fixierung gelöst werden konnte. Am Morgen wurde er nach Hause entlassen, da keine unmittelbare Gefahr mehr bestand. Wegen des Nachweises einer hohen Konzentration von Cannabis im Blutplasma und im Urin wurde die Diagnose eines Erregungszustands im Rahmen einer durch Cannabis hervorgerufenen psychotischen Störung gestellt (Hindley et al. 2020).

Schizophrenien

Schizophrenien gehen während der Zeit der akuten Krankheit mit Störungen der Wahrnehmung, des Denkens und des Urteilens einher. Die Betroffenen leiden in dieser Zeit unter Sinnestäuschungen und Wahnsymptomen, die sie nicht als Zeichen einer Krankheit, sondern als Bedrohung durch andere Personen oder Mächte erleben. Mittel- bis langfristig sind die meisten Betroffenen beruflich weniger leistungsfähig und in sozialen Kontakten stärker eingeschränkt als psychisch Gesunde. Schizophrenien gehören zu den schwersten psychischen Störungen und erfordern besonders häufig stationäre Krankenhausbehandlungen (Behr et al. 2020, S. 191, Luderer 2021).

Fallbeispiel Eine 34-jährige Frau wurde nach einem heftigen Streit am Arbeitsplatz mit der Polizei in eine Klinik für Psychiatrie gebracht. Sie hatte zuvor ihre Kolleginnen und Kollegen über Stunden laut beschimpft und war dann ihnen gegenüber handgreiflich geworden.

Sie erklärte:

„Seit einigen Wochen werde ich an meiner Arbeitsstelle ausspioniert und manipuliert. Das war früher nicht so. Mit den Kolleginnen und Kollegen habe ich mich immer gut verstanden, aber in letzter Zeit sind sie anders geworden. Irgendetwas stimmt nicht. Auf meinem Computer fehlen verschiedene Dateien, stattdessen werden Nachrichten über die Mafia eingespielt. Die Kolleginnen und Kollegen unterhalten sich untereinander, sie verabreden, dass sie mich fertig machen wollen, ich weiß nur noch nicht, was sie eigentlich mit mir vorhaben. Das ist ungeheuerlich, und deshalb habe ich die Kolleginnen zur Rede gestellt. Die wollten davon nichts wissen und haben die Polizei gerufen.
    Schon bevor es bei der Arbeit losging, habe ich andere Dinge bemerkt. Das geht seit fast zwei Monaten so. Wenn ich nach Hause gehe, fahren manche Autos um mich herum, das sind Mafia-Autos, ich spüre dann einen Windstoß, der auf der rechten Gesichtsseite richtig weh tut. Manchmal werde ich auch von Radiowellen getroffen, die spüre ich manchmal am Arm, manchmal in der Brust. Aber das hat ja nichts mit einer Krankheit zu tun, hier im Krankenhaus bin ich fehl am Platz."

In der Klinik war sie nicht mehr aggressiv, erklärte aber, sie sei völlig gesund, sie habe ihre Kolleginnen und Kollegen nicht beschimpft, sondern sei ein Opfer von Hackerangriffen ihrer Kolleginnen und Kollegen, die mit der Mafia zusammenarbeiteten.
    Bei der Patientin bestanden Wahnsymptome und Halluzinationen. Wahn ist eine Fehlbeurteilung der Realität, die im Rahmen einer psychischen Störung entstanden ist und an der die Betroffene mit erfahrungsunabhängiger Gewissheit festhielt, d. h. sie war unbeirrbar davon überzeugt, dass sie Opfer von Hackerangriffen sei und von der Mafia verfolgt werde. Halluzinationen sind Sinnestäuschungen, d. h. sinnliche Wahrnehmungen ohne gegenständliche Reizquelle. Die Betroffene hörte die Stimmen der Kolleginnen und Kollegen, die miteinander verabredeten, sie fertigzumachen, spürte den Luftzug vorbeifahrender Autos und Radiowellen als körperlichen Schmerz. Subjektiv belastend waren innere Unruhe, Schlafstörungen und vor allem die Angst vor der Mafia und vor ihren Kolleginnen und Kollegen.
    Bei der Patientin bestand eine krankheitsbedingte Einschränkung der Fähigkeit, die eigene Erkrankung zu erkennen Deshalb erfolgte zunächst die Unterbringung mit dem Ziel, sie aus der Umgebung herauszunehmen, in der sie sich beobachtet und bedroht fühlt. Da sie in der Klinik niemanden bedrohte, erfolgten keine Fixierung und keine sonstigen eingreifenden Sicherungsmaßnahmen. Sie konnte davon überzeugt werden, sich wegen der Unruhe, der Schlafstörungen und der Angst medikamentös behandeln zu lassen.

Eingeschränkte oder aufgehobene Freiheit zu selbstverantwortlichem Handeln außerhalb schwerer Erregungszustände

Suizidimpulse und Suizidhandlungen sind in der Regel Symptome schwerer psychischer Störungen. Besonders häufig treten sie bei schweren Depressionen und schweren Substanzkonsumstörungen auf. Schwere Selbstverletzungen und andere Formen autoaggressiven Verhaltens kommen vor allem bei Borderline-Persönlichkeitsstörungen, bei posttraumatischen Belastungsstörungen und Substanzkonsumstörungen vor.

Im Rahmen schwerer neurokognitiver Störungen (Demenzen) kommt es häufig zu schweren Orientierungsstörungen, bei denen die Betroffenen die gewohnte Umgebung verlassen und sich verirren. Sie benötigen Umgebungsbedingungen, die sie vor Gefahren dieser Art schützen.

2.2 Die S.3-Leitlinie „Verhinderung von Zwang: Prävention und Therapie aggressiven Verhaltens bei Erwachsenen

Medizinische Leitlinien werden in Deutschland seit 1995 durch die AWMF (Arbeitsgemeinschaft der Wissenschaftlichen Medizinischen Fachgesellschaften) koordiniert. S.3 ist die höchste Qualitätsstufe der Entwicklungsmethodik. Sie beruht auf systematischer Sichtung und Bewertung der Fachliteratur, formalem Expertenkonsens und regelmäßiger Überprüfung. Meist umfassen S.3-Leitlinien mehrere hundert Seiten Hintergrundtext sowie zahlreiche Feststellungen (Statements) und Empfehlungen unterschiedlicher Verbindlichkeit.

Die S.3-Leitlinie „Verhinderung von Zwang …" vom 01.07.2018 (AWMF-Register Nr. 038–022) wurde von der Deutschen Gesellschaft für Psychiatrie und Psychotherapie, Psychosomatik und Nervenheilkunde e. V. (DGPPN) herausgegeben. Leiter der Steuerungsgruppe war Prof. Dr. med. Tilman Steinert (Universität Ulm).

Eine zentrale Empfehlung lautet: Entscheidungen über freiheitsbeschränkende Maßnahmen gegen den Willen von Patienten bedürfen immer der ethischen Klärung dreier Fragen:

1. Ist im Rahmen einer psychischen Erkrankung die Entscheidungsfähigkeit der Patientinnen und Patienten aktuell eingeschränkt?
2. Sind die beabsichtigten Maßnahmen im Hinblick auf das angestrebte Ziel verhältnismäßig?
3. Welche Form der Anwendung von Zwang ist am wenigsten eingreifend in die Rechte des Betroffenen, wenn Alternativen ohne Zwang nicht realisierbar sind? (Expertenkonsens, S.128).

Im Text der Leitlinie wird unter anderem auf die traumatisierende Wirkung aller Zwangsmaßnahmen verwiesen: Betroffene seien bei Befragungen nach Zwangsmaßnahmen verärgert gewesen, hätten sich ungerecht behandelt gefühlt. Nur wenige hätten die Maßnahmen rückblickend als notwendig erkannt. Je größer die Freiheitsbeschränkung, desto belastender werde sie erlebt. Festhalten und orale Medikation seien am ehesten als akzeptabel empfunden worden, Entkleiden und intramuskuläre Injektion als wesentlich beeinträchtigender, am schlimmsten sei die mechanische Fixierung gewesen (S. 215 ff.). Das Anbieten von Medikamenten sei von den Betroffenen oft nicht als gute Alternative zur Zwangsbehandlung gesehen worden, sie hätten sich eher gewünscht, miteinander zu reden und sich bewegen zu können (S. 216).

Psychosoziale Fachkräfte, die Zwangsmaßnahmen anordnen oder ausführen, müssen demnach damit rechnen, dass diese von den Betroffenen als traumatisierend erlebt werden, unabhängig vom Anlass der Zwangsmaßnahme. Deshalb ist es wichtig, Alternativen zur Fixierung anzubieten und mit den Betroffenen immer im Gespräch zu bleiben, d. h. bei Beginn der Zwangsmaßnahme, während der Zwangsmaßnahme und nach der Zwangsmaßnahme. Als Alternativen hilfreich sind vor allem Gespräche, körperliche Aktivität und Ablenkung. Wichtigstes Thema der Gespräche bei und nach der Zwangsmaßnahme ist zunächst das Befinden der betroffenen Person und erst dann die Fragen, wie der Zwang hätte verhindert werden können, und warum das nicht gelungen ist. Dabei darf auf keinen Fall der Eindruck entstehen, dass es im Gespräch in erster Linie um die Rechtfertigung der Maßnahme, d. h. um die Probleme der Fachkräfte geht.

2.3 UN-Menschenrechtsrat: Verbot der Behandlung gegen den Willen der Betroffenen?

Manche Forderungen gehen über das Bemühen um weitgehende Vermeidung von Zwangsmaßnahmen hinaus. So sprach sich der UN-Menschenrechtsrat 2013 für ein Verbot sämtlicher freiheitsbeschränkender Maßnahmen aufgrund der UN-Behindertenrechtskonvention (UN-BRK) aus.

Mendez (2013) listete in einem 23-seitigen Report zahlreiche Menschenrechtsverletzungen bei Personen mit Behinderungen auf. Unter anderem beschrieb er das Ignorieren von Wünschen geschäftsunfähiger Betroffener (S. 6) oder das Einfordern bedingungsloser Anpassung in paramilitärischen Einrichtungen für Konsumenten illegaler Drogen (S. 9 f.). Weiterhin nannte der Report Zwangssterilisierung und Verweigerung legaler Schwangerschaftsunterbrechung, auch nach Vergewaltigung (S. 10–12), Verweigerung von Schmerztherapie (S. 12 f.),

Wegsperren (detention), Vernachlässigung, körperliche und sexuelle Gewalt bei Personen mit intellektueller Entwicklungsstörung (geistige Behinderung, intellectual disability) (S. 13 f.). Zudem werde vielen Menschen mit Behinderung ihre Geschäftsfähigkeit entzogen. So sei es möglich, Behandlungen gegen ihren Willen durchzuführen (S. 15).

Daraus leitete der Menschenrechtsrat die Forderung ab, alle Zwangsmaßnahmen bei dieser Personengruppe zu verbieten. Hierzu gehören mechanische Behinderung der Bewegung (restraint), Einsperren in einem Einzelzimmer (solitary confinement), aber auch Zwangsmedikation und Elektrokrampfbehandlungen (im Text als „electroshock procedures" bezeichnet). Im folgenden Absatz wurde medikamentöse Behandlung gegen den Willen der betroffenen Person noch einmal als „torture" bezeichnet (S. 14 f.). Zusammenfassend fordert der Menschenrechtsrat das absolute Verbot aller nicht einvernehmlicher psychochirurgischer Behandlungen, Elektrokrampftherapien und Behandlungen mit bewusstseinsverändernden Medikamenten (mind altering drugs) wie z. B. Neuroleptika.

Zwangsbehandlung solle durch gemeindenahe Behandlungsangebote ersetzt werden. Diese sollten den Bedürfnissen der Betroffenen entsprechen, Alternativen zum medizinischen Modell psychischer Störungen eröffnen und die Autonomie der Betroffenen respektieren.

Die in diesem Report geäußerte Kritik ist in vielerlei Hinsicht angemessen. Es ist nicht mit einer an den Bedürfnissen der Betroffenen orientierten Psychiatrie vereinbar, wenn die Wünsche von Menschen mit Behinderungen ignoriert werden, wenn Betroffene mit schweren Substanzkonsumstörungen in paramilitärischen Einrichtungen festgehalten werden, und Zwangssterilisierungen sollten in der Tat nirgendwo auf der Welt mehr durchgeführt werden dürfen. Es ist jedoch nicht nachvollziehbar, dass ältere psychochirurgische Eingriffe, Elektrokrampftherapie und Behandlung mit Antipsychotika (Neuroleptika) in einem Atemzug genannt werden.

Ältere irreversible psychochirurgische Eingriffe, bei denen Hirnstrukturen durchtrennt wurden, werden seit dem Ende des 2. Weltkriegs fast nicht mehr durchgeführt. Die tiefe Hirnstimulation ist eine vergleichsweise neue, reversible Methode, bei der Elektroden in das Gehirn implantiert werden. Über diese Elektroden ist es möglich, bestimmte Hirnstrukturen zu reizen. Die tiefe Hirnstimulation ist für verschiedene neurologische Erkrankungen und für die Behandlung von Zwangserkrankungen zugelassen, bei denen mit Psychopharmaka und Psychotherapie keine ausreichende Besserung erzielt werden konnte. Die Wirkung bei schweren Depressionen wird derzeit in kontrollierten Studien überprüft. Sowohl die regulären Behandlungen als auch die Studien werden ausschließlich bei einwilligungsfähigen Betroffenen durchgeführt.

Elektrokrampfbehandlungen (EKTs) werden vor allem bei sehr schweren Depressionen eingesetzt. Bei der Behandlung wird die betroffene Person in eine Kurznarkose versetzt. Zusätzlich wird eine muskelentspannende Substanz gegeben. Durch einen elektrischen Reiz wird ein Krampfanfall ausgelöst, der einem epileptischen Anfall entspricht. Der Eingriff selbst dauert ca. 15 min und ist für die Betroffenen schmerzlos. Die meisten Betroffenen sind einwilligungsfähig, einige akut schwerkranke Betroffene sind krankheitsbedingt nicht einwilligungsfähig. Gegen den natürlichen Willen der Betroffenen wird diese Behandlung in den meisten Klinken nicht eingesetzt.

Neuroleptika (Antipsychotika) sind Standardmedikamente zur Behandlung schwerer psychischer Störungen. Ihr Haupteinsatzgebiet ist die Akutbehandlung und die vorbeugende Behandlung bei Schizophrenien. Die Bezeichnung „mind altering drugs" ist irreführend. Angestrebt wird nicht die Veränderung der Persönlichkeit, sondern die Wiederherstellung der ursprünglichen Persönlichkeit.

Nicht so recht verständlich ist auch der Vorschlag, statt der Zwangsbehandlung gemeindenahe Behandlungsangebote zu etablieren. Zwangsbehandlungen sind Maßnahmen in Notsituationen, die so selten wie möglich eingesetzt werden sollen, während wohnortnahe ambulante Angebote in vielen Ländern integraler Bestandteil der Standardbehandlung sind und häufig genutzt werden.

In der Leitlinie „Vermeiden von Zwang" (DGPPN 2018) werden folgende Argumente gegen ein vollständiges Verbot von Zwangsmaßnahmen angeführt:

- Das vollständige Verbot von Zwangsmaßnahmen in Kliniken für Psychiatrie und Psychotherapie hätte zur Folge, dass der Umgang mit selbst- und fremdgefährdenden Personen in die Verantwortung von Polizei und Justiz fiele, und dass sie ansonsten sich selbst überlassen blieben. Dies zöge eine Unterbringung bestimmter Betroffener in Justizvollzugsanstalten und die Obdachlosigkeit anderer Betroffener nach sich.
- Das deutsche Bundesverfassungsgericht führte in seiner Entscheidung vom 23.03.2011 aus: „Die Regelungen der Konvention […] verbieten jedoch nicht grundsätzlich gegen den natürlichen Willen gerichtete Maßnahmen, die an eine krankheitsbedingt eingeschränkte Selbstbestimmungsfähigkeit anknüpfen. Dies ergibt sich deutlich unter anderem aus dem Regelungszusammenhang des Artikel 12 Absatz 4 BRK, der sich gerade auf Maßnahmen bezieht, die den Betroffenen in der Ausübung seiner Rechts- und Handlungsfähigkeit beschränken. Solche Maßnahmen untersagt die Konvention nicht allgemein; vielmehr beschränkt sie ihre Zulässigkeit […]". Diese Auffassung bestätigte das Bundesverfassungsgericht in seiner Entscheidung vom 25.08.2016.

- Das deutsche Betreuungsrecht sieht keinen generellen Entzug der Entscheidungsfähigkeit vor, sondern regelt situationsbezogen die Zuständigkeit eines gesetzlichen Betreuers, wenn die betreute Person Entscheidungen nicht selbst treffen könne.
- Beim Umgang mit schwer psychisch Kranken ist es häufig erforderlich, unterschiedliche Rechte der Betroffenen gegeneinander abzuwägen. Der Artikel 19 (unabhängige Lebensführung und Einbeziehung in die Gemeinschaft) der UN-Charta sichert Menschen mit Behinderungen zu, „mit gleichen Wahlmöglichkeiten wie andere Menschen in der Gemeinschaft zu leben" und nicht in „Isolation und Absonderung von der Gemeinschaft" leben zu müssen. Wenn eine psychische Erkrankung unbehandelt bleibt, kann dies aber zur Isolation oder zum Freiheitsentzug führen. Dies zieht die Notwendigkeit einer Abwägung dieser Gefahr gegenüber dem Eingriff einer Unterbringung gegen den Willen der jeweils betroffenen Person oder einer Zwangsbehandlung nach sich. (s. herzu auch Steinert 2019)

3 Freiheit und Zwang: die Notwendigkeit, unterschiedliche Persönlichkeitsrechte gegeneinander abzuwägen und Zwangsmaßnahmen so weit wie möglich zu vermeiden

Die S.3-Leitlinie „Verhinderung von Zwang" (DGPPN 2018) kommt dementsprechend zum Ergebnis, dass das vollständige Verbot der gerichtlich angeordneten Betreuung, der Unterbringung in Kliniken für Psychiatrie und Psychotherapie sowie der medikamentösen Behandlung gegen den Willen der Betroffenen nicht dem wohlverstandenen Interesse der Betroffenen entspricht. Auf der anderen Seite habe die menschenrechtliche Diskussion in den Jahren nach 2010 die Einschätzung der deutschen Gerichte und die Praxis der psychiatrisch-psychotherapeutischen Behandlung entscheidend beeinflusst. In diesen Jahren wurden die Patientenrechte in großem Umfang gestärkt. Die zuständige Fachgesellschaft (DGPPN) unterstützte vor allem die Gerichtsentscheidung für einen Richtervorbehalt bei Anordnung einer Fixierung in vollem Umfang. Das bedeutet, dass es in diesen Jahren zu einem Prozess des Umdenkens bei allen Beteiligten gekommen ist.

Chieze et al. (2021) fassten in einem narrativen Review die ethischen Argumente für und gegen Zwangsmaßnahmen bei schwer psychisch kranken Menschen zusammen. Ihre Literatursuche ergab 99 Arbeiten in englischer, französischer oder deutscher Sprache, die für die Fragestellung relevant waren und auch den anderen Auswahlkriterien entsprachen.

Sie gingen von den ethischen Prinzipien der Autonomie, der Willens- und Bewegungsfreiheit sowie der körperlichen Unversehrtheit und anderer in der allgemeinen Erklärung der Menschenrechte UN niedergelegten Rechte und Grundfreiheiten aus (UN General Assembly 1948, 2006).

Es zeigte sich, dass die meisten Autorinnen und Autoren in ihrer Beurteilung von Zwangsmaßnahmen übereinstimmten. Sie sehen sie nur als gerechtfertigt an, wenn die Sicherheit der Betroffenen, und die langfristige Wiederherstellung ihrer Autonomie nur erreicht werden kann, wenn die Bewegungs- und Entscheidungsfreiheit kurzfristig eingeschränkt wird. Über den Einsatz von Zwangsmaßnahmen dürfe nur nach einem transparenten, sorgfältig abgewogenen Entscheidungsprozess entschieden werden. Dann ist es viel wahrscheinlicher, dass sie angemessen sind und von den Betroffenen akzeptiert werden.

In dieser Hinsicht geht die S.3-Leitlinie „Vermeiden von Zwang" weiter. In ihr wird darauf hingewiesen, dass nur wenige Betroffene freiheitsentziehende Maßnahmen rückblickend als notwendig erkannt und anerkannt hätten. Je größer die Freiheitsbeschränkung, desto belastender werde sie erlebt. Deshalb solle die am wenigsten in die Freiheit des Betroffenen eingreifende Maßnahme das oberste Ziel sein. Jede intramuskuläre Injektion, die unter körperlichem Zwang durchgeführt wird, erfordert eine Entkleidung des Gesäßbereichs, die von den Betroffenen immer als demütigend erlebt wird. Das gilt noch mehr für Fixierungen, die meist längere Zeit dauern und als besonders traumatisierend erlebt werden. Jede Fixierung, die vermieden werden kann, ist ein Gewinn für die Betroffenen.

Literatur

American Psychiatric Association (APA) (2013). Diagnostic and Statistical Manual of Mental Disorders (DSM-5). Washington D.C.: American Psychiatric Publishing. Deutsch: Falkai, P. & Wittchen, H.-U. (Hrsg.)(2015). Diagnostisches und statistisches Manual psychischer Störungen DSM-5. 1. Auflage. Göttingen: Hogrefe.

Behr, M.; Hüsson, D.; Luderer, H.J. & Vahrenkamp, S. (2020). Gespräche hilfreich führen. Band 2: Psychosoziale Problemlagen und psychische Störungen. Weinheim: Beltz-Juventa.

Bockelmann, P. (1961). Rechtliche Grundlagen und rechtliche Grenzen der ärztlichen Aufklärungspflicht. Neue Juristische Wochenschrift 14, 945–951

Bockelmann, P. (1981). Aufklärungspflicht aus juristischer Sicht. In: Heberer, G., Schweiberer, L. (eds) Indikation zur Operation. Springer, Berlin, Heidelberg. https://doi.org/10.1007/978-3-642-87054-5_2.

Bundesgerichtshof (1971). Urteil vom 22.06.1971 zur ärztlichen Aufklärung, AZ VI ZR 230/69, Neue Juristische Wochenschrift 24, S. 1887.

Bundesgesetzblatt (2013) Gesetz zur Verbesserung der Rechte von Patientinnen und Patienten. https://www.bundesaerztekammer.de/fileadmin/user_upload/downloads/Patientenrechtegesetz_BGBl.pdf, abgerufen am 02.04.2022.

Bundesverfassungsgericht (2011). (BVerfG, 2 BvR 633/11. http://www.bverfg.de/entscheidungen/rs20111012_2bvr063311.html, abgerufen am 19.09.2019.

Chieze, M., Clavien, C., Kaiser, S., & Hurst, S. (2021). Coercive Measures in Psychiatry: A Review of Ethical Arguments. Frontiers in psychiatry, 12, 790886. https://doi.org/10.3389/fpsyt.2021.790886

Deutsche Gesellschaft für Psychiatrie und Psychotherapie, Psychosomatik und Nervenheilkunde e. V. (DGPPN)(2018). S3-Leitlinie „Verhinderung von Zwang: Prävention und Therapie aggressiven Verhaltens bei Erwachsenen" (AWMF-Register Nr. 038–022). https://www.awmf.org/uploads/tx_szleitlinien/038-022l_S3_Verhinderung-von-Zwang-Praevention-Therapie-aggressiven-Verhaltens_2018-07.pdf.

Eser, A. (1982): Ärztliches Handeln gegen den erklärten oder mutmaßlichen Willen der Eltern. In: Müller, H. (Hrsg.): Ethische Probleme in der Pädiatrie und ihren Grenzgebieten. München: Urban & Schwarzenberg, S. 178–187. https://freidok.uni-freiburg.de/data/3704, abgerufen am 03.04.2022.

Flammer, E. & Steinert, T. (2015). Auswirkungen der vorübergehend fehlenden Rechtsgrundlage für Zwangsbehandlungen auf die Häufigkeit aggressiver Vorfälle und freiheitseinschränkender mechanischer Zwangsmaßnahmen bei Patienten mit psychotischen Störungen. Psychiatrische Praxis 42 (05), 260–266. DOI: https://doi.org/10.1055/s-0034-1370069.

Hindley, G., Beck, K., Borgan, F., Ginestet, C. E., McCutcheon, R., Kleinloog, D., Ganesh, S., Radhakrishnan, R., D'Souza, D. C., & Howes, O. D. (2020). Psychiatric symptoms caused by cannabis constituents: a systematic review and meta-analysis. The Lancet. Psychiatry, 7(4), 344–353. https://doi.org/10.1016/S2215-0366(20)30074-2, https://pubmed.ncbi.nlm.nih.gov/32197092/.

Kaufmann, M. (2023). Zwangsbehandlung und Willensfreiheit. In: *Der Patientenwille und seine (Re-)Konstruktion* (S. XX–XX).

Luderer, H.J. (2021). Schizophrenien aus personzentrierter Sicht. Symptome, Ursachen und Folgen für personzentrierte Beratung. Person 25 (2), S. 1–15.

Méndez, J.E. (2013). Report of the Special Rapporteur on torture and other cruel, inhuman or degrading treatment or punishment. Human Rights Council, Twenty-second session, United Nations General Assembly, Human Rights Council. https://amnesty-heilberufe.de/wp-content/uploads/2013-02-mendez-report-engl.pdf, abgerufen 04.04.2022.

Murray, P.M. (1990): The History of Informed Consent. Iowa Orthopaedic Journal 10, 104–109. PMCID: PMC2328798.

Steinert, T. (2019). The UN Committee's interpretation of "will and preferences" can violate human rights. World Psychiatry 18: 45–46

Steinert, T. & Kohler, T. (2005). Aggression, Gewalt und antisoziales Verhalten. In: Madler, C.; Jauch, K.W.; Werdan, K.; Siegrist, J. & Pajonk, F.G. (Hrsg.): Das NAW-Buch. Akutmedizin der ersten 24 Stunden. München, Jena: Urban & Fischer, S. 765–773.

United Nations General Assembly (2006). Convention on the Rights of Persons with Disabilities, A/RES/61/106. Treaty Series, vol. 2515. https://www.ncbi.nlm.nih.gov/pmc/articles/PMC8712490/.

United Nations General Assembly (1948). Universal Declaration of Human Rights. https://www.un.org/en/about-us/universal-declaration-of-human-rights.

Bioethik und Biorecht des Willens

Realisierung von Selbstbestimmung durch den Patientenwillen – Zu aktuellen Herausforderungen durch die Pandemie und die Rechtsprechung zur Suizidhilfe

Michael Sellmeyer

Zusammenfassung

Der folgende Aufsatz untersucht die Auswirkungen der Corona-Pandemie und der Rechtsprechung des BVerfG zur Suizidhilfe hinsichtlich ihrer Bedeutung für die Debatte um die richtige Herangehensweise bzgl. der Rekonstruktion des Patientenwillens. Hierbei soll gezeigt werden, dass ein Großteil der in jenen Diskussionen aufgeworfenen Problempunkte zwar keine unmittelbaren Auswirkungen für die Rekonstruktion des Patientenwillens haben, allerdings mittelbar Rückschlüsse auf den richtigen Umgang mit Patientenverfügungen ermöglichen. So wird weiter deutlich, dass die Motivation und die Beweggründe bei der Abfassung der Patientenverfügung der entscheidende Schlüssel zum Verständnis derselben sind.

Schlüsselwörter

Pandemie · Suizidhilfe · Patientenwille · Patientenverfügung · Autonomie

---

M. Sellmeyer (✉)
FAU Erlangen-Nürnberg, Erlangen, Deutschland
E-Mail: michael.sellmeyer@fau.de

Der folgende Aufsatz untersucht die Auswirkungen der Corona-Pandemie und der Rechtsprechung des BVerfG zur Suizidhilfe hinsichtlich ihrer Bedeutung für die Debatte um die richtige Herangehensweise bzgl. der Rekonstruktion des Patientenwillens[1].

Hierbei soll gezeigt werden, dass ein Großteil der in jenen Diskussionen aufgeworfenen Problempunkte zwar keine unmittelbaren Auswirkungen für die Rekonstruktion des Patientenwillens haben, allerdings mittelbar Rückschlüsse auf den richtigen Umgang mit Patientenverfügungen ermöglichen. So wird weiter deutlich, dass die Motivation und die Beweggründe bei der Abfassung der Patientenverfügung der entscheidende Schlüssel zum Verständnis derselben sind.

Die Untersuchung soll hierbei in drei Schritten vollzogen werden.

Erstens soll ein Überblick über die vor dem Hintergrund der Corona-Pandemie und der Rechtsprechung zur Suizidhilfe vom Bundesverfassungsgericht wieder aufgeflammte Debatte über medizinische Selbstbestimmung erfolgen. Hierzu sollen einige, zumindest scheinbar neue, Herausforderungen der jüngeren Vergangenheit für die Fragen nach medizinischer Selbstbestimmung aufgegriffen werden (Kap. 2).

In einem zweiten Schritt sollen diese in den bestehenden Diskurs zur Rekonstruktion des Patientenwillens, einem wesentlichen Problempunkt im Umgang mit der Patientenverfügung eingeordnet werden, welche ihrerseits ein Mittel zur Realisierung medizinischer Selbstbestimmung ist. Hierbei soll festgestellt werden, dass nur wenige der im ersten Schritt vorgestellten Aspekte eine Relevanz für die Rekonstruktion des Patientenwillens haben. Insbesondere in den Debatten bzgl. der Rechtsprechung zur Suizidhilfe lässt sich allerdings eine strukturelle Ähnlichkeit zu den Diskussionen über die Patientenverfügung feststellen. In beiden Fällen bietet es sich an, vermehrt zwischen der Zulässigkeit von Regelungen dieser Bereiche und dem konkreten Umgang mit diesen zu unterscheiden (Kap. 3 und 4).

Ausgehend von dieser Unterscheidung wird, was den dritten Schritt dieses Aufsatzes darstellt, vorgeschlagen, durch eine stärkere Fokussierung auf die Beweggründe von Therapieentscheidungen ein besseres Verständnis von Patientenverfügungen, mithin der Rekonstruktion des Patientenwillens zu

---

[1] Im Text werden, insofern keine konkreten Personen bezeichnet werden, neutrale Formen verwendet. Wo dies nicht möglich erscheint, wird auf den sogenannten Gender-Doppelpunkt zurückgegriffen. Eine Ausnahme, somit eine gewisse Uneinheitlichkeit, bildet der Begriff des Patientenwillens. Die Begriffsverwendung korrespondiert hier mit dem der Patientenverfügung, der entsprechend der Legaldefinition in § 1827 I BGB (bisher: § 1901a I BGB a.F.) verwendet wird.

erhalten. So lassen sich für den Umgang mit dieser Problematik einseitige Versteifungen auf Grundsatzdebatten über verschiedene Autonomiekonzepte und in der Folge bzgl. der Selbstbestimmung Einzelner vermeiden, gleichsam dennoch praktikable Lösungen, bspw. auch für den Themenkomplex von Patientenverfügungen zu Corona-Erkrankungen, finden (Kap. 5 und 6).

1 Zum Begriff der Rekonstruktion des Patientenwillens

Zunächst ist allerdings zu klären, was unter der Rekonstruktion des Patientenwillens verstanden wird. Festzustellen ist zunächst, dass der Patientenwille zentraler Anknüpfungspunkt für die Rechtfertigung medizinischer Behandlungen ist.[2] Der Patientenwille ist ein entscheidendes Kriterium zur Realisierung medizinischer Selbstbestimmung. Allgemein ergibt sich aus dieser thematischen Überschneidung, dass die angesprochenen neuen Entwicklungen durch die Pandemie und Rechtsprechung einen Einfluss auf die Debatten um die Rekonstruktion des Patientenwillen haben könnten.

Insbesondere dadurch, dass in Bezug auf die gesetzlichen Regelungen, in denen der Patientenwille problematisiert wird, der Begriff der Rekonstruktion nicht zentral verwendet wird, ergibt sich allerdings die Notwendigkeit für einige erläuternde Vorbemerkungen.

Betrachtet man die Regelung der Patientenverfügung gem. § 1827 BGB (bisher: § 1901a BGB a.F.), wird die Ermittlung des Patientenwillens und die Feststellung, ob eine wirksame Patientenverfügung vorliegt, derart beschrieben, dass die Betreuenden überprüfen müssen, ob die Festlegungen der verfügenden Person auf die aktuelle Situation zutreffen. § 1828 II BGB (bisher: § 1901b II BGB a.F.) präzisiert dies dahingehend, dass die Aufgabe in der Feststellung des Patientenwillens besteht. Auch in Bezug auf Behandlungswünsche, oder den mutmaßlichen Willen, die dann beachtlich werden, wenn keine wirksame Patientenverfügung i. S. d. § 1827 I BGB (bisher: § 1901a I BGB a.F.) vorliegt, wird von der Feststellung des Patientenwillens gesprochen (§§ 1827 II 1, 1828 II BGB, bisher: §§ 1901a II 1, 1901b II BGB a.F.).

Der Begriff der Feststellung betont hierbei vor allem, dass die Willensäußerungen der verfügenden Personen selbst unmittelbar im Fokus der

---

[2] Vgl. mit weiteren Nachweisen: Kindhäuser/Neumann/Paeffgen/Zabel StGB, § 228 Rn. 74, 56 ff.

Patientenverfügung stehen. Die Feststellung des Patientenwillens ist zwar ein aktiver Prozess, d. h. auch hier muss durch die Mittel der Auslegung etc. ein Verständnis der Verfügung, welches ggf. nicht unmittelbar ersichtlich ist, gefunden werden, allerdings erscheint der Begriff der Feststellung enger als der Begriff der Rekonstruktion des Patientenwillens.

Rekonstruktion impliziert, dass der Patientenwillen in einer Form vorliegt, die aus sich heraus nicht verständlich ist und erst durch aktive Verständnisprozesse derjenigen, die an der Auslegung beteiligt sind, handhabbar wird.

Teilweise wird bzgl. des Patientenwillens dann von Rekonstruktion gesprochen, wenn es um die Feststellung des mutmaßlichen Willens geht.[3] Hierunter ist derjenige Wille zu verstehen, der dann zur Rechtfertigung einer in Frage stehenden Behandlung herangezogen werden kann, wenn eine Patientenverfügung, als vorrangige Willensbekundung der Person nicht vorliegt. Auch in anderen Formulierungen wird vermittelt, dass dieser Art der Willensfeststellung ein größeres Maß an Vagheit innewohnt, wenn bspw. der BGH die Feststellung des mutmaßlichen Willens derart beschreibt, dass hier letztlich eine These darüber aufgestellt wird, wie die Einzelnen entschieden hätten.[4]

Insofern in diesem Zusammenhang von Rekonstruktion gesprochen wird, scheint diese demnach dann notwendig zu werden, wenn der Patientenwille in einer Form vorliegt, die eine Feststellung nicht ermöglicht.

Insofern allerdings, wie oben bereits angemerkt, gilt, dass eine Feststellung auch dann vorliegt, wenn erst ein Auslegungsprozess eine Patientenverfügung verständlich macht, verschwimmen die Grenzen zur scheinbar vageren Variante der Rekonstruktion des Patientenwillens.

Dies wird besonders deutlich, wenn man den Regelfall der medizinischen Behandlung bei entscheidungs- und äußerungsfähigen Personen betrachtet. Im Zusammenhang mit der für die Rechtfertigung eines medizinischen Eingriffs notwendigen Einwilligung wird hier davon gesprochen, dass die Feststellung des Patientenwillens unproblematisch sei, wenn die zu behandelnden Menschen vor der Behandlung gehört werden können.[5]

Im Falle akut äußerungsfähiger Personen können unmittelbare Nachfragen gestellt werden. Insofern der geäußerte Wille nicht verständlich ist, kann durch das klärende Gespräch die Willensäußerung insofern weiter präzisiert werden, die

---

[3] Vgl. bspw. Kindhäuser/Neumann/Paeffgen/Neumann StGB, Vor § 211, Rn. 118.
[4] BGHZ 214, S. 62, (S. 73).
[5] MüKoStGB/Schneider StGB, Vor § 211 Rn. 136.

Willensbildung begleitet werden, so dass es letztlich zu einer derartigen Willensbekundung kommt, die durch die Begrifflichkeit der Feststellung erfasst sein soll. Bei Patientenverfügungen findet eine derartige Begleitung der Willensbildung regelmäßig nicht statt. Insofern der Prozess der Willensbildung für ein Verständnis der Willensäußerung relevant ist, erscheint es naheliegend, diesen auch beim Verständnis der Patientenverfügung mit zu betrachten.[6]

Vor diesem Hintergrund auf einer qualitativen Unterscheidung zwischen Feststellung und Rekonstruktion des Patientenwillens zu beharren erscheint nicht angezeigt, weshalb ich in diesem Kontext beide Begriffe synonym verstehe.

Hinzuweisen ist allerdings auf die notwendige Abgrenzung zur reinen Konstruktion des Patientenwillens, die in unzulässigerweise ohne Anhaltspunkte Patient:innen einen Willen zuschreibt.

2 Gefährdungen des Selbstbestimmungsrechts durch Corona und die Rechtsprechung zur Suizidhilfe?

Wie angesprochen ist der Patientenwille bzgl. der Rechtfertigung medizinischer Behandlungen ein wesentlicher Anknüpfungspunkt. Der Patientenwille ist in dieser Hinsicht zentral zur Realisierung des den Einzelnen umfassend zustehenden Selbstbestimmungsrechts.

Innerhalb der Debatte um die Begründung und die Reichweite dieses medizinischen Selbstbestimmungsrechts, insbesondere hinsichtlich der Planung des eigenen Lebensendes, lässt sich feststellen, dass die Debatte abermals neue Impulse bekommen hat: Besonders prominent sind an dieser Stelle die Entwicklungen der Corona-Pandemie zu nennen, aber auch die Entscheidung des Bundesverfassungsgerichts zur Nichtigkeit des § 217 StGB und damit verbundene gesetzgeberische Neuregelungsbestrebungen haben den Diskurs belebt.[7] Da der Patientenwille ein zentrales Merkmal zur Durchsetzung des Selbstbestimmungsrechts ist, lässt sich vermuten, dass Entwicklungen, die sich

---

[6] Inwiefern dies tatsächlich zutrifft, wird im weiteren Verlauf dieses Aufsatzes noch näher besprochen werden.
[7] Die Entscheidung des BVerfG vom 26.02.2020 findet sich in BVerfGE 153, S. 182, ist aber auch online unter http://www.bverfg.de/e/rs20200226_2bvr234715.html zugänglich. Zur Neuregelung der Suizidhilfe vgl. die parlamentarische Orientierungsdebatte, Deutscher Bundestag (2021a, b), S. 28.262–28.290 und die zwischenzeitlich eingebrachten Gesetzesentwürfe und Debatten hierzu, vgl. für einen Überblick Eberbach (2022, insb. S. 460–464).

allgemein mit der Begründung und den Grenzen des Selbstbestimmungsrechts befassen auch einen Einfluss auf die Rekonstruktion des Patientenwillen haben könnten.

Im Folgenden sollen einige Schlaglichter aus der wieder deutlich aufgeflammten Debatte, welche unter der umfassenden Begrifflichkeit des Selbstbestimmungsrechts geführt wird, aufgegriffen werden. Diese sollen in einem ersten Schritt geschildert werden. In einem zweiten Schritt soll darauf eingegangen werden, ob die vorgestellten, zentralen Diskussionspunkte Anknüpfungspunkte zur andauernden Debatte um die richtige Rekonstruktion des Patientenwillens bieten, sprich, ob wechselseitig Erkenntnisse oder Probleme übertragbar sind.

2.1 Herausforderungen durch die Pandemie

In Bezug auf die Corona-Pandemie lassen sich hierbei sowohl in zeitlicher als auch in inhaltlicher Hinsicht verschiedene Konflikte ausmachen, anhand derer um das richtige Verständnis der Selbstbestimmung gerungen wird. Drei Beispiele sollen dies verdeutlichen.

1. Beispiel

Ein erstes Beispiel ist die frühe Gegenüberstellung der Selbstbestimmung im Gegensatz zu kollektiven Schutzmaßnahmen. Die in diesem Zusammenhang besonders auffällig auftretende, inzwischen in Teilen vom Verfassungsschutz beobachtete Gruppe der sogenannten Querdenker bspw. nennt die Selbstbestimmung als ein zentrales Merkmal der eigenen Gruppierung, die sich maßgeblich für die Abschaffung aller Corona-Maßnahmen einsetzt.[8] Selbstbestimmung dient hierbei vor allem als Begriff, der in politischer Hinsicht verstanden werden soll. Gemeint ist Selbstbestimmung als demokratische Selbstbestimmung des Volkes gegenüber einer aus Sicht der Bewegung autokratisch handelnden Regierung, die sich gegen den eigenen Souverän gewendet hat.[9]

---

[8] Vgl. Querdenken 7171 (2020), zur teilweisen Beobachtung durch den Verfassungsschutz vgl. Götschenberg (2021).

[9] Untersuchungen, inwieweit die Corona-Pandemie die demokratischen Verhältnisse und den demokratischen Prozess verändert hat und verändern könnte, finden sich in einer Vielzahl von tagespolitischen Anmerkungen, aber auch in ersten wissenschaftlichen Abhandlungen. Einen ersten Überblick und Zugang bietet bspw. Florack et al. (2021).

2. Beispiel

Ein zweites Beispiel im Kontext der Corona-Pandemie stellt die Ablehnung von Impfangeboten dar. Häufig wird hier von Impfverweigernden gesprochen, die ihre Entscheidung, warum sie sich nicht impfen lassen, rechtfertigen sollen. Prominent ist an dieser Stelle die Aufforderung des bayerischen Ministerpräsidenten Markus Söder gegenüber seinem Vize Hubert Aiwanger zu nennen, der sich, insbesondere im Vergleich zu anderen Spitzenpolitikern erst relativ spät impfen ließ und die Aufforderung zur Rechtfertigung seiner, zu diesem Zeitpunkt ablehnenden Haltung gegenüber der eigenen Impfung, mit Verweis auf eine persönliche Entscheidung konterte.[10]

3. Beispiel

Ein letztes Beispiel findet sich in der ausgesprochen komplexen Debatte über die gefürchtete Triage[11] von Corona-Erkrankten.

Hier lässt sich bzgl. einer ggf. zu treffenden Auswahlentscheidung zum einen ein Bedürfnis nach möglichst klaren Handlungsanweisungen feststellen, die zunächst durch verschiedene Empfehlungen der professionellen Verbände, aber auch des deutschen Ethikrates erfüllt werden sollten.[12] Zwischenzeitlich waren diesbezüglich, auch als Reaktion auf die Rechtsprechung des BVerfG, welches insbesondere in Hinblick auf den Schutz von Menschen mit Behinderung eine eindeutige Regelung eingefordert hat,[13] verschiedene, erheblich umstrittene gesetzgeberische Vorstöße zu verzeichnen, wobei letztlich eine Regelung in § 5c IfSG getroffen wurde.[14]

Zum anderen lässt sich allerdings auch die Angst der Einzelnen feststellen, nicht mehr selbstbestimmt festlegen zu können, ob bestimmte Behandlungen durchgeführt werden sollen oder nicht. Die Angst, dass andere oder das über-

---

[10] Vgl. bzgl. der Aufforderung und der Kontroverse Wendler (2021). Zur Berichterstattung über die erfolgte Impfung Jarabek (2021).

[11] Gemeint ist mit dieser Konstellation die Situation, in denen zwischen mehreren Behandlungsbedürftigen eine Auswahlentscheidung zur Behandlung getroffen wird, weil nicht genügend Ressourcen für alle zur Verfügung stehen, vgl. Hörnle et al. (2021, S. VII).

[12] Vgl. für derartige Empfehlungen bspw. DIVI (2020) und Deutscher Ethikrat (2020a).

[13] BVerfG, NJW (2022, 380–388). Zur Reichweite der Verpflichtung und zur allgemeinen Regelungsbedürftigkeit im Überblick vgl. Sonneck (2022).

[14] Vgl. für einen Überblick m. w. N.: Gutmann und Fateh-Moghadam (2022). Zur Regelung in § 5c IfSG BT-Drs. 20/3877 und BT-Drs. 20/4359.

lastete System selbst die Entscheidung fällt. In Bezug auf eine behandlungsbedürftige Corona-Erkrankung findet sich in diesem Zusammenhang auch die Befürchtung, mittels einer bereits vor der Corona-Pandemie erstellten Patientenverfügung festgelegt zu haben, bspw. eine Beatmung abzulehnen, und deshalb in einer Triage-Situation ausgeschlossen zu werden.[15] Befürchtet wird ein Ausschluss, obwohl man die Pandemie im Allgemeinen und innerhalb dieser spezifisch die eigene Corona-Erkrankung nicht vorausgesehen hat und akut doch anders entscheiden würde.[16]

Alle drei genannten Beispiele aus dem Kontext des Corona-Pandemie-Geschehens zeigen verschiedene Varianten von Selbstbestimmung auf: Selbstbestimmung kann in politischer Hinsicht gemeint sein wie im ersten Fall. Selbstbestimmung kann in medizinischer Hinsicht gemeint sein wie im zweiten und dritten Fall, wobei hier unterschiedliche Facetten den Anknüpfungs- und Problemschwerpunkt bilden. Im zweiten Beispiel kann Selbstbestimmung zwar tatsächlich realisiert werden, sie wird aber in der Hinsicht angegriffen, als dass Einzelne eine auf die Selbstbestimmung beruhende Entscheidung rechtfertigen sollen. Im letzten Beispielskontext finden sich wiederum Fallkonstellationen, in denen die Selbstbestimmung als grundsätzlich gefährdet angesehen werden kann.

2.2 Herausforderungen durch die Rechtsprechung des BVerfG zu § 217 StGB

Auch die Nichtigerklärung des § 217 StGB durch das Bundesverfassungsgericht hat weitreichende Debatten um medizinische Selbstbestimmung hervorgebracht.

Die Entscheidung vom 26.02.2020 behandelt Verfassungsbeschwerden von verschiedener Beteiligten, unter anderem mehrerer langjährig unheilbar kranker Menschen, Sterbehilfevereinen, den Mitgliedern von Sterbehilfevereinen und Ärzt:innen sowie Rechtsanwälten, die sich mit Suizidhilfe beschäftigen.[17]

---

[15] Für eine Einordnung dieser und anderer Fälle von Triage und Patientenverfügung vgl. Grziwotz und Grziwotz (2021, S. 190).
[16] Mertens-Meinecke (2021, S. 446).
[17] Die Beschwerden sind hierbei teilweise zulässig, vgl. BVerfGE 153, S. 182 (S. 253–259, Rn. 181-199). Auf die Zulässigkeit soll hier nicht näher eingegangen werden. Hingewiesen sei allerdings auf den bitteren Beigeschmack, dass nicht alle Beschwerdeführer:innen das Urteil noch lebend erlebt haben, vgl. BVerfGE 153, S. 182 (S. 253, Rn. 181 ff.). Dass es

In der Sache entschied das BVerfG, dass § 217 StGB, der die geschäftsmäßige Förderung der Selbsttötung unter Strafe gestellt hat,[18] verfassungswidrig und nichtig ist.

Das Gericht stellte in seiner Entscheidung fest, dass das allgemeine Persönlichkeitsrecht (Art. 2 I i. V. m. Art. 1 I GG) ein Recht auf selbstbestimmtes Sterben umfasst, das auch die Freiheit umfasst, sich selbst das Leben zu nehmen und hierfür Hilfe bei Dritten zu suchen.[19] Das Gericht betont hierbei, dass dieses Recht in jeder Phase menschlicher Existenz bestehe.[20] § 217 StGB mache es Betroffenen faktisch unmöglich, Formen der geschäftsmäßigen Suizidhilfe wahrzunehmen. Sie müssten somit auf andere, nicht zumutbare Alternativen ausweichen oder den Suizidentschluss aufgeben.[21]

In Folge der Nichtigerklärung gilt nun wieder die alte Rechtslage. Eine Strafbarkeit der Beihilfe des Suizids, auch in geschäftsmäßiger Form, existiert aufgrund des Mangels einer strafbaren Haupttat (der Suizid steht nicht unter Strafe) oder einer eigenen Strafbarkeitsvorschrift nicht.

Strikte Voraussetzung für die Straffreiheiten ist die Freiverantwortlichkeit des Suizidentschlusses, was das Gericht auch in dieser neuen Entscheidung weiter betont und hierzu auch erste, wenn auch vage, Kriterien aufgestellt hat.[22] Weiter-

---

für die Dauer der Entscheidung Gründe gab und gibt ist hierbei anzuerkennen. Nichtsdestotrotz ist im Umstand, dass diejenigen, die gegen den § 217 StGB gekämpft haben und durch ihn an der von ihnen angestrebten Form der Lebensbeendigung gehinderten Menschen die Nichtigerklärung nicht mehr erlebt haben eine gewisse Tragik zu erkennen, vgl. dazu und zur Einordnung der Verfahrensdauer Hillenkamp (2020, S. 626).

[18] Der Wortlaut der Vorschrift lautet:
§ 217 Geschäftsmäßige Förderung der Selbsttötung.
(1) Wer in der Absicht, die Selbsttötung eines anderen zu fördern, diesem hierzu geschäftsmäßig die Gelegenheit gewährt, verschafft oder vermittelt, wird mit Freiheitsstrafe bis zu drei Jahren oder mit Geldstrafe bestraft.
(2) Als Teilnehmer bleibt straffrei, wer selbst nicht geschäftsmäßig handelt und entweder Angehöriger des in Absatz 1 genannten anderen ist oder diesem nahesteht.

[19] BVerfGE 153, S. 182 (S. 182, LS. 1).

[20] Ebd. (S. 263, Rn. 210).

[21] Ebd. (S. 263 f., Rn. 216, 218). Sowohl Hillenkamp (2020, S. 622) als auch Hartmann (2020, S. 643) weisen in diesem Zusammenhang darauf hin, dass hiermit eine deutliche Einschränkung verbunden ist, da auf die Frage, welche andere Methoden zumutbar wären nicht weiter eingegangen wird und schon hier suggeriert wird, die geschäftsmäßige Assistenz sei die einzig zumutbare Variante.

[22] BVerfGE 153, S. 182 (S. 273 ff., Rn. 240–247).

hin hat auch das Verbot der Tötung auf Verlangen i. S. d. § 216 StGB weiter Bestand.[23]

Das Echo auf die Entscheidung war und ist wie zu erwarten gewaltig und kontrovers. Von Begeisterten, die das Gericht in der Hinsicht loben, eine „Korrektur des Rückfalls hinter die Aufklärung"[24] betrieben zu haben bis hin zu kritischen Stimmen, die eine Verkürzung des Autonomiebegriffs als Ausgangspunkt der in der Entscheidung geführten Argumentation anprangern.[25]

Genauso kontrovers ist die Frage danach, wie nun weiter zu verfahren ist. Braucht es eine neue Gesetzgebung zur Regelung der Suizidhilfe? Und falls ja, wie soll diese ausgestaltet sein? Der Deutsche Bundestag ist zwischenzeitlich zu einer Orientierungsdebatte zusammengekommen, wobei sich auch in den Ausführungen der Parlamentarier:innen unterschiedlichste Positionen zur Entscheidung als solches, den zwischenzeitlich entwickelten Gesetzesentwürfen und den damit verbundenen Ausgestaltungsmöglichkeiten finden lassen.[26]

---

[23] Die Tragweite der Entscheidung des BVerfG wird vor diesem Kontext allerdings noch weiter deutlich, dass als Reaktion auf die Entscheidung auch Überlegungen hinsichtlich einer Aufgabe oder Umstrukturierung des § 216 StGB geäußert werden, vgl. dazu bspw. die Ausführungen von Frauke Rostalski in der Sitzung des Deutschen Ethikrats vom 22.10.2020, Deutscher Ethikrat (2020, S. 36 f.). Zwischenzeitlich hat der BGH eine, seinerseits kontroverse Entscheidung bzgl. § 216 StGB getroffen, in der er ausführt, er halte es „für naheliegend, dass § 216 Absatz 1 StGB einer verfassungskonformen Auslegung bedarf, wonach jedenfalls diejenigen Fälle vom Anwendungsbereich der Norm ausgenommen werden, in denen es einer sterbewilligen Person faktisch unmöglich ist, ihre frei von Willensmängeln getroffene Entscheidung selbst umzusetzen, aus dem Leben zu scheiden, sie vielmehr darauf angewiesen ist, dass eine andere Person die unmittelbar zum Tod führende Handlung ausführt", vgl. BGH Beschl. v. 28.6.2022 – 6 StR 68/21, BeckRS 2022, 19.742. Kritisch hierzu bspw. die Deutsche Stiftung Patientenschutz, die davon spricht, damit sei „der Damm zur aktiven Sterbehilfe gebrochen", vgl. Cremer (2022).

[24] Kreß (2020, S. 573).

[25] Sehr deutlich bspw. Schendel (2020), aber auch Weilert (2020, S. 881 ff.). Einen knappen Überblick über die ersten, teils emotionalen Reaktionen bietet sich an den just zitierten Stellen aber auch bspw. bei Hillenkamp (2020, S. 619).

[26] Vgl. Fn 7.

3 Corona, Suizidhilfe, Selbstbestimmung und die Relevanz für die Rekonstruktion des Patientenwillens

Nachdem geschildert wurde, inwiefern die Entwicklungen der Pandemie und der Rechtsprechung Herausforderungen für das Verständnis des Selbstbestimmungsrechts darstellen, soll nun untersucht werden, ob und wie dies für die Rekonstruktion des Patientenwillen relevant ist.

Selbstbestimmung stellt in den genannten Debatten zwar eine zentrale Position dar, die Frage nach dem zur Realisierung von Selbstbestimmung zentralem Patientenwillen (und damit verbunden dessen Rekonstruktion) spielt aber häufig lediglich eine sekundäre Rolle.

Betrachtet man zunächst die genannten Beispiele aus dem Kontext der Pandemie, so lässt sich erkennen, dass diese ihrerseits herausfordernde Problemstellungen aufwerfen, allerdings für die Rekonstruktion des Patientenwillens deshalb wenig relevant werden, weil sie ihrerseits andere Aspekte von Selbstbestimmung betreffen.

Beispiel 1 beschreibt mit dem Gegensatz zwischen individueller Selbstbestimmung und kollektiv zu ergreifender Schutzmaßnahmen einen Konflikt, der zwar anhand der auch im Diskurs über den Patientenwillen verwendeten Begriffe wie der Selbstbestimmung geführt wird, letztlich zielt er jedoch auf einen Diskurs ab, wie der demokratische Prozess gestaltet werden soll und welche Maßnahmen ergriffen werden sollten. Hier wird um die Beantwortung der Frage gerungen, wie es ermöglicht wird und ob es notwendig ist, dass es möglichst wenige Menschen gibt, die überhaupt erkranken, also Patient:innen werden. Dies wird für die Rekonstruktion des Patientenwillens nicht von Belang werden.

Beispiel 2 betrifft die Ablehnung der Impfung. Es handelt sich allerdings wieder nicht um eine Konstellation der problematischen Rekonstruktion des Patientenwillens. Der Wille der sogenannten Impfverweigernden ist hier klar. Hier wird nach einer Rechtfertigung der Entscheidung vor der Gemeinschaft verlangt. Eine Parallele ergibt sich zwar dadurch, dass es auch bei der Rekonstruktion des Patientenwillens entscheidend ist, nicht nach der Rechtfertigung einer Entscheidung zu fragen, sondern lediglich ein Verständnis der Entscheidung erzielt werden soll. Allerdings ergeben sich für die Rekonstruktion des Patientenwillens hieraus keine neuen Herausforderungen.

Beispiel 3 behandelt zunächst Entscheidungen, die gegen den selbstbestimmten Patientenwillen getroffen werden könnten, also dann, wenn eine Triage-Situation vorliegt und behandlungswillige Personen nicht behandelt werden. Verschiedene

Vorschläge existieren, die auch in derartigen Situationen nach materiellen Kriterien ermöglichen sollen, dass das Selbstbestimmungsrecht der Einzelnen nicht gänzlich missachtet wird, auch in der Begründung des § 5c IfSG wird explizit auf die Beachtlichkeit des Patientenwillens hingewiesen.[27] Dass es sich in diesen Triage-Konstellationen um Gefährdungen für die Realisierung der Selbstbestimmung der Einzelnen handelt, wird dadurch aber nicht verhindert.

Letztlich ist hier allerdings nicht die Rekonstruktion des Patientenwillens entscheidend. Zum einen wird in den Fällen, in denen eine Behandlungswille vorausgesetzt wird, bereits von einem konkret festgestellten Willen ausgegangen, der Konflikt liegt in der Auswahlentscheidung. Zum anderen ist in den Fällen, in denen Allokationsentscheidungen ohne Beachtung dieses Willens zur Entscheidung gebracht werden sollen eine Rekonstruktion des Patientenwillens von vornherein nicht Zielsetzung. Auch diese Fälle werden demnach für die Fragen nach der Rekonstruktion des Patientenwillens nicht mehr näher betrachtet werden.

Die genannten Fälle, in denen Verfügende befürchten, mittels einer Patientenverfügung konkrete Behandlungsoptionen ausgeschlossen zu haben, können allerdings durchaus Fragen nach der Rekonstruktion des Patientenwillens darstellen. Zwar muss auch hier darauf hingewiesen werden, dass eine Patientenverfügung erst dann tatsächlich relevant wird, wenn der spezifische Anwendungsbereich eröffnet ist, d. h. wenn tatsächlich eine Situation der Entscheidungsunfähigkeit eingetreten ist. Auch bei schwereren Krankheitsverläufen ist es lange möglich, selbst Entscheidungen zu treffen und diese zu artikulieren. Allerdings sind auch Szenarien denkbar, in denen eine potenzielle Anwendung einer Patientenverfügung zur Frage steht. Gemeint sind hiermit bspw. Fälle des künstlichen Komas und damit verbundener Beatmung. Hier darauf zu verweisen, dass eine Patientenverfügung einen derartigen Fall bereits aufgrund der Neuartigkeit der Corona-Erkrankung nicht abdecken kann,[28] ist spätestens mit anhaltendem Verlauf der Pandemie wohl zu kategorisch.[29] Richtig ist der Hinweis darauf, dass eine Anpassung der eigenen Patientenverfügung zur Vermeidung von Missverständnissen sinnvoll sein kann.[30] Eine pauschale Notwendigkeit

---

[27] Intensive Auseinandersetzungen mit der möglichen Regelung von Triage-Konstellationen finden sich bei Augsberg (2021, S. 27), vor dem Hintergrund der Menschenwürdegarantie bei Poscher (2021, S. 68 ff.), vgl. ansonsten auch Fn. 12–14. Zur Begründung des § 5c IfSG vgl. BT-Drs. 20/3877, S. 19.

[28] Mertens-Meinecke 2020, S. 446.

[29] Grziwotz/Grziwotz 2021, S. 190.

[30] Ebd. S. 191, Lungenärzte im Netz (2020).

zur Anpassung von Patientenverfügungen besteht zwar nicht. Insofern bzgl. Behandlungen im Rahmen von Corona-Erkrankungen spezielle Wünsche vorliegen, finden sich auch hier verschiedene Formulare, die eine Anpassung, um bspw. eine Beatmung o.ä. auf jeden Fall auszuschließen, einfach ermöglichen.[31]

In Bezug auf die ebenfalls dargestellten Debatten zur Suizidhilfe lässt sich zunächst festhalten, dass auch diese sich häufig nicht unmittelbar mit der Frage nach der Rekonstruktion des Patientenwillens beschäftigen.

Dies mag vor dem Hintergrund wenig erstaunen, als es sich doch, wie das BVerfG auch explizit geäußert hat, bei der Regelung der Suizidhilfe um einen Bereich handelt, der nicht notwendigerweise Patient:innen betrifft.[32] Ein weiterer offensichtlicher Unterschied besteht zudem darin, dass es, anders als in den Fällen der schwierigen Rekonstruktion des Patientenwillens im Rahmen der Patientenverfügung bei einer ggf. legitimen Suizidhilfe gerade möglich ist, diejenigen, die eine solche Hilfe in Anspruch nehmen möchten, unter Beachtung der Voraussetzung, dass sie die Kriterien der Freiverantwortlichkeit erfüllen, schlicht akut zu befragen. Ihr Wille also akut feststellbar erscheint.[33] Ein nicht unerheblicher Teil des Diskurses um die Suizidhilfe beschäftigt sich vor diesem Hintergrund mit Fragen grundsätzlicher Art, ob es dennoch einer gesetzlichen Regelung bedarf, inwiefern bestimmte Formen der Suizidhilfe an sich zulässig sein sollten.

Dies erinnert an die, inzwischen durch die rechtliche Verankerung zumindest in ihrer grundsätzlichen Tragweite nicht mehr akut bestehende, Diskussion über die grundsätzliche Zulässigkeit der damit in den Vergleich gesetzten Patientenverfügung. Fraglich ist in beiden Fällen die Reichweite des Selbstbestimmungsrechts Einzelner, wobei dies, je nach konkreter Auffassung, in einem zweiten Schritt konkretere Fragen des Umgangs und der Ausgestaltung der jeweiligen Regelungsinstrumente ermöglicht.

---

[31] Exemplarisch mit Erläuterungen Bayerisches Staatsministerium der Justiz (2021, S. 45) und Malteser Hilfsdienst (2020).
[32] Vgl. die Ausführungen über die Einschlägigkeit des Themenbereichs Suizidhilfe in jeder Phase menschlicher Existenz in BVerfGE 153, S. 182, (S. 263, Rn. 210).
[33] Zumindest stellt dies den naheliegenden Anknüpfungspunkt dar. Inwiefern nachträglich, also nach der Durchführung eines Suizids bzw. einer Suizidhilfe eine Feststellung der Suizidentscheidung unmittelbar mit der Rekonstruktion des Patientenwillens bei der Patientenverfügung vergleichbar ist, ist eine andere Frage, mit der sich dieser Aufsatz allerdings nicht vertieft auseinandersetzen soll.

Da diese Unterscheidung in beiden Themenkomplexen relevant ist und sich in ihrer Struktur zu gleichen scheint, wird sie im späteren Verlauf der Arbeit noch näher untersucht werden.

Insgesamt werfen die genannten Themenbereiche demnach eine Vielzahl an komplexen Problemen auf. Auch sie werden unter dem Stichwort der Selbstbestimmung geführt. Eine Verbindung zur Rekonstruktion des Patientenwillens lässt sich allerdings zumeist nicht unmittelbar, sondern lediglich mittelbar feststellen.

4 Parallelen und Unterschiede der neuen Herausforderungen zur Konstellation der Patientenverfügung

Unmittelbare Erkenntnisse für Fragen nach der Rekonstruktion des Patientenwillens sind demnach nicht ersichtlich. Im Folgenden soll nun untersucht werden, welche relevanten Rückschlüsse sich dennoch ergeben.

Dass derartige Rückschlüsse möglich sind, lässt sich insbesondere aufgrund der gerade angesprochenen Parallele innerhalb der Debattenstruktur vermuten.

Sowohl im Bereich der Suizidhilfe als auch bzgl. der Patientenverfügung lässt sich zwischen Debatten um die Zulässigkeit von Regelungen und den Umgang mit spezifischen Regelungen unterscheiden. Beide Bereiche betreffen zudem Regelungen der Realisierbarkeit von Selbstbestimmung.

Es lässt sich vermuten, dass sich aus der Vergleichbarkeit der Debattenstruktur Erkenntnisse für den genauen Umgang mit den spezifischen Regelungen ergeben können. Für die Debatte um die Suizidhilfe besteht der mögliche Erkenntnisgewinn vor allem darin, dass innerhalb der Diskussionen um die Patientenverfügung begangene Fehler, die zum Teil zum festgefahrenen Status des Diskurses über dieselbe führen, vermieden werden könnten. Für diesen selbst könnte ein Erkenntnisgewinn darin liegen, dass die Debatte um die Suizidhilfe diese Probleme neu beleuchten kann.

Allgemein lassen sich vor allem zwei wiederkehrende Problemkreise finden, die zunächst abstrakt beschrieben und anschließend auf die jeweiligen Themenkomplexe, sprich Patientenverfügung bzw. Suizidhilfe, bezogen werden sollen.
1. Problemkreis
Der erste dieser Problemkreise ist eine gewisse Vermischung der gerade beschriebenen Diskussionsebenen, d. h. hinsichtlich der Zulässigkeit von bestimmten Instrumenten der Selbstbestimmung, wie bspw. der Patientenver-

fügung oder der Zulässigkeit von Unterstützungsangeboten für den assistierten Suizid und dem Umgang mit diesen Instrumenten.

Gerade im philosophischen Diskurs findet sich eine Vielzahl an Beiträgen, die sich um bestimmte Verständnisse des Autonomiebegriffs als Ausgangspunkt eines zu achtenden Selbstbestimmungsrecht und personaler Selbstbestimmung vor dem Hintergrund der Frage nach der Beständigkeit personaler Identität drehen.[34] Aufbauend hierauf werden verschiedene Szenarien entwickelt, wie eine Ausgestaltung der Instrumente zu vollziehen wäre, um die spezifische Autonomiekonzeption bestmöglich zu verwirklichen (oder, falls sich herausstellt, dass bestimmte Instrumentarien unzulässig sind, warum sie unterbunden werden müssen).[35]

In der juristischen Diskussion finden sich hingegen vermehrt Beiträge über die Kriterien, nach denen die als zulässig angenommenen Instrumente für den Rechtsverkehr handhabbar gemacht werden können.[36] Dies geschieht hierbei unter Akzeptanz der scheinbar spezifisch rechtlichen Konzeption von Autonomie und des darauf fußenden Selbstbestimmungsrechts.

Spätestens, wenn man zusätzlich noch die Debatten aus Sicht der Medizinethik, der beteiligten Praktiker:innen und der Betroffenen hinzuzieht, wird deutlich, dass letztlich häufig nicht recht klar wird, worüber eigentlich gesprochen wird.

Insofern man von unterschiedlichen Autonomiekonzeptionen ausgeht, wird es schwierig, Ansatzpunkte für den konkreten Umgang mit dem spezifischen Instrument der Patientenverfügung oder konkrete Regelungen zur Suizidhilfe zu besprechen. Andererseits besteht ein Risiko, dass, insofern man sich auf den konkreten Umgang

---

[34] Exemplarisch Brauer et al. (2008) und Dufner (2018).

[35] In Bezug auf die Patientenverfügung vgl. aus der Vielzahl an Literatur exemplarisch Meyer-Stiens (2012, S. 325 ff.), der die Patientenverfügung vor allem als ein Kommunikationsinstrument versteht oder Olick (2001, S. 161 ff.) der auf eine Notwendigkeit der ethisch achtsamen Interpretation von Patientenverfügungen hinweist. Allgemein stellen derartige Überlegungen bereits eine Debatte über den richtigen Umgang mit einem Instrument dar. Allerdings ist der wesentliche Punkt hier, dass derartige Debatten eingeschränkt fruchtbar sind, wenn sie von anderen Prämissen der Autonomie oder der Selbstbestimmung ausgehen.

[36] Vgl. aus der neueren monographischen Literatur zur Patientenverfügung bspw. Meyer (2021) und Fromm (2018). Hiermit ist natürlich nicht gesagt, dass nicht auch in diesem Fachbereich eine Debatte über Grundlagenfragen durchgeführt wird. Mir scheint es allerdings durchaus so, als ob ein gewisser Schwerpunkt der Diskussion auf den Fragen des Umgangs mit den Instrumenten liegt.

mit dem Instrument fokussiert, der Eindruck entstehen kann, man akzeptiere oder umgehe die Probleme des Selbstbestimmungsrechts als abstraktem Konstrukt und dessen Verhältnis zu den kontroversen Fragen der menschlichen Autonomie, die die Zulässigkeit der Instrumente und Regelungen letztlich begründet.

Mit dem Ziel eines ganzheitlichen Diskurses vermischen sich die Diskussionsebenen, wobei die unterschiedliche fachliche Verwendung von Begriffen wohl lediglich eines der Probleme darstellt.

2. Problemkreis

Ein zweiter Problemkreis besteht darin, dass vor dem Hintergrund der existenziellen Bedeutung der in Frage stehenden Regelungsbereiche die unterschiedliche Bewertung über das Verhältnis von Recht und Moral als solches, aber auch von Recht und Moral in Bezug auf die konkrete Lebenssituation Einzelner zu einer Hürde wird.

Gemeint ist damit Folgendes: Die Einzelnen befinden sich in den genannten Situationen in einer schwierigen Lage. Am Beispiel der Suizidhilfe ausgedrückt stellt bereits der Suizidentschluss die einzelne Person bereits vor eine immense Herausforderung. Hierbei noch die Hilfe von Dritten in Anspruch zu nehmen und gleichzeitig Maßnahmen zu ergreifen, wie diese Dritten einer möglicherweise erheblichen Strafbarkeit entgehen können, stellt einen Balanceakt dar. Auch bei Patientenverfügungen findet sich dieses Spannungsverhältnis. Und zwar sowohl, wenn die Einzelnen selbst bestimmte Handlungen einfordern oder ablehnen, aber auch, wenn sie Beteiligte bei der Rekonstruktion des Patientenwillens sind.

In allen Szenarien wird eine Bewertung der Situationen vor den eigenen Moralvorstellungen durchgeführt. Inwieweit diese Überzeugungen allerdings einen Einfluss auf den Entscheidungsprozess und die Umsetzung von Maßnahmen haben, bleibt häufig unklar. Die Beachtung der rechtlichen Nachvollziehbarkeit kann in diesem Sinne zur Hürde werden. Unterstützung ist zwar über die Inanspruchnahme von Ethikberatungen etc. möglich; dies ist allerdings eher eine Bekämpfung des Symptoms.

Auch wenn sich die Problemkreise nicht trennscharf voneinander abgrenzen lassen, erscheint es doch hilfreich, sich zu verdeutlichen, dass diese bei Fragen nach der Rekonstruktion des Patientenwillens, insbesondere wenn sie den hochsensiblen Bereich des Lebensendes oder Eingriffe von besonderer Tragweite betreffen, existieren. Auch wenn eine Vermischung teilweise unumgänglich ist, kann eine Abschichtung der Debatte erhellend sein.

Im Folgenden soll dies anhand des Instruments der Patientenverfügung und der Suizidhilfe noch einmal weiter vertieft werden. Dies soll vor allem aufzeigen, inwiefern die Debatten um den richtigen Umgang mit den jeweiligen Regelungen abhängig von den festgelegten Prämissen zur Reichweite des Selbstbestimmungsrechts sind.

4.1 Zu Debatten über die Zulässigkeit und den richtigen Umgang mit dem Instrument der Patientenverfügung

Betrachtet man die Einführung des Instruments der Patientenverfügung in das Bürgerliche Gesetzbuch lässt sich die Unterscheidung zwischen Fragen der Zulässigkeit der Regelung und Fragen des Umgangs mit derselben nachvollziehen. Die Einführung erfolgte im Jahr 2009 auf eine lang andauernde und kontroverse Debatte.

Die wesentlichen Diskussionspunkte behandelten in der Nachfolge der Rechtsprechung, die eine Beachtlichkeit der Patientenverfügung vorsah,[37] Fragen nach der Rolle von Betreuenden während des Verfahrens, der konkreten inhaltlichen und formalen Ausgestaltung und, was im Folgenden näher thematisiert werden soll, zur Bindungswirkung der Patientenverfügung sowie deren Reichweite.[38]

Insofern über die Bindungswirkung und die Reichweite von Patientenverfügungen gesprochen wird, ist die Unterscheidung dahingehend gemeint, ob die Beachtlichkeit einer derartigen Verfügung auf gewisse Krankheiten oder Krankheitsstadien begrenzt ist oder nicht. Diese Unterscheidung wurde vor der Einführung der gesetzlichen Regelung kontrovers diskutiert. Die vorgeschlagenen Gesetzesentwürfe verhielten sich hierzu unterschiedlich,[39] wobei sich letztlich der sogenannte Stünker-Entwurf durchgesetzt hat, der eine derartige Beschränkung nicht vorsieht.[40] Der konkurrierende Bosbach-Entwurf sah hingegen eine Beschränkung der Reichweite derart, dass eine ohne Beratung verfasste Patientenverfügung, deren Befolgung zum Tod der verfügenden Person führen würde, nur dann verbindlich ist, wenn aufgrund der Krankheit ein irreversibel tödlicher Verlauf zu erwarten wäre.[41]

---

[37] Wegweisend hierzu BGH, NJW (2003, S. 1588 ff.)
[38] Olzen und Metzmacher (2010, S. 249 f.).
[39] Vgl. zur Übersicht über die verschiedenen Gesetzesentwürfe allgemein, als auch für die besprochene Thematik Hufen (2009, S. 19 f.).
[40] Zur Begründung des Stünker-Entwurfs vgl. BT-Drs. 16/8442, S. 17 f.
[41] Vgl. BT-Drs. 16/11.360, S. 2 f.

Die Debatte der Reichweitenbegrenzung hat hierbei nicht nur unter den Abgeordneten für Diskussionen gesorgt, sondern auch innerhalb der juristischen,[42] medizinischen[43] und philosophisch-ethischen Community.[44]

Hier lässt sich zunächst das Problem des ersten Problemkreises verdeutlichen. Ob eine Vorausverfügung des eigenen Willens überhaupt möglich ist oder nicht, ob dies für alle Krankheitstypen und Lebenssituationen gilt sowie auch, welche Voraussetzungen die verfügende Person erfüllen müsste und ob dies praktisch möglich ist, eine derartige Entscheidung treffen zu können, stellen Fragen einer ersten Diskussionsebene dar.

Auf einer zweiten Ebene stellen sich Fragen nach dem konkreten Umgang mit einem spezifischen Vorsorgeinstrument, bspw. der Patientenverfügung im deutschen Recht nach §1827 BGB (bisher: § 1901a BGB a.F.). Hier verorte ich den Großteil der Fragen nach der Rekonstruktion des Patientenwillens, wobei dies, wie ich sogleich schildern werde, nicht absolut gilt.

Dies liegt zum einen daran, dass die auf der ersten Ebene getroffenen Festlegungen, sprich Festlegungen über ein bestimmtes Autonomieverständnis und die Reichweite des Selbstbestimmungsrechts einen direkten Einfluss auf den Umgang mit dem spezifischen Instrument haben.

D. h., dass bspw. eine Festlegung dahingehend, dass das Selbstbestimmungsrecht der Einzelnen nicht so weit reicht, dass hieraus eine reichweitenlose Festlegung möglich ist, den Umgang mit den spezifischen Festlegungen der Einzelnen beeinflusst. Nimmt man eine derartige Begrenzung an, wird man bspw. eine Patientenverfügung, in der eine in dieser Hinsicht unzulässige Forderung nach einem Behandlungsabbruch enthalten ist, auch insofern kritisch lesen müssen, dass derartige Forderungen unbeachtlich sein müssen. Allerdings wird man sich

---

[42] Vgl. nur Hufen (2009, S. 36).

[43] Hier ist auf den Umstand hinzuweisen, dass innerhalb der Ärzteschaft die grundsätzliche Idee, die Patientenverfügung gesetzlich zu regeln auf erheblich weniger Zustimmung stieß, vgl. Gelbrich (2015, S. 29 f.), interessanterweise wurde sich allerdings auch gleichsam gegen eine Reichweitenbegrenzung ausgesprochen, vgl. Bundesärztekammer (2007, S. 6 ff.).

[44] Vgl. auch den Zwischenbericht der Enquete-Kommission „Ethik und Recht der modernen Medizin" des Deutschen Bundestags mit der Empfehlung einer Reichweitenbegrenzung, BT-Drs. 15/3700, S. 38 f. und die mehreren abweichenden Sondervoten in dieser Frage, ebd. S. 55 ff. und den Hinweis in der Stellungnahme des Nationalen Ethikrats, dass auch innerhalb des Ethikrats in Bezug auf die Frage der Reichweite kein Konsens vorherrscht, Nationaler Ethikrat (2005, S. 31).

in der Folge fragen müssen, ob bestimmte Behandlungen, die zwar nicht explizit angesprochen sind, bspw. als ein Minus des Behandlungsabbruchs abgelehnt werden.

Zum anderen muss darauf hingewiesen werden, dass es durchaus möglich bleibt, dass eine Festlegung auf der ersten Ebene nicht derart kategorisch sein muss, wie es nun vielleicht den Anschein macht. Hier wird das im zweiten Problemkreis angesprochene Verhältnis von Recht und Moral in besonderer Weise relevant. Es bleibt durchaus möglich, und so gestaltet sich die Rechtslage auch in Deutschland, dass man über ein Verständnis der Patientenverfügung als ein Instrument der individuellen Selbstbestimmung Begriffsverständnisse der Einzelnen über die eigene Selbstbestimmung beachten muss.[45]

Grundsätzlich sollen Menschen selbst festlegen, wie sie ihr eigenes Selbstbestimmungsrecht verstehen und welche Maßnahmen sich daraus für sie ergeben. Dies gebietet das pluralistische Verständnis unserer Rechtsordnung.[46] Daraus folgt allerdings auch, dass ein Verständnis der Patientenverfügung, insbesondere die Rekonstruktion des Patientenwillens ohne das spezifische Verständnis dieser Überzeugungen der Einzelnen schwer möglich ist.

4.2 Zu Debatten über die Zulässigkeit des Suizides und den Umgang mit reglementierter Suizidhilfe

Die Unterscheidung wird auch in den Reaktionen zur Rechtsprechung des BVerfG zur Suizidhilfe deutlich. Das Urteil hat auch deshalb so große Wellen geschlagen, da in der darauffolgenden Debatte die Grundsatzfragen nach einer generellen Zulässigkeit der Suizidhilfe, teils sogar des Suizids als solches,[47] wieder virulent geworden sind. Thematisiert wird deutlich mehr als die bloße Ausgestaltung einer Regelung zur Suizidhilfe wobei das BVerfG die grundsätzliche Zulässigkeit der Suizidhilfe als verfassungsrechtlich gefordert feststellt.[48]

---

[45] Für den Suizid konkret BVerfGE 153, S. 182 (S. 260 ff., Rn. 209–210.), allgemein Hufen (2001, S. 851).

[46] In Bezug auf selbstbestimmtes Sterben vgl. exemplarisch Duttge (2016, S. 124) in Bezug auf den Suizid Schöpke (2020, S. 361 f.).

[47] Deutscher Ethikrat (2020b, S. 18 ff.).

[48] BVerfGE 153, S. 182 (S. 287, Rn. 278).

Dass derartige Debatten wieder geführt werden, verwundert nicht, es erscheint allerdings durchaus hilfreich, darauf hinzuweisen, dass die Rechtsprechung des BVerfG hinsichtlich der Zulässigkeit der Suizidhilfe mit bestimmten Grundannahmen zu Autonomie und Selbstbestimmung als Ausgangspunkt ebenjener Zulässigkeit arbeitet. Neben der Ausformulierung dieser Grundannahmen hat die Entscheidung mit der Nichtigerklärung allerdings auch ganz unmittelbar praktische Auswirkungen.

Insofern man den verschiedentlich geäußerten Bestrebungen nachgehen möchte, eine Gesetzgebung für den Bereich der geschäftsmäßigen Suizidhilfe zu erlassen, eine Gesetzgebung, die das BVerfG als explizit möglich ansieht,[49] wird man allerdings nicht umhinkommen, die gerichtlichen Ausführungen für die unmittelbare gesetzgeberische Tätigkeit zu akzeptieren.

Damit ist sicherlich nicht gesagt, dass eine Debatte über die grundlegenden Prämissen des Urteils nicht möglich oder fruchtbar wäre. Ebenso wenig bedeutet dies, dass die vom BVerfG festgestellten Grundsätze per se wahr oder unumkehrbar festgeschrieben wären. Es macht allerdings durchaus einen Unterschied, ob man nun über prozedurale Sicherungsmechanismen zur Umsetzung der Suizidhilfe beim freiverantwortlichen Suizid spricht, oder ob man über mögliche Neuausrichtungen des Grundrechtskatalogs, mögliche Änderungen des Grundgesetzes oder Auswirkungen der Rechtsprechung auf andere Bereiche des Rechts spricht.[50]

5 Lehren für die Rekonstruktion des Patientenwillens

Nun stellt sich allerdings die Frage, was aus dieser Verortung gewonnen ist bzw. inwiefern sie überhaupt eine Relevanz für die Debatten nach der Rekonstruktion des Patientenwillens haben. Erschöpft sich dieser Gehalt tatsächlich darin, dass auf eine Verwendung der gleichen Begriffe hingewiesen wird? Ist die angemessene Vorgehensweise im Umgang mit der Rechtsprechung des BVerfG zur Suizidhilfe eine stark rechtspositivistische Position, die das Verständnis von Autonomie und Selbstbestimmung zwar als ggf. verkürzt, aber nun eben operabel

---

[49] Ebd. (308 ff., Rn. 338–342.)
[50] Vgl. für einen Überblick über eine mögliche Verankerung des Grundrechts auf selbstbestimmtes Sterben im Grundgesetz oder ein Verbot der Suizidhilfe Lindner (2020, S. 530 f.), für Auswirkungen auf bspw. das Strafrecht und eine Neuregelung der Tötungsdelikte inklusive der Tötung auf Verlangen Fn. 23.

auffasst? Bedeutet dies für die Rekonstruktion des Patientenwillens, der seinerseits Ausdruck von Autonomie und Selbstbestimmung ist, letztlich ebenfalls, dass der Umgang mit demselben einzig von einem strikt rechtlich determinierten Verständnis derselben abhängig ist?

Die Antwort auf diese Fragen lautet klar nein.

Es ist kein Zufall, dass die verschiedenen Diskussionsebenen regelmäßig vermischt und die gleichen Begriffe verwendet werden sowie dass die Debatte ausgesprochen hitzig geführt wird. Fragen nach Autonomie und medizinischer Selbstbestimmung sind deshalb so kontrovers, weil sie von den Menschen nicht nur als eine rechtliche Problematik aufgefasst werden, sondern sie in ihren eigenen moralischen Überzeugungen tief bewegen.[51]

Die Unsicherheiten, die in Bezug auf die Corona-Pandemie und die Neuregelung der Suizidhilfe wieder aufleben, verdeutlichen hierbei zwar den Wunsch nach einer klaren rechtlichen Regelung, aber auch, wie vage derartige Regelungen lediglich bleiben können, wenn sie den Menschen Spielraum für ihre eigenen Entscheidungen lassen wollen.

Die geschilderten Beispiele mögen vor diesem Hintergrund zumeist keine unmittelbaren und neuen Herausforderungen für die Rekonstruktion des Patientenwillens darstellen, sie verdeutlichen allerdings erneut die bestehenden Probleme, die sich im Diskurs um Entscheidungen im Rahmen medizinischer Selbstbestimmung stellen. So lässt sich in diesem Zusammenhang feststellen, dass unter dem weiten Schlagwort der Selbstbestimmung eine Vielzahl an Debatten geführt wird, wobei die verschiedenen Aspekte der Debatte regelmäßig durcheinandergebracht werden.

Betrachtet man den geschilderten Fall, in dem eine unmittelbare Problematik der Rekonstruktion des Patientenwillens aufgeworfen ist, d. h. den Fall von Patientenverfügungen, die bei einer Corona-Erkrankung einschlägig werden könnten, lässt sich Folgendes feststellen. Die beschriebenen Unsicherheiten sind ein starkes Indiz dafür, dass Patient:innen regelmäßig nicht davon ausgehen, dass

---

[51] Vgl. dazu bspw. die Studie von Genewick et al. (2018, S. 666 f.) die auch auf den Umstand hinweisen, dass zwischen unterschiedlichen Altersgruppen verschiedene Motivationsfaktoren besonders vorherrschend sind, z. B. in älteren Altersgruppen extrinsische Faktoren wie das Drängen von Familienmitgliedern deutlich häufiger das Abfassen einer Patientenverfügung begründen.

ihre Verfügungen aus sich heraus das darstellen können, was sie tatsächlich festlegen wollten.

Die genannten Aspekte, d. h. sowohl die Diskrepanzen dahingehend, was unter dem Stichwort der Selbstbestimmung zu verstehen ist, aber auch die vorherrschende Skepsis von Verfügenden über die Aussagekraft ihrer eigenen Patientenverfügung scheinen mir bzgl. der Rekonstruktion des Patientenwillens eine Ausweitung der Beurteilungskriterien notwendig zu machen. Statt auf weitere Konkretisierung und Spezifizierung von Patientenverfügungen hinzuarbeiten, könnte sich der Standard mehr zu einer Betrachtungsweise entwickeln, die die Beweggründe der Einzelnen bei der Auslegung der Verfügung in den Vordergrund rückt. In praktischer Hinsicht wäre dies vor allem dadurch möglich, dass der Formularcharakter der Patientenverfügung durchbrochen wird.

So sind die beliebten Formulare, welche regelmäßig zur Erstellung der eigenen Patientenverfügung genutzt werden, zwar insbesondere für die Umschreibung der Behandlungssituationen hilfreich. Regelmäßig wird hier auf die Möglichkeit hingewiesen, die eigenen Wertvorstellungen als Auslegungshilfe bzgl. der getroffenen Entscheidung aufzunehmen. Es bedürfte allerdings nicht lediglich des Hinweises darüber, dass derartige Erläuterungen eine bloße Auslegungshilfe sein könnten. Vielmehr sollte darauf hingewiesen werden, dass gerade in den hier getroffenen Festlegungen, alternativ in den Ausführungen seitens der Betreuenden, der Schlüssel zur Behebung der Unsicherheiten zu finden ist, die sich häufig in den Beschreibungen der Lebens- und Behandlungssituation der Einzelnen zeigen. So kann die verfügende Person in diesen Ausführungen ihr eigenes Verständnis von Autonomie und Selbstbestimmung als Ausgangspunkt der Beurteilung der Patientenverfügung zugrunde legen und somit die Behandlungsentscheidung anhand der Gründe verständlich macht.[52]

An dieser Stelle lässt sich allerdings fragen, ob das nicht in der Folge heißt, dass selbstbestimmte Entscheidungen stets eine Rechtfertigung für den Entschluss beinhalten muss. Ist eine stärkere Inbezugnahme der Beweggründe nicht ein verstecktes Einfallstor für eine Forderung nach ebenjener Rechtfertigung?

Bereits in Auseinandersetzung mit Beispiel 2, sprich den Impfverweigernden, wurde darauf hingewiesen, dass eine Rechtfertigung bei der Rekonstruktion des Patientenwillens kein zulässiger Anknüpfungspunkt ist.

---

[52] Für eine derartige Betrachtungsweise vgl. Sellmeyer (2021) und Stange und Schweda (2022, S. 242 f., 250–252).

Auch im Bereich der Überlegungen zur Regelung der Suizidhilfe findet sich eine Auseinandersetzung mit der Anforderung der Rechtfertigung der Suizidentscheidung. Hier finden sich auch klare Positionierungen gegen ein derartiges Vorgehen, welches in der Folge auch gegen eine Ausweitung der Beurteilungskriterien auf die relevanten Beweggründe bei der Rekonstruktion des Patientenwillens sprechen könnten.

Als Anknüpfungspunkt dient vor allem das für eine straffreie Beteiligung Dritter notwendige Kriterium der Freiverantwortlichkeit der Suizidenten. Betrachtet man die Vorschläge darüber, wie die Feststellung der Freiverantwortlichkeit der Suizidentscheidung in der nun stattfindenden Debatte eingefordert wird, unterscheiden sich die Anforderungen deutlich. Es finden sich Vorschläge von einer Vermutung für die Freiverantwortlichkeit bis zu einer positiven Bestätigung derart, dass die Entscheidung der Suizidwilligen rational nachvollziehbar sein muss, was einer Rechtfertigung der Entscheidung entsprechen kann.[53]

Dass weitreichende Kriterien aufgestellt werden sollen, ist hierbei durchaus nachvollziehbar. Regelmäßig sind derartige Entscheidungen ungewöhnlich und wie bereits beschrieben sind derartige Entscheidungen auch stets moralisch geladen.

Verdeutlicht man sich allerdings, dass das BVerfG eindeutig ausspricht, dass eine Suizidentscheidung eine Rechtfertigung nicht erfordert,[54] erscheint es ausgesprochen schwierig, weitreichende Kriterien aufzustellen.[55] Auch erscheint es für den Kontext der Rekonstruktion des Patientenwillens bei der Patientenverfügung schwierig, hier einen anderen Standard einzufordern, wenn doch ein Rechtfertigungsanfordernis so klar ausgeschlossen ist.

---

[53] Auch in Hinblick auf die beteiligten Institutionen herrscht Uneinigkeit. Vgl. bspw. die Stellungnahme der Deutschen Gesellschaft für Psychiatrie und Psychotherapie, Psychosomatik und Nervenheilkunde e.V. (dgppn) 2022, die sich für eine starke Einbindung der Gerichte stark macht, was letztlich allerdings zur Notwendigkeit einer positiven Feststellung der Freiverantwortlichkeit zu führen scheint.

[54] BVerfGE 153, S. 182 (S. 262 f., Rn. 210).

[55] Weshalb mir auch eine Gesetzgebung, die über ein prozedurales Schutzkonzept hinausgeht, schwierig erscheint. Dieser Aspekt soll in dieser Arbeit allerdings nicht vertieft werden.

Nicht zu verwechseln mit dem Interesse an Rechtfertigung ist allerdings ein Interesse an Verständnis. Verständnis hierbei verstanden als die korrekte Auffassung darüber, was die andere Person nun tatsächlich möchte oder nicht. Dieser Aspekt ist bei der Suizidhilfe und der sogenannten Impfverweigernden weniger ausgeprägt. Ihre Entscheidung ist in dieser Hinsicht verständlich. Der Suizidentschluss, auch wenn in den Beweggründen komplex, lässt sich letztlich auf eine einfache Formel bringen: Eine Person will den Suizid. Die Impfverweigerung lässt sich ebenso leicht verstehen. Dies gestaltet sich bei der Patientenverfügung anders. Hier handelt es sich bei der Feststellung des Patientenwillen wie geschildert um eine Rekonstruktionsaufgabe.

Der Patientenverfügung soll es Laien ermöglichen, komplexe medizinische Behandlungen in einfacher Form vorab zu regeln. Ihr Verständnis ist aufgrund der Antizipiertheit der Entscheidung und der einseitigen Kommunikationssituation, die der Patientenverfügung in ihrer Schriftlichkeit und der nicht mehr vorhandenen Möglichkeit des Dialogs mit der Verfügenden inhärent ist, schwierig. Es bedarf hier also eines intensiven Akts der Bemühung die niedergeschriebenen Entscheidungen zu verstehen. Hierzu die Beweggründe genauer zu betrachten, stellt somit nicht unmittelbar eine Forderung nach Rechtfertigung dar.

6 Perspektiven zur Rekonstruktion des Patientenwillens

Zusammenfassend lassen sich daraus für den weiteren Verlauf der Debatten vor allem folgende Aspekte als entscheidend ausmachen:

So braucht es zunächst Klarheit über die grundsätzlichen Ziele, die Debatten über die Begriffe der Autonomie und der Selbstbestimmung erreichen können. Hinzuweisen ist hierbei zunächst darauf, dass es für die Rekonstruktion des Patientenwillens immer entscheidend sein wird, konkrete Anhaltspunkte für spezifische Vorstellungen der Einzelnen zu finden. Bei der Frage nach einem konkreten Patientenwillen muss hierbei dasjenige Verständnis im Vordergrund stehen, dass die verfügende Person jeweils als das richtige aufgefasst hat. Dass aufgrund des bestimmten Autonomieverständnisses, auf dem aufbauend die gesetzlichen Grenzen des Selbstbestimmungsrechts und desjenigen, das auch in Patientenverfügungen gefordert werden kann als sehr gering festgelegt sind, hindert nicht daran festzustellen, ob die Einzelne ihre spezifische Entscheidung enger verstanden haben möchte.

Hinzuweisen ist in diesem Zusammenhang darauf, dass die theoretischen Grenzen dessen, was in Patientenverfügungen gefordert werden kann oder nicht, und auch die Kriterien für die Feststellung der Freiverantwortlichkeit des Suizides noch nicht erschöpfend geklärt sind. Rechtlich festgelegt ist das Recht auf selbstbestimmtes Sterben. Ebenso, dass Entscheidungen des Einzelnen zu respektieren sind, insofern sie nicht gegen Grundüberzeugungen der Rechtsordnung wie das Verbot der Tötung auf Verlangen gem. § 216 StGB verstoßen. Einige der Problemfälle lassen sich, über einen bewussteren Umgang mit den Beweggründen der Einzelnen auflösen. Für andere erscheint es allerdings so, dass eine Klärung bereits im Vorfeld in der Auseinandersetzung mit der Reichweite des Selbstbestimmungsrechts stattfinden muss.

Ein solches Beispiel ist der Umgang mit Patientenverfügungen bei Demenzerkrankungen, insbesondere das Problem des sogenannten natürlichen Willens. Also desjenigen Willens, der anders als der freiverantwortliche Wille aufgrund von Beeinträchtigungen der Entscheidungsfähigkeit nicht geeignet sein soll, rechtsverbindlich Behandlungsentscheidungen zu regeln.[56] Trotz einer Vielzahl an Untersuchungen über den Status derartiger Willensäußerungen ist es bisher nicht abschließend geklärt, wie mit im Zusammenhang damit stehenden Problemfällen, bspw. einem Widerspruch zwischen dem Willen in der Patientenverfügung und dem sogenannten natürlichen Willen umzugehen ist. Auch wenn dies zum Abschluss an dieser Stelle nur angeschnitten werden kann, sei darauf hingewiesen, dass inzwischen eine Vielzahl an Literatur zur genannten Problematik existiert, die sich zur Beurteilung der Beachtlichkeit derartiger Verfügungen auf die Interessen der Verfügenden als maßgebliches Kriterium stützt.[57] Die Überlegung erscheint intuitiv und auch empirisch fassbar.[58] Ein solches Verständnis scheint sich auch in allgemeiner Hinsicht in die Rechtswirklichkeit zu integrieren, auch hier sind Willensbekundungen wesentlich von den Motiven und Interessen desjenigen abhängig, der sie letztlich äußert.[59]

Dies spricht zwar dafür, auch in weniger umstrittenen Konstellationen auf die Interessen und Motive der Verfügenden abzustellen, für die Frage nach dem Status von Willensäußerungen, die nicht dem Standard der Freiverantwortlichkeit

---

[56] Vgl. Meyer (2021, S. 143 ff.).
[57] Einen Ausgangspunkt der Diskussion in dieser Hinsicht bildet Dworkin (1994, S. 201).
[58] Vgl. Fn 51.
[59] Zur Integrierbarkeit in die bestehende Rechtsordnung vgl. Steenbreker (2020, S. 160–163).

entsprechen, bedarf es allerdings der grundsätzlichen Reflexion der Reichweite der Autonomie und des Selbstbestimmungsrechts der Einzelnen.

Für die scheinbar unproblematischeren Anwendungsfälle der Patientenverfügung ist es entscheidend Mittel und Wege zu finden, auch in praktischer Hinsicht die hinter der schriftlich verfassten Entscheidung stehenden Gründe fassbar zu machen. Eine Förderung der Kundgabe der Entscheidungsgründe kann hier einen praktischen Ansatz bilden. In diesem Kontext sind auch die Ansätze des Advance-Care-Planning zu nennen, innerhalb derer die diese systematisch erfasst und dokumentiert werden sollen.[60]

Dadurch entfiele zwar der Goldstandard einer allein aus sich heraus verständlichen Verfügung gewissermaßen, allerdings würde eine transparentere Entscheidungsfindung möglich.

Literatur

Augsberg, Steffen. 2021. Regelbildung für existentielle Auswahlentscheidungen. In: *Triage in der Pandemie*, Hrsg. Hörnle Tatjana, Stefan Huster und Ralf Poscher, 3–39. Tübingen: Mohr Siebeck.
Bayerisches Staatsministerium der Justiz. 2021. Vorsorge für Unfall, Krankheit und Alter. 20. Aufl. München: C.H. Beck.
Brauer, Susanne, Claudia Wiesemann und Nikola Biller-Adorno. 2008. Selbstbestimmung und Selbstverständnis – Themenschwerpunkte im Umgang mit der Patientenverfügung. Ethik in der Medizin 20: 166-168.
Bundesärztekammer. 2007. Beschlussprotokoll des 110. Deutschen Ärztetages vom 15. bis 18. Mai 2007 in Münster. https://www.bundesaerztekammer.de/fileadmin/user_upload/downloads/DAETBeschlussprotokoll20070822a.pdf. Zugegriffen 22.08.2022.
Cremer, Alexander. 2022. BGH spricht Frau vom Vorwurf der strafbaren Tötung frei. Tötung mit Insulinspritze war straflose Beihilfe zum Suizid. https://www.lto.de/recht/nachrichten/n/bgh-6str68-21-freispruch-ehefrau-ueberdosis-insulin-abgrenzung-216stgb-beihilfe-suizid/. Zugegriffen 12.08.2022.
Deutscher Bundestag. 2021a. Plenarprotokoll 19/223, Stenographischer Bericht. https://dserver.bundestag.de/btp/19/19223.pdf#P.28262. Zugegriffen 22.08.2022.

---

[60] Advance-Care-Planning bezeichnet als Sammelbegriff verschiedene Konzepte nach denen mittels langfristiger Begleitung Behandlungsentscheidungen besprochen und protokolliert werden. Es handelt sich mithin um einen umfassenderen Ansatz. Vgl. unter der Bezeichnung Patientenverfügung Plus bspw. Loupatatzis und Krones (2017). Kritischer zum Modell des Advance-Care-Planning bspw. Quaas/Zuck/Clemes/Zuck, Medizinrecht, § 68 Rn. 231.

Deutscher Bundestag. 2021b. Abgeordnete nehmen in Orientierungsdebatte Stellung zur Suizidhilfe. https://www.bundestag.de/dokumente/textarchiv/2021b/kw16-de--834808. Zugegriffen 22.08.2022.

Deutscher Ethikrat. 2020a. Solidarität und Verantwortung in der Corona-Krise, Ad-hoc-Empfehlung. https://www.ethikrat.org/fileadmin/Publikationen/Ad-hoc-Empfehlungen/deutsch/ad-hoc-empfehlung-corona-krise.pdf. Zugegriffen 22.08.2022.

Deutscher Ethikrat. 2020b. Öffentlicher Teil der Plenarsitzung am 22. Oktober 2020b, Recht auf Selbsttötung? Online-Veranstaltung, 22. Oktober 2020b, 09:30 Uhr, Transkription. https://www.ethikrat.org/fileadmin/PDF-Dateien/Veranstaltungen/sitzung-22-10-2020b-transkription.pdf. Zugegriffen 22.08.2022.

Deutsche Gesellschaft für Psychiatrie und Psychotherapie, Psychosomatik und Nervenheilkunde e. V. (dgppn). 2022. Stellungnahme – Eckpunkte für eine Neuregelung der Suizidassistenz. https://www.dgppn.de/schwerpunkte/aktuelle-positionen-1/aktuelle-positionen-2022/eckpunkte-suizidassistenz.html. Zugegriffen 22.08.2022.

Deutsche Interdisziplinäre Vereinigung für Intensiv- und Notfallmedizin (DIVI). 2020. Entscheidungen über die Zuteilung intensivmedizinischer Ressourcen im Kontext der COVID-19-Pandemie, Version 2, Klinisch-ethische Empfehlungen. https://www.divi.de/empfehlungen/publikationen/covid-19-ethik-empfehlung-v2/download. Zugegriffen 22.08.2022.

Dufner, Annette. 2018. Einleitung: Demenz und personale Identität. Zeitschrift für praktische Philosophie 5: 73–80.

Duttge, Gunnar. 2016. Strafrechtlich reguliertes Sterben, Der neue Straftatbestand einer geschäftsmäßigen Förderung der Selbsttötung. Neue Juristische Wochenschrift 69: 120–125.

Dworkin, Ronald. 1994. *Life's Dominion, An argument about abortion, euthanasia and individual freedom.* New York: Vintage Books.

Eberbach, Wolfram. 2022. Suizidhilfe zwischen Selbstbestimmung und Bürokratie – Urteil des BVerfG zu § 217 StGB – neue Gesetzentwürfe –. Medizinrecht 40: 455–465.

Florack, Martin, Karl-Rudolf Korte und Julia Schwanholz (Hrsg.). 2021. *Coronakratie, Demokratisches Regieren in Ausnahmezeiten.* Bonn: Bundeszentrale für politische Bildung.

Fromm, Julia. 2018. *Privatautonome Vorsorge. Gestaltung, Registrierung, Durchsetzbarkeit.* Baden-Baden: Tectum.

Gelbrich, Thomas 2015. *Die Patientenverfügung im Urteil der Ärzte: Eine qualitative Inhaltsanalyse publizierter ärztlicher Stellungnahmen aus den Jahren 2009 bis 2014.* (Diss.) Regensburg.

Genewick, Joanne E., Dorothy M. Lipski, Katharine M. Schupack und Angela L.H. Buffington. 2018. „Characteristics of Patients With Existing Advance Directives: Evaluating Motivations Around Advance Care Planning". American Journal of Hospice and Palliative Medicine 35: 664–668.

Götschenberg, Michael. 2021. „Querdenker" werden nun bundesweit beobachtet. https://www.tagesschau.de/inland/verfassungsschutz-querdenker-103.html. Zugegriffen 22.08.2022.

Grziwotz, Herbert und Marc Grziwotz. 2021. Corona, Patientenverfügung und Triage. Neue Zeitschrift für Familienrecht 8: 189–191.

Gutmann, Thomas und Bijan Fateh-Moghadam. 2022. Geplante Regelung der Triage – Grundrechtsschutz als Farce. Zeitschrift für Rechtspolitik 55: 130–132.
Hartmann, Lucas. 2020. Anmerkung. Juristenzeitung 75: 642–644.
Hillenkamp, Thomas. 2020. Strafgesetz „entleert" Grundrecht – Zur Bedeutung des Urteils des Bundesverfassungsgerichts zu § 217 StGB für das Strafrecht. Juristenzeitung 75: 618–626.
Hörnle, Tatjana, Stefan Huster und Ralf Poscher (Hrsg.). 2021. *Triage in der Pandemie*. Tübingen: Mohr Siebeck.
Hufen, Friedhelm. 2001. In dubio pro dignitate – Selbstbestimmung und Grundrechtsschutz am Ende des Lebens. Neue Juristische Wochenschrift 54: 849–857.
Hufen, Friedhelm. 2009. *Geltung und Reichweite von Patientenverfügungen, Der Rahmen des Verfassungsrechts*. Baden-Baden: Nomos.
Jarabek, Petr. 2021. Vize-Ministerpräsident Aiwanger hat sich impfen lassen. https://www.br.de/nachrichten/bayern/vize-ministerpraesident-aiwanger-hat-sich-impfen-lassen,SoRhTrd. Zugegriffen 12.08.2022.
Kreß, Harmut. 2020. Anmerkung zu BVerfG, Urt. v. 26.2.2020 – 2 BvR 2347/15, 651/16, 1261/16, 1593/16, 2354/16, 2527/16. Medizinrecht 38: 572–574.
Kindhäuser, Urs, Ulfried Neumann und Hans-Ullrich Paeffgen (Hrsg.). 2017. *Strafgesetzbuch*. Baden-Baden: Nomos. Zitiert: Kindhäuser/Neumann/Paeffgen/Bearbeiter Gesetz, § Rn.
Loupatatzis, Barbara und Tanja Krones. 2017. Die Patientenverfügung «Plus» – das Konzept des Advance Care Planning (ACP). Praxis 106: 1369–1375.
Lindner, Josef Franz. 2020. Verbot geschäftsmäßiger Suizidförderung ins Grundgesetz?, Zugleich Anmerkung zu BVerfG, Urt. v. 26. 2. 2020 – 2 BvR 2347/15, 651/16, 1261/16, 1593/16, 2354/16, 2527/16. Medizinrecht 38: 527–531.
Lungenärzte im Netz. 2020. Patientenverfügung hinsichtlich Beatmung prüfen. https://www.lungenaerzte-im-netz.de/news-archiv/meldung/article/patientenverfuegung-hinsichtlich-beatmung-pruefen/. Zugegriffen 22.08.2022.
Malteser Hilfsdienst. 2020. Ergänzung zu meiner Patientenverfügung. https://www.malteser.de/fileadmin/Files_sites/malteser_de_Relaunch/Angebote_und_Leistungen/Patientenverfuegung/Ergaenzung-Patientenverfuegung-Covid-19-zum-Ausfuellen-2021.pdf. Zugegriffen 18.08.2022.
Mertens-Meinecke, Renate. 2021. Die Patientenverfügung in Coronazeiten – mutig oder lebensgefährlich?. Forum Familienrecht 24: 445–446.
Meyer, Nathalie. 2021. *Umfang und Grenzen der Bindungswirkung von Patientenverfügungen, Eine Untersuchung unter besonderer Berücksichtigung von Demenzerkrankungen und der zivil- und strafrechtlichen Haftbarkeit des Arztes*. Baden-Baden: Nomos.
Meyer-Stiens, Lüder. 2012. *Der erzählende Mensch – der erzählte Mensch, Eine theologisch-ethische Untersuchung der Patientenverfügung aus Patientensicht*. Göttingen: Edition Rupprecht.
Nationaler Ethikrat. 2005. *Patientenverfügung – Ein Instrument der Selbstbestimmung, Stellungnahme*. Berlin.
Olick, Robert S. 2001 *Taking Advance Directives Seriously, Prospective Autonomy and Decisions Near the End of Life*. Washington D.C.: Georgetown University Press.

Olzen, Dirk und Angela Metzmacher. 2010. Rechtliche Probleme der Patientenverfügung – Einleitung in das Thema. Familie Partnerschaft Recht 16: 249–252.

Poscher, Ralf. 2021. Die Abwägung von Leben gegen Leben. Triage und Menschenwürdegarantie In: *Triage in der Pandemie*, Hrsg. Hörnle Tatjana, Stefan Huster und Ralf Poscher, 3–39. Tübingen: Mohr Siebeck.

Quaas, Michael, Rüdiger Zuck, Thomas Clemens und Julia Maria Gokel (2018): *Medizinrecht, Öffentliches Medizinrecht – Pflegeversicherungsrecht – Arzthaftpflichtrecht – Arztstrafrecht*. München: C.H. Beck.

Querdenken 7171. 2020. AUF DEN PUNKT GEBRACHT | UNSER MANIFEST. https://querdenken-7171.de/manifest. Zugegriffen 22.08.2022.

Sander, Günther M. (Red.). 2021. *Münchener Kommentar zum Strafgesetzbuch, Band 4, §§ 185–262*. München: C.H. Beck. Zitiert: MüKoStGB/Bearbeiter Gesetz, § Rn.

Schendel, Marco. 2020. Die fragwürdige Autonomie von Karlsruhe – Zum Sterbehilfe-Urteil des Bundesverfassungsgerichts vom 26. Februar 2020. Zeitschrift für Menschenrechte 14: 173–180.

Schöpke, Alexander. 2020. Staatliche Neutralität, moralischer Pluralismus und die parlamentarische Entscheidung zum assistierten Suizid. Archiv für Rechts- und Sozialphilosophie 106: 353–367.

Sellmeyer, Michael (2021): Transparent entscheiden – Zur Berücksichtigung persönlicher Wertvorstellungen bei Patientenverfügungen. In: *Senioren zwischen Selbst- und Fremdbestimmung, Interdisziplinäre Studien zu hohem Alter und Lebensende*. Hrsg. Frewer, Andreas, Sabine Klotz, Christoph Herrler und Heiner Bielefeldt. 97–122. Würzburg: Königshausen & Neumann.

Sonneck, Lena. 2022. Die Pflicht des Gesetzgebers, die Triage zu regeln. COVID-19 und Recht 3: 130–135.

Stange, Lena und Mark Schweda. 2022. Gesundheitliche Vorausverfügungen und die Zeitstruktur guten Lebens. Ethik in der Medizin 34: 239–255.

Steenbreker, Thomas. 2020. Identität und Freiheit: Studien zur Zeitlichkeit der Person im Strafrecht. Tübingen: Mohr Siebeck.

Weilert, Katarina. 2020. Anmerkung zum Urteil des BVerfG vom 26.02.2020 (»Suizidbeihilfe«). Deutsches Verwaltungsblatt 135: 879–882.

Wendler, Achim. 2021. Nach Söders Impf-Gestichel: Aiwanger warnt vor Druck. https://www.br.de/nachrichten/bayern/nach-soeders-impf-gestichel-aiwanger-warnt-vor-druck,SbupYqX. Zugegriffen 22.08.2022.

Der Patient:innenwille von Kindern und Jugendlichen – Herausforderungen für die stationäre Versorgung und die Klinische Ethik

Katharina Woellert

Zusammenfassung

Obwohl der individuellen Selbstbestimmung in der Gesundheitsversorgung eine sehr hohe Bedeutung zukommt, gilt dieser Grundsatz im Rahmen der Pädiatrie nur eingeschränkt. Das hat damit zu tun, dass Kinder und Jugendliche medizinische Entscheidungsfragen abhängig von ihrem Alter und der individuellen Reife oftmals nicht in voller Konsequenz erfassen können. Sie sind somit in besonderem Maße auf Fürsorge angewiesen. Gleichzeitig haben Kinder und Jugendliche aber in aller Regel eine sehr klare Meinung zu der anstehenden Frage, die von dem in fürsorglicher Absicht Bestimmten abweichen kann. Daraus ergeben sich Spannungen, die zugleich eine ethische Dimension beinhalten. Wird dem im klinischen Alltag nicht adäquat begegnet, so kann dies leicht zu Einbußen bei der ethischen Versorgungsqualität führen. Deswegen handelt es sich hierbei um ein Thema für die Klinische Ethik. Am Universitätsklinikum Hamburg-Eppendorf (UKE) wurde durch das Klinische Ethik-Komitee deshalb ein normativer Rahmen entwickelt, der in diesem Spannungsfeld zwischen Autonomie und Fürsorge Orientierung geben soll: Die „Ethischen Grundsätze zur Beachtung des Patient:innenwilles bei der Behandlung von Kindern und Jugendlichen". Der vorliegende Beitrag ordnet

K. Woellert (✉)
Vorstandsbeauftragte für Klinische Ethik, Institut für Geschichte und Ethik der Medizin, Universitätsklinikum Hamburg-Eppendorf (UKE), Hamburg, Deutschland
E-Mail: k.woellert@uke.de

© Der/die Autor(en), exklusiv lizenziert an Springer Fachmedien Wiesbaden GmbH, ein Teil von Springer Nature 2023
M. J. Fuchs et al. (Hrsg.), *Der Patientenwille und seine (Re-)Konstruktion*, Philosophische Herausforderungen der angewandten Ethik und Gesundheitswissenschaften/ Philosophical Challenges of Applied Ethics and Health Sciences, https://doi.org/10.1007/978-3-658-40192-4_9

das Dokument in den theoretischen Kontext ein, beschreibt seine Bedeutung im Rahmen der Klinischen Ethikarbeit am UKE und diskutiert die damit erzielbare Wirkung.

Schlüsselwörter

Klinische Ethik · Ethik-Leitlinie · Policy work · Ethische Versorgungsqualität · Autonomie

1 Einführung

Der individuellen Selbstbestimmung kommt in der Gesundheitsversorgung eine hohe Bedeutung zu. So ist jede ärztliche, pflegerische und therapeutische Handlung nur dann zulässig, wenn sie dem Willen des oder der Patient:in entspricht – und darüber hinaus auf der Grundlage einer Indikation erfolgt (Huber 2020). Es gibt nur wenige Konstellationen, die Ausnahmen erlauben und in denen auf eine informierte Einwilligung verzichtet werden kann. Dabei handelt es sich um Situationen, in denen den Betroffenen ohne sofortiges Eingreifen gravierende gesundheitliche Gefahren drohen, so wie dies beispielsweise in einem akuten Notfall oder bei erheblicher Selbst- oder Fremdgefährdung der Fall ist (Brennecke 2010). Solche Situationen zeichnen sich dadurch aus, dass es einen akuten Handlungsanlass gibt und es mangels Zeit unmöglich ist, den erklärten oder mutmaßlichen Patient:innenwillen zu der in Frage stehenden Entscheidung in Erfahrung zu bringen. Es sind folglich zeitlich eng umrissene Extremsituationen, in denen sich eine Behandlungsentscheidung ungeachtet der Autonomie ausschließlich an den ethischen Prinzipien Wohltun und Schadensvermeidung orientieren darf (Beauchamp und Childress 1977/2013).

Dies gilt zumindest für die erwachsenenorientierte Gesundheitsversorgung. Anders dagegen ist die Situation im pädiatrischen Kontext. Hier kommt es wiederkehrend zu Entscheidungsfragen, in denen die kindliche Autonomie nur begrenzt Berücksichtigung findet. Kinder und Jugendliche besitzen zwar grundsätzlich die gleichen moralischen Rechte und Kompetenzen wie Erwachsene, aber dennoch sind es in aller Regel die Sorgeberechtigten – meist die Eltern –, die für den oder die minderjährige:n Patient:in Therapieentscheidungen treffen (Kölch et al. 2019). Dabei kommt es nicht selten zu Konflikten, wie die nachfolgenden, fiktiven Beispiele zeigen:

Die 13-jährige Hanna ist schon lange ernsthaft erkrankt. Nun lehnt sie eine vital indizierte Maßnahme vehement und begründet ab (z. B. eine weitere

Chemotherapie oder aber eine schwerwiegende Operation). Die behandelnden Ärzt:innen befürworten die Maßnahmen, weil sie dabei vor allem das zukünftige Wohlergehen des Kindes vor Augen haben und die mit dem Eingriff einhergehenden Belastungen gegen die Konsequenzen einer Nichtbehandlung in Relation setzen. Die Eltern schließen sich dem an. Hannas Auffassung findet kein Gehör.

Der 4-jährige Paul frühstückt gerade, als er zur Blutentnahme gebeten wird. Diese Diagnostik ist medizinisch notwendig und dringend. Ein anderer Zeitpunkt ist aufgrund der engen Taktung auf der Station schlecht möglich. Paul wehrt sich mit aller Kraft, noch bevor ihm klar wird, dass es „gepikst" werden soll. Er will jetzt Essen und „gepikst" werden will er ohnehin nicht. Schließlich wird die Blutentnahme gegen seinen erkennbaren Willen und unter Anwendung von Zwang (Festhalten) schnell und begleitet durch freundliche Zuwendung durchgeführt.

Die Eltern wollen die schwerkranke 16-jährige Laura mit nach Hause nehmen. Sie leidet an einer chronischen Erkrankung und ist u. a. auf Beatmung angewiesen. Ihre Entwicklung ist krankheitsbedingt verzögert. Das therapeutische Team ist der Auffassung, dass bei häuslicher Pflege das Wohl der Jugendlichen durch eine kritische gesundheitliche Situation bedroht sein könnte (z. B. in Verbindung mit der Heimbeatmung). Die Eltern sind der Meinung, dass Laura in der häuslichen Situation insgesamt besser aufgehoben ist: Dort wirke das Kind entspannt und zufrieden, im stationären Kontext zeige sich Laura dagegen unruhig und aggressiv. Lauras Eltern wünschen zudem ausdrücklich, dass ihre Tochter in die Entscheidung nicht aktiv einbezogen werde. Sie wollen sie damit schützen.

Die Beispiele sind in leicht abgewandelter Form einer Verfahrensanweisung[1] entnommen, die am Universitätsklinikum Hamburg-Eppendorf (UKE) erarbeitet und implementiert wurde (Woellert 2019). Sie setzt sich mit der angemessenen Berücksichtigung des Patient:innenwillens von Kindern und Jugendlichen auseinander. Das Dokument macht deutlich, auf welche breit gefächerte Problematik das Bemühen nach einer angemessenen Berücksichtigung der Behandlungswünsche von Minderjährigen stößt. Die Verfahrensanweisung wurde durch das Klinische Ethik-Komitee (KEK) des UKE erarbeitet, welches seinerseits eingebettet ist in eine breit aufgestellte Ethikarbeit (Woellert 2021b). Erstmalig in Kraft gesetzt wurde das Dokument bereits im Oktober 2016. Seitdem sind die

---

[1] Dabei handelt es sich im QM-System des Universitätsklinikums Hamburg-Eppendorf (UKE) um ein Dokument, welches vom Vorstand in Kraft gesetzt wurde und für das gesamte Klinikum Gültigkeit besitzt.

dort formulierten Inhalte zum integralen Bestandteil der Ethikarbeit am UKE und der dort etablierten Ethik-Fallberatungen geworden. Aktuell wird die weitere Implementierung von den in den pädiatrischen Abteilungen angesiedelten Ethik-Mentor:innen[2] vorangetrieben. Dies dient letztlich dem Ziel, die Anforderung nach einer konsequenten Patient:innenorientierung (Scholl et al. 2014) auch in der Versorgung von Kindern und Jugendlichen umzusetzen und dadurch ethische Versorgungsqualität zu fördern (Fox et al. 2010).

Der vorliegende Beitrag befasst sich mit der Problematik, die sich in der pädiatrischen Versorgung bei der Orientierung an dem ethischen Prinzip Autonomie ergibt, und diskutiert, wie dieses Spannungsfeld in der Klinischen Ethikarbeit aufgegriffen werden kann. Die oben genannte Verfahrensanweisung dient dabei als Beispiel für die Möglichkeiten, ethischen Herausforderungen mit den Mitteln der Klinischen Ethik zu begegnen. Der Beitrag ist folgendermaßen aufgebaut: Nach einer Einführung in die Problemstellung (2) und in die Strukturen Klinischer Ethik am UKE (3) werden der Hintergrund für die Entwicklung der Verfahrensanweisung sowie der eigentliche Erarbeitungsprozess skizziert (4). Kernstück des Beitrages ist die Beschreibung der Inhalte des Dokumentes (5). Damit widmet sich der Beitrag der übergreifenden Frage auf welche Weise und mit welcher Methodik es gelingt, über die Angebote der Klinischen Ethik die Regelprozesse des Krankenhauses zu erreichen und die dort Tätigen in einem kompetenten Umgang mit ethischen Herausforderungen zu unterstützen. Dahinter steht der Anspruch, in der Versorgung von Patient:innen wie Hanna, Paul und Laura ethische Versorgungsqualität zu gewährleisten.

2 Zur grundlegenden Problematik der Autonomie von Kindern und Jugendlichen

Der *moralische Status* eines Individuums beschreibt dessen Positionierung im „normativen Kosmos" und begründet dadurch auch seinen Anspruch auf den Schutz grundlegender moralischer Rechte (Schickhardt 2016, S. 119). Es besteht ein breiter Konsens darüber, dass allen geborenen Menschen ein gemeinsamer moralischer Status zukommt – ein Anspruch, der nicht zuletzt im Artikel 3 des Grundgesetzt seinen Niederschlag findet. Dies gilt uneingeschränkt für alle

---

[2] Dies ist ein am UKE entwickeltes und implementiertes Modell zur Stärkung der ethischen Expertise in den Behandlungsteams. Für eine ausführliche Beschreibung des Konzepts sei verwiesen auf Woellert (2021a).

Menschen und zwar ganz gleich in welcher körperlichen Verfassung sie sich befinden, ob sie beispielsweise dazu in der Lage sind, zu einer in Frage stehenden Angelegenheit eine moralische Position zu beziehen. Abgesehen von bestimmten Erkrankungen, die mit einer Beeinträchtigung des Bewusstseins einhergehen und im sehr frühen Stadium der nachgeburtlichen Entwicklung, besitzen Menschen in aller Regel eine solche moralische Kompetenz und sind in diesem Sinne *moral agents* (Beauchamp und Childress 1977/2013, S. 72–73). Das gilt auch für Kinder und Jugendliche (Wiesemann 2016a, S. 12–13). Die beiden erstgenannten Beispiele zeigen dies eindrücklich.

Anders als dies bei Erwachsenen in der Regel der Fall ist, sind Minderjährige aber je nach Alter, Entwicklungsstand, individuellen Fähigkeiten und Vorerfahrungen in unterschiedlichem Ausmaß in der Lage, die Konsequenzen einer Entscheidungsfrage vollumfänglich zu erfassen, deren Auswirkung auf das eigene aktuelle und zukünftige Wohlergehen zu beurteilen sowie diese gegen alternative Lösungen abzuwägen. Das führt dazu, dass es ihnen nur bedingt möglich ist im Sinne eines *informed consent* (Kölch et al. 2019) eigenverantwortlich zu agieren. Ihre *Autonomiekompetenz, moral autonomy,* ist noch nicht voll ausgebildet und sie sind deshalb nur eingeschränkt zu eigenverantwortlichen Entscheidungen in der Lage (Wiesemann 2016a, S. 126–127). Das macht sie vulnerabel und führt ihnen gegenüber zu einer besonderen Fürsorgeverpflichtung. Aus diesem Grund kommt Minderjährigen ein besonderer Schutzanspruch zu – anders, als dies bei Erwachsenen in der Regel der Fall ist (Beauchamp und Childress 1977/2013, S. 90–94).

Es besteht somit ein Spannungsverhältnis zwischen der moralischen Kompetenz von Kindern und Jugendlichen auf der einen und ihrer relativen Autonomiefähigkeit auf der anderen Seite. In der Gesundheitsversorgung tritt dieses in besonderer Weise zu Tage: Selbst, wenn der Wille von Minderjährigen bei Entscheidungen im Rahmen der medizinischen Versorgung einfließt bzw. einfließen sollte (United Nations 1989), so sind sie doch gleichzeitig vor den Konsequenzen ihrer reifebedingt nur unvollständig reflektierten Wünsche zu schützen.

Das führt dazu, dass die *Stellvertreterschaft* in der Pädiatrie einen besonderen Stellenwert einnimmt – ebenso, wie die Bedeutung sozialer Beziehungen. Behandlungsentscheidungen kommen hier fast immer in einer Triade (Minderjährige-Sorgeberechtigte-Behandlungsteam) zu Stande und zwar unabhängig davon, welches faktische Mitspracherecht Kindern und Jugendlichen dabei eingeräumt wird (Dörries 2013). Problematisch ist das dann, wenn die moralische Position des oder der Minderjährigen dabei unreflektiert bleibt. Ein klares Verständnis von der moralischen Verortung von Kindern und Jugendlichen ist eine Voraussetzung für einen verantwortungsvollen Ausgleich zwischen *moral agent* und relativer *moral autonomy*, zwischen Selbstbestimmung und Fürsorge (Wiesemann 2014). In besonderem Maße gilt das, wenn die Vorstellungen des oder der Minderjährigen und die der Sorgeberechtigten hinsichtlich des moralisch besten Handelns divergieren – so wie im erstgenannten Beispiel zwischen Hanna und ihren Eltern. Wessen Urteil ist in einem solchen Fall entscheidungsleitend – und wie lässt sich dieses ethisch begründen?

Um hier Klarheit zu erlangen ist ein Rückgriff auf die drei sogenannten „Positionen einer Ethik des Kindes" (Wiesemann 2014, S. 163–166) hilfreich, die an die Figur des moralischen Status anschließen. Die erste Position geht von der Annahme aus, dass sich Erwachsene und Minderjährige in ihrer moralischen Reife grundlegend unterscheiden *(altersbasierter moralischer Status)*, weswegen eine Ungleichbehandlung ethisch gerechtfertigt ist. Scheidelinie ist dabei eine bestimmte Altersgrenze, die nicht zwangsläufig mit der Volljährigkeit gleichzusetzen ist. Erst mit Erreichen dieser Zäsur kommt einer Person ein Recht auf Selbstbestimmung zu. Im Umkehrschluss bedeutet dies, dass es ethisch vertretbar ist, die Behandlungswünsche der Betroffenen vor Erreichen dieser Grenze zu ignorieren – insbesondere dann, wenn sie dem externalen und/oder dem prospektiven Wohl des oder der Betroffenen entgegen zu stehen scheinen.

Die zweite „Position einer Ethik des Kindes" bindet eine ethisch gerechtfertigte Ungleichbehandlung zwischen Erwachsenen auf der einen sowie Kindern und Jugendlichen auf der anderen Seite an die Ausbildung bestimmter kognitiver Fähigkeiten, die als Voraussetzung für ein gefestigtes Wertesystem sowie eine stabile moralische Persönlichkeit dienen *(autonomiebasierter moralischer Status)* (Wiesemann 2014, S. 163–164). Hier liegt der Fokus somit auf der Fähigkeit zur selbstbestimmten Entscheidung, der *moral autonomy*, wobei diese an bestimmte Kompetenzen und nicht an eine altersbezogene Zäsur geknüpft wird – und somit von Person zu Person unterschiedlich verortet sein kann. Liegt eine *moral autonomy* nicht vor, so ist es nach dieser Lesart ethisch vertretbar, gegen den ausdrücklichen Willen des oder der Minderjährigen zu entscheiden. Spannend ist an dieser Stelle, wer befugt ist über das Vorhandensein einer solchen Fähigkeiten zu entscheiden und welche Kriterien im Einzelnen dafür erfüllt sein müssen. Denn, wenn die Wünsche des oder der Minderjährigen mit der Einschätzung der Erwachsenen konfligieren, so beeinflusst dies automatisch deren Urteil über die Autonomiefähigkeit der minderjährigen Person. Hannas Eltern würden ihrer Tochter aller Wahrscheinlichkeit nach keine Autonomiefähigkeit zugestehen. Zugleich stehen sie aber durch die familiäre Bindung in einer besonderen Beziehung zu der Patientin Hanna, wodurch die elterlichen Wünsche (beispielsweise nach einer Heilung der Tochter) möglicherweise den Blick auf die belastenden Anteile der Therapie und eine andere Wertehaltung der Tochter verstellen. Nach Rawls müsste die Feststellung über die Autonomiefähigkeit in einem idealen Zustand des Nicht-Wissens erfolgen und dürfte somit nicht bei Personen liegen, die in die anstehende Entscheidung emotional eingebunden sind (Rawls 1971/2013).

Die dritte Position setzt dagegen einen anderen Akzent: Sie basiert auf der Annahme, dass Minderjährige in jeder Altersstufe moralische Kompetenz besitzen, nur stellt sich diese je nach Reife und Vorerfahrung angepasst an die in Frage stehende Problematik unterschiedlich dar *(akteursbasierter moralischer Status)* (Wiesemann 2014, S. 164–165). Minderjährige haben demnach ein Bewusstsein für das moralisch Gute und zwar auch dann, wenn sie die Folgen ihrer Einschätzung noch nicht in aller Konsequenz erfassen können. Deswegen ist nach dieser Argumentationslogik den Wünschen von Kindern und Jugendlichen in jedem Fall mit uneingeschränktem Respekt zu begegnen – und zwar auch dann, wenn diese nicht zwangsläufig entscheidungsleitend werden. Es geht vielmehr darum, die moralische Position des oder der Minderjährigen wahrzunehmen, zu würdigen, sie nach Möglichkeit zur Grundlage von Entscheidungen zu machen und gegebenenfalls nach einem angemessenen Ausgleich zu suchen. Moralische Kompetenz *(moral agent)* und Autonomiefähigkeit sind nach dieser Auffassung gleichwertige Konzepte, die sich gegenseitig ausspielen können und dadurch Konflikte verursachen.

3 Klinische Ethik am Universitätsklinikum Hamburg-Eppendorf

Der Ausgleich zwischen dem besonderen Schutzanspruch, der Kindern und Jugendlichen zukommt, und der Berücksichtigung ihrer moralische Rechte und Kompetenzen muss Grundlage aller Überlegungen und Entscheidungen im Rahmen der medizinischen Versorgung von Kindern und Jugendlichen sein. Daran muss sich pädiatrische Versorgung und auch die Klinische Ethik orientieren. Am UKE wurde dieser Qualitätsanspruch im Rahmen der dort etablierten Ethikstrukturen aufgegriffen. Das Ergebnis ist eine für das gesamte Klinikum gültige Verfahrensanweisung. Für eine kritische Reflektion der damit zu erzielenden Effekte muss diese in die Gesamtheit der Klinischen Ethikarbeit am UKE eingeordnet werden. Deswegen werden nachfolgende die dort etablierten Strukturen Klinischer Ethik überblicksartig darstellt (Woellert 2021b).

Beim UKE handelt es sich um ein Krankenhaus der Maximalversorgung mit über 500.000 jährlich versorgten Patient:innen, vielen in verschiedenen Zentren und Kliniken organisierten medizinischen Fachdisziplinen sowie über 13.000

Mitarbeitenden. Das bringt besondere Herausforderung mit sich: Ethische Versorgungsqualität unterliegt angesichts einer solchen Komplexität vielen Störfaktoren und ein *ethical climate* (Silverman 2000; Woellert 2019) ist deutlich schwerer zu beeinflussen. Klinische Ethik muss diese Rahmenbedingungen berücksichtigen. Am UKE ist sie dafür prominent verankert und fest in die Strukturen etabliert. Sie hat eine Vorgeschichte, die bis in die 1980er Jahre zurückreicht. Die heutigen Strukturen weisen dagegen einen kürzeren Vorlauf auf. Einen wichtigen Schritt dazu ging das Haus 2014 mit der Gründung eines Klinischen Ethik-Komitees (KEK), der Ernennung der Autorin zur hauptamtlichen Vorstandsbeauftragten für Klinische Ethik sowie dem Aufbau eines eigenen Arbeitsbereiches, dem mittlerweile zwei weitere Mitarbeitende angehören. Damit waren die Steuerungs- und Leitungsstrukturen in ihrer jetzigen Form angelegt. Seitdem hat das Haus ein umfangreiches Ethikangebot aufgebaut, dass die klassische Aufgabentrias (Bundesärztekammer 2006; Akademie für Ethik in der Medizin 2010) bestehend aus Fallberatung, Schulung und Leitlinienentwicklung bedient und darüber hinaus auch die Problematik eines effektiven Ethik-Transfers (Arn 2009) systematisch berücksichtigt. So, wie die Klinische Ethik am UKE aktuell strukturiert ist, ist sie im Kern auf die Förderung der Möglichkeiten zum Austausch über ethischer Herausforderungen im klinischen Versorgungsalltag angelegt. Oder mit anderen Worten: Ihr Ziel ist die Förderung von ethischer Versorgungsqualität (Fox et al. 2010).

Heute verfügt das UKE über verschiedene Ethik-Leitlinien sowie über ein umfangreiches Repertoire an Ethikschulungen. Die Ethik-Fallberatung wurde neu aufgelegt, was zu einer jährlichen Anzahl von rund 45 Ethik-Fallberatungen, zu zusätzlichen präventiven Beratungsangeboten und zu einer spezialisierten „ethischen ECMO-Visite" geführt hat. Hinzu kommt ein spezielles Beratungsformat, das im Zusammenhang mit späten Schwangerschaftsabbrüchen zum Einsatz kommt. Anders als dies oftmals der Fall ist, wird durch die Klinische Ethik am UKE noch ein viertes Aufgabenfeld bedient. Dieses trägt die Bezeichnung „organisationale Durchdringung" und widmet sich der systematischen Gestaltung des Ethik-Transfers, also der Verankerung und Förderung von Ethikkompetenzen in den Regelprozessen des Alltages. Dessen wichtigste Strategie besteht in der Streuung von Ethikexpertise und dem Aufbau von dafür ernannten Verantwortlichen in den einzelnen Teams. Das Programm trägt die Bezeichnung Ethik-Mentor:innen am UKE (Woellert 2021a). Es lehnt sich an vergleichbare Modelle an (MacRae et al. 2005; Bruce et al. 2014; Albisser Schleger 2019), wurde aber speziell auf die Belange am UKE entwickelt und weist daher eine ganz eigene Ausprägung auf. Für das hier verhandelte Thema kommt dem

Konzept eine zentrale Bedeutung zu, denn über die Ethik-Mentor:innen wird die Implementierung der Verfahrensanweisung aktuell vorangetrieben.

4 Anlass und Entstehungsgeschichte der Verfahrensanweisung

Dem Arbeitsfeld Leitlinienentwicklung kommt in der Klinischen Ethikarbeit eine besondere Bedeutung zu. Um dies zu begründen bedarf es einer umfangreicheren Erläuterung: Kommt es im Behandlungsverlauf zu einer ethisch komplexen und problematischen Situation, so wird diese bestenfalls in der direkten Interaktion der Beteiligten im Rahmen der Regelkommunikation verhandelt. Dabei handelt es sich um ein Agieren auf Mikroebene, also auf der Ebene von Einzel- und Kleingruppeninteraktionen. Der individuelle Handlungsspielraum wird jedoch durch die organisationalen Rahmenbedingungen bestimmt. Oder mit anderen Worten: auf der Mesoebene werden die Weichen gestellt für ein ethisch verantwortliches Handeln in der individuellen Patient:innenversorgung (Woellert 2021b). Dieser Zusammenhang erhält dadurch Brisanz, dass es sich bei Krankenhäusern um hyperkomplexe Systeme handelt (Großmann und Lobnig 2013). Das bedeutet, dass sie aus einer filigranen Architektur aus Hierarchien, Strukturen und Prozessen bestehen. Damit dieses Zusammenspiel Funktionalität entfalten kann, werden wiederkehrende Fragen übergreifend thematisiert und geregelt. Denn die in hyperkomplexen Systemen handelnden Personen wären „völlig überfordert, wenn sie für jede Entscheidungssituation neue Bewertungsmaßstäbe und Abläufe entwickeln müssten" (Wallner 2015, S. 236) Ein Ausweg aus diesem Dilemma bieten die so genannte Entscheidungsprämissen bzw. Meta-Entscheidungen. Mit ihnen werden die Dimensionen wiederkehrender Fragen im Vorfeld erarbeitet und den Handelnden für den Einzelfall ein konkreter Entscheidungsrahmen zur Verfügung gestellt.

Das nutzt auch die Klinische Ethik für sich und zwar im Rahmen der Leitlinienarbeit, *policy work* (Garrison und Magnus 2012). Denn auch ethische Problematiken lassen sich im Rahmen von Ethik-Leitlinien, Verfahrensanweisungen (VA) oder sogenannten Standard Operation Procedures (SOP) vordenken, um den Handelnden konkrete und verbindliche Entscheidungs- und Handlungshilfen zur Verfügung zu stellen. Mit anderen Worten: Ziel ist es, die Rahmenbedingungen für Ethikreflexion in Strukturen zu bringen, wobei die Ausarbeitung, Implementierung und Evaluation einer solchen Ethik-Leitlinie auf Mesoebene geschieht und oftmals beim KEK angesiedelt ist. Um diesen Zusammenhang muss man wissen, will man die Verfahrensanweisung zur Berücksichtigung des Patient:innenwillens von Kindern und Jugendlichen kritisch beleuchten.

Im Fall der hier besprochenen Thematik entstand die Idee für die Erarbeitung einer Ethik-Leitlinie aus dem KEK heraus und auch der Ausarbeitungsprozess wurde von diesem Gremium gestaltet. Das ist laut Satzung möglich, denn das KEK ist am UKE entsprechend den einschlägigen Empfehlungen weisungsunabhängig (Bundesärztekammer 2006; Akademie für Ethik in der Medizin 2010). Zugleich kann die Arbeit eines KEK aber nur in der Entwicklung von Empfehlungen bestehen, die im Anschluss von anderer Stelle in Kraft gesetzt werden müssen (Steinkamp und Gordijn 2010). Das bedeutet: Klinische Ethik ist zwar berechtigt zu absprachefreier Arbeit, deren Ergebnisse bleiben aber wirkungslos, wenn sie nicht konsequent die Perspektive derjenigen berücksichtigt, denen diese eine ethische Orientierung bieten sollen. Die Auftragsklärung sollte demnach in der Ethikarbeit konsequent berücksichtigt werden (MacRae et al. 2008).

Die Ausarbeit der hier besprochenen Ethik-Leitlinie erfolgte in einer 2015 aus dem KEK heraus gegründeten Arbeitsgruppe. Ihr gehörten neun Personen an: neben KEK-Mitgliedern waren dies Mitarbeitende aus verschiedenen Bereichen der pädiatrischen Versorgung am UKE und zusätzlich eine Mitarbeiterin des Geschäftsbereichs Recht. Der Arbeitsprozess dauerte insgesamt zwei Jahre. Im Verlauf wurden Arbeitsziel und Zwischenergebnisse mehrfach mit dem UKE-Vorstand sowie den ärztlichen und pflegerischen Leitungen der pädiatrischen Kliniken abgestimmt. Gleiches gilt für die Geschäftsbereiche Recht und Qualitätsmanagement. Zudem wurde über den Arbeitsfortgang laufend im KEK berichtet und der Text der Ethik-Leitlinie wurde in der Finalisierungsphase zweimal im Ganzen in diesem Gremium diskutiert. Erst im Anschluss kam es 2017 zur Verabschiedung der „Ethischen Grundsätze" durch das KEK und zur anschließenden Inkraftsetzung durch den UKE-Vorstand im Rahmen einer Verfahrensanweisung.

Zu Beginn erfolgte die Ausarbeitung in einem offenen Prozess mit dem Ziel, die Besonderheiten bei der Berücksichtigung der Autonomie von Kindern und Jugendlichen bei therapeutischen Entscheidungen aus ethischer Perspektive zu diskutieren. Es ging dabei um die Entwicklung einer Arbeitshilfe für den Klinischen Alltag. Zu Beginn war dieses Ziel bewusst vage gehalten. Erst im Verlauf wurde deutlich, dass das Thema einen derart komplexen ethischen Sachverhalt umfasst, dass die Arbeitsgruppe als Ergebnis letztlich ausschließlich die Formulierung eines normativen Rahmens anstrebte. Das Ergebnis waren fünf „Ethische Grundsätze zur Beachtung des Patient:innenwillens bei der Behandlung von Kindern und Jugendlichen". Diese gelten für die Versorgung von

Kindern und Jugendlichen am UKE nun insofern als verbindlich, als dass deren Bedeutung in einer konkreten Situation regelhaft bedacht werden sollte – auch wenn möglicherweise nicht alle gleichermaßen umgesetzt werden können.

Der Stellenwert als Verfahrensanweisung allein reicht aber nicht aus, damit aus den „Ethischen Grundsätzen" ein Instrument wird, mit dem die ethische Versorgungsqualität in der Pädiatrie positiv beeinflusst werden kann. Dies muss im Gegenteil aktiv gestaltet werden und ist nur im Verlauf eines intensiven Prozesses zu erreichen. Letztlich geht es dabei darum, die Inhalte von der abstrakten Ebene auf die Ebene des praktischen Entscheidens und Handelns zu überführen. Diese Aufgabe muss vorrangig von den pädiatrischen Kliniken umgesetzt werden. Ethikarbeit kann diesen Prozess aber unterstützten (Sisk et al. 2020). Deswegen wurde das Thema beispielsweise im Rahmen eines Ethik-Tages im Sommer 2017 aufgegriffen: In einem eigenen Workshop wurden die „Ethischen Grundsätze" vorgestellt sowie Ideen für konkrete Handlungshilfen entwickelt und in einem Vortrag wurde das Dokument einem breiten Publikum vorgestellt. Darüber hinaus sind die am UKE tätigen Ethik-Fallberater:innen in der Anwendung der Grundsätze geschult worden. Bei pädiatrischen Fragestellungen werden diese ergänzend zu den durch Beauchamp und Childress formulierten Prinzipien (1977/2013) in den Reflexionsprozess eingebunden. Die Implementierung in die Regelprozesse der pädiatrischen Versorgung stellt dagegen einen deutlich komplexeren Prozess dar, der entsprechend einige Zeit in Anspruch nehmen wird. Dem aktuell in Aufbau befindliche Konzept der Ethik-Mentor:innen kommt dabei eine zentrale Bedeutung zu (Woellert 2021a).

5 Policy work am Beispiel der Ethik-Leitlinie: „Ethische Grundsätze zur Beachtung des Patient:innenwillens bei der Behandlung von Kindern und Jugendlichen"

Kernstück der Ethik-Leitlinie sind fünf „Ethische Grundsätze", die als Orientierungshilfe bei der Auflösung des Spannungsfeldes zwischen *moral agent* und *moral autonomy* dienen und zeigen, auf welche moralischen Werte sich die Versorgung von Kindern und Jugendlichen am UKE stützt. Dabei sind die fünf Grundsätze als Einheit zu verstehen: Im konkreten Einzelfall sind alle zu bedenken und kein Grundsatz ist prinzipiell bedeutsamer als die anderen. Damit soll im Alltag und bezogen auf das Einzelschicksal die Abwägung moralischer Dilemmata und der Ausgleich gegensätzlicher Bedürfnisse unterstützt werden. Wichtig ist an dieser Stelle, dass die ethischen Grundsätze nicht als Gegenkonzept zu den von Beauchamp und Childress formulierten Prinzipien mittlerer Reichweite (1977/2013) zu verstehen sind, sondern als Ergänzung, die die spezifischen ethischen Herausforderungen in der pädiatrischen Versorgung aufgreift.

Das Dokument umfasst neben den „Ethischen Grundsätzen" auch eine Präambel und umfangreiche Erläuterung, jeweils verbunden mit kurzen Fallbeispielen. Abschließend werden die Zielgruppen des Dokumentes und die ihnen jeweils zugeschriebenen ethischen Rechte und Pflichten benannt. Dies beinhaltet auch die ausdrückliche Einladung, über die Inhalte des Dokumentes in den Austausch miteinander zu gehen und – über die Vorstandsbeauftragte für Klinische Ethik – konstruktives Feedback mitzuteilen. Nachfolgend werden die „Ethischen Grundsätze" im Einzelnen vorgestellt, wobei die Zwischenüberschriften jeweils den genauen Wortlaut wiedergeben.

5.1 „Das Wohl der Kinder und Jugendlichen steht an erster Stelle"

Die Achtung des Patient:innenwohls ist traditionell ein wichtiges moralisches Prinzip in der Medizinethik (Deutscher Ethikrat 2016). Was so eindeutig erscheint, wird bei genauer Betrachtung jedoch vielschichtig und deswegen auch konfliktträchtig. Denn wie genau lässt sich das Wohl einer Person bemessen und gibt es dafür objektive Kriterien, gibt es also ein *objektiv bestimmbares Wohl?* Selbst vermeintlich eindeutige Beeinträchtigungen des Wohlergehens stellen sich im subjektiven Erleben mitunter sehr unterschiedliche dar. Das zeigt sich beispielsweise am individuellen Umgang mit einer schweren körperlichen Beeinträchtigung nach einem Unfall. Es existiert somit neben dem objektiven auch ein *subjektiv bestimmbares Wohl* – und beide sind oftmals nicht identisch (Gosepath et al. 2011). Die Vielschichtigkeit der Kategorie „Wohl" zeigt sich auch in Hinblick auf die zeitliche Komponente: Eine therapeutische Maßnahme mag für den oder die Patient:in im Augenblick einer gesundheitlichen Krise eine unzumutbare Belastung darstellen *(aktuelles Wohl),* kann retrospektiv und nach Gesundung aber als tolerabel sowie Notwendig für den Heilungsprozess und somit das zukünftige Wohl angesehen werden *(prospektives Wohl).* Diese Dichotomie wird am Beispiels Pauls deutlich: In der eingangs beschriebenen Szene hat das Nutella-Brötchen für Paul mit Abstand die höchste Priorität. Reifebedingt ist er nicht in der Lage, dieses Verlangen in Relation zu setzten zu den Vorteilen, die die Blutentnahme perspektivisch für ihn bedeutet. Doch selbst wenn er zu einer auf die Zukunft gerichteten Reflexion bereits in der Lage wäre, würde er aus seinem kindlichen Weltbild heraus möglicherweise das (sehr reale) süße Frühstück der (abstrakteren) Genesung vorziehen. Damit käme er zu einer anderen Einschätzung, als seine Eltern und die behandelnden Ärzt:innen. Das Beispiel verdeutlicht den Unterschied zwischen dem *internalen Wohl* aus der Perspektive des oder der Betroffenen und dem *externalen Wohl* aus dem Blickwinkel Außenstehender (Wiesemann 2014). So können Betroffene und die ihnen nahestehenden bzw. die sie fachlich betreuenden Personen in der Einschätzung des besten Vorgehens im Bereich von Medizin und Gesundheit weit auseinanderliegen, auch wenn alle dabei ausschließlich das Wohlergehen des oder der Betroffenen verfolgen.

Beim individuellen Wohl handelt es sich also um keine allgemeingültige, feste und objektive Größe. Im Umgang mit erwachsenen und einwilligungsfähigen Patienten gehen wir heute davon aus, dass diese die entscheidende Instanz bei der Beurteilung ihres spezifischen Wohles sind. Das findet u. a. in der Bedeutung der Patientenautonomie Ausdruck und auch in partizipativen Konzepten wie beispielsweise dem Shared Decision-Making (Scheibler 2004). Den Betroffenen kommt dabei die entscheidende Autorität bei der Interpretation dieser Größe zu. Und das unabhängig davon, ob sie Willens und/oder in der Lage sind, alle Aspekte der Kategorie Wohl in der Entscheidungsfindung zu reflektieren.

In Bezug auf minderjährige Patient:innen fehlt eine vergleichbare Grundannahme. Das Konzept des Kindeswohls spielt zwar eine große Rolle im Zusammenhang mit dem Bemühen um den Schutz von Minderjährigen, gleichwohl handelt e sich um Kategorie, der definitorische Trennschärfe fehlt. Fest steht aber, dass sie sich vom allgemeinen Patient:innenwohl unterscheidet (Wapler 2015). Kinder, egal welchen Alters, haben eine Vorstellung bzw. ein Bewusstsein von dem, was sie für ihr Wohlergehen benötigen. Aber abhängig von der individuellen Reife und von ihrer Vorerfahrung mit der konkreten Situation sind sie unterschiedlich stark in der Lage, in komplexen Zusammenhängen zu denken, die Konsequenzen einer Entscheidung zu beurteilen und diese in Relation zu Alternativen zu setzen. Sie sind also nicht immer in der Lage, ihr prospektives Wohl zu erfassen oder die externale Perspektive auf ihr Wohl nachzuvollziehen. Sie gelten aus diesem Grund als vulnerabel (s. o.). Damit verbindet sich ein moralisches Recht auf Schutz. Sind Minderjährige noch nicht einwilligungsfähig, so müssen Stellvertreter für sie entscheiden; das sind in der Regel die Eltern (§ 1629 BGB). Diese haben die Aufgabe, die Interessen des Kindes zu dessen Wohl und in dessen Sinne zu vertreten (Rumetsch 2013, S. 58). Denn wo der oder die Minderjährige sein *subjektives, internales* und möglicherweise ausschließlich *aktuelles Wohl* wahrnimmt, sind Stellvertreter:innen oder Therapeut:innen in aller Regel in der Lage, weitere Dimensionen des Wohlergehens (*external* und *prospektiv*) zu erfassen und in die Urteilsfindung mit einzubeziehen.

Aber sind sie damit qualifizierter, um dem hier diskutierten „Ethischen Grundsatz" zu entsprechen? Die Ausdifferenzierung der verschiedenen Ebenen des Kindeswohls führt zu der Frage, ob die Einschätzung Außenstehender (Eltern, Behandlungsteam) automatisch über der des Kindes stehen sollte. Die „Ethischen Grundsätze" verneinen dies. Stattdessen fordern sie dazu auf, alle Facetten des Kindeswohls gleichermaßen zu erfassen. Alle Anteile sind grundsätzlich als gleichwertig zu betrachten und alle verdienen Respekt. Für die in diesem Sinne multiperspektive Betrachtung verwenden die „Ethischen Grundsätzen" den Terminus „*mutmaßliches Kindeswohl*". Daran müssen sich Stellvertreter:innen orientieren, wenn sie für Minderjährige Therapieentscheidungen treffen. Selbst, wenn die abschließende Entscheidung gegen den ausdrücklichen Willen des Minderjähren ausfällt – so wie beispielsweise bei Paul –, dann ist dies im Sinne der Grundsätze nur dann ethisch gerechtfertigt, wenn dabei alle Facetten des Wohl angemessen Berücksichtigung gefunden haben. Damit greift dieser Grundsatz das Konzept des „pädiatrischen Shared-Decision-Making" auf (Birchley 2014).

5.2 „Kinder und Jugendliche haben ein Recht auf Achtung ihrer Würde. Das Realisieren wir durch konsequenten Respekt gegenüber ihrer Person und durch Anerkennung ihrer speziellen Bedürfnisse"

Die bisherigen Ausführungen haben verdeutlicht, dass Minderjährige in Bezug auf medizinische Entscheidungen ganz eigene Bedürfnisse und Präferenzen haben können, die sich einem oder einer wohlwollenden Erwachsenen nicht unbedingt sofort erschließen. Der zweite „Ethische Grundsatz" widmet sich deshalb der Frage, welcher Stellenwert der spezifischen Wahrnehmung minderjähriger Patient:innen zukommt und welche ethischen Pflichten daraus abgeleitet werden können. Dabei hilft ein Rückgriff auf die Kategorien *Achtung der Würde* und *Respekt der Personen* (Diehl 2003). Dazu zunächst einige Vorbemerkungen:

„Würde" ist ein filigraner Begriff, denn trotz seiner prominenten Verankerung im Artikel 1 des Grundgesetzes und der sich darin ausdrückenden hohen moralischen Bedeutung ist es nicht leicht, ihn mit konkreten alltagsweltlichen Vorstellungen zu verbinden. Davon ausgehend hat sich in der Medizinethik eine Debatte über die Sinnhaftigkeit dieses Begriffes entwickelt (Schaber 2012). Im Sinne Kants beinhaltet die Kategorie Würde die Aufforderung, dem Menschen als Wesen zu begegnen, dass einen „Zweck an sich selbst" besitzt, dass also unverfügbar für die Bedürfnisse und Ziele anderer ist (Kant 2008, S. 65).

Rehbock konkretisiert diesen Ansatz mit den Worten: „Der Mensch existiert als Person, indem er in Interaktion und Kommunikation mit Anderen sein Leben lebt und dem Anderen als personales und personalem Gegenüber begegnet. […] Tut der Mensch dies nicht, behandelt er sich selbst und andere, als ob sie eine bloße Sache wären, so tritt er zum eigenen Menschsein in Widerspruch und missachtet damit sowohl die eigene Würde als auch die Würde des Anderen" (2011, S. 20). Und Schaber ergänzt: „Würde haben heißt, als Gleicher anerkannt zu sein, über dessen Leben nicht verfügt werden darf, der darüber vielmehr selbst verfügt und entsprechend als jemand anerkannt ist, der eine *normative Autorität* über das eigene Leben besitzt" (2012, S. 301).

Zugleich ist die Kategorie Würde ungemein wirkmächtig. Ihre Bedeutet erschließt sich meist dann besonders deutlich, wenn die eigene Würde oder die anderer verletzt wird. Mit solchen Wahrnehmungen sind in der Regel starke emotionale Reaktionen verbunden. Dabei handelt es sich um Scham, also eine Emotion, die auf die Verletzung von Grundbedürfnissen aufmerksam macht (Marks 2013). Sie setzt Signale, die es ermöglichen zeitnah zu reagieren. Das eröffnet einen alltagstauglichen Zugang zu dieser Kategorie: Die Aufmerksamkeit auf als schamvoll wahrgenommene Situationen bietet Anhaltspunkte für Versorgungskonzepte, die die Würde minderjähriger Patient:innen nicht hinreichend achten. Diese Achtsamkeit versetzt die Handelnden in die Lage, Veränderungen anzuregen. Aus diesem Grund erhielt die Kategorie Würde eine zentrale Position innerhalb der „Ethischen Grundsätze" und die Bedeutung von Scham als Hilfsmittel zur Identifikation würdetangierender Handlungen wird deutlich benannt.

Was aber genau bedeutet die Forderung, die Würde von Minderjährigen zu achten? Wird (und wenn ja inwiefern) die Würde beispielsweise durch die Entscheidung der Eltern für eine medizinische Maßnahme, über die das Kind kaum informiert wird (so wie bei Hanna), oder aber durch Anwendung von Zwang wie beim Festhalten eines Kindes z. B. bei einer Blutentnahme (Paul) verletzt? Die „Ethischen Grundsätze" geben hierauf eine Antwort, indem sie auf den Ansatz Diehls zurückgreifen, der mit dem Würdebegriff die Vorstellung verbindet, den Minderjährigen im empathischen Sinn als Menschen bzw. als Personen zu achten und ihn als ein unverwechselbares Individuum wahrzunehmen (2003, S. 166–171). Diehl argumentiert folgendermaßen: Bei der Behandlung von Minderjährigen tritt oftmals das ethische Prinzip der Autonomie hinter dem Prinzip der Fürsorge zurück. Die Autonomiefähigkeit ist keine absolute Eigenschaft. Vielmehr nimmt sie im Laufe der Entwicklung eines Kindes kontinuierlich zu, ohne dass bestimmbar wäre, ab wann ein ausreichendes Maß an Autonomiefähigkeit gegeben wäre *(autonomiebasierter moralischer Status)* Verstärkt wird dieser Effekt dadurch, dass diese Kompetenz von Vorerfahrungen und situativen

Umständen abhängig ist, also wenig konstanten Vorbedingungen. So kann ein Kind zu einer medizinischen Behandlungsfrage eine klare, reflektierte und wertebasierte Haltung entwickeln, mit anderen mangels Vorerfahrung aber überfordert sein. Davon ausgehend formuliert Diehl folgende These: „Das Prinzip der Menschenwürde kann in solchen Situationen gerade dazu dienen, im Spannungsfeld zwischen Patientenautonomie und Fürsorgeprinzip deutlich zu machen, dass es um mehr geht als die Frage, wer in Bezug auf medizinisch-therapeutische Eingriffe das letzte Wort hat und die Verantwortung tragen muss" (Diehl 2003, S. 168). Vielmehr führe „die Achtung vor der Würde des Kindes wieder zum Kind selbst zurück und schränkt die zweckmäßigen Vorentscheidungen und gewohnheitsmäßigen Entscheidungsabläufe ein, insofern sie in der vorliegenden Situation dem jeweiligen Kind mit seiner individuellen Persönlichkeit nicht gerecht werden" (Diehl 2003, S. 168).

Für die hier in Frage stehende Thematik folgt daraus, dass Minderjährige ganz spezifische persönliche Bedürfnisse besitzen, die sich von denen der Erwachsenen in vielem unterscheiden. Oftmals sind sie gar nicht oder aber nur eingeschränkt in der Lage, sich darüber zu äußern. Und sie können diese Bedürfnisse häufig nicht hinreichend zu verteidigen. Auch das macht sie vulnerabel. Sie bedürfen einer besonderen Unterstützung, etwa indem Erwachsene für sie entscheiden oder Hilfestellung geben bei dem Erlernen des Sich-Orientierens in der Welt. Entscheiden Erwachsene (in medizinischen Fragen) deshalb für eine minderjährige Person und u. U. auch gegen deren Willen, so handelt es sich auch um eine Form Grenzen zu setzen. Kinder können Grenzen akzeptieren und brauchen Grenzen als Orientierung zum Sich-zurechtfinden-in-der-Welt. Aber diese positive Wirkung von Grenzen gelingt nur, wenn sie zugleich als Person respektiert werden *(Respekt ihrer Person)*. Dazu gehört das Wahrnehmen und Anerkennen ihrer Bedürfnisse. Dabei handelt es sich um einen elementareren Aspekt bei der Achtung der kindlichen Würde, der auch im medizinischen Kontext von Bedeutung ist. Kommt es zum Konflikt zwischen dem aktuellen Würdeempfinden des Kindes im Hier und Jetzt und den prospektiven Interessen des Kindes, so sei nach Wiesemann ersterem Vorrang einzuräumen (Wiesemann 2014). Das geböten die Prinzipien *Achtung der Würde* und *Respekt der Personen*. Diese Prinzipien entfalten ihre Wirkung nicht nur im Hier und Jetzt. Vielmehr könnten andernfalls der Selbstrespekt und das Selbstvertrauen der minderjährigen Person derart verletzt werden, dass ihr daraus auch in der Zukunft erhebliche Probleme erwüchsen. Denn auch wenn Minderjährige noch nicht in der Lage sind, eine medizinische Entscheidung in aller Konsequenz zu beurteilen, so kann es für sie gleichwohl tief verletzend sein, wenn sie in ihren Wünschen und ihren Bedürfnissen nicht gehört zu werden. Daraus folgt im Sinne der „Ethischen

Grundsätze": Wer sich – wohlbegründet – über einen Würdeaspekt (z. B. Selbstbestimmung) hinwegsetzt, muss dennoch alle weiteren Facetten der Würde im Blick behalten und ihnen möglichst genügen. Diese Haltung schließt an die Konzeption eines *akteursbasierten moralischen Status* an.

5.3 „Kinder und Jugendliche haben ein Recht auf Selbstbestimmung. Entsprechend ihrem Alter und ihrer Reife unterstützen wir sie bei der Wahrnehmung dieses Rechtes"

Dieser „Ethische Grundsatz" gib eine Orientierung darüber, in welcher Weise Minderjährige zu eigenverantwortlichen Therapieentscheidungen in der Lage sind bzw. zu diesen befähigt werden sollten. Wie schon eingangs ausgeführt, handelt es sich beim Recht auf Selbstbestimmung um ein sehr starkes ethisches Prinzip (Beauchamp und Childress 1977/2013; Rumetsch 2013). Dieser Grundsatz impliziert, dass es dem oder der Patient:in überlassen wird darüber zu urteilen, was er oder sie für moralisch richtig hält und was nicht. Dabei erhält das individuelle Wertesystem der Betroffenen also eine zentrale Position: Es wird zur Grundlage von Entscheidungen im Zuge einer Behandlung – und zwar weitestgehend unabhängig davon, ob die moralische Grundhaltung anderen schlüssig bzw. akzeptabel erscheint.

Formal wird das Recht auf Selbstbestimmung allerdings an bestimmte Voraussetzungen und Bedingungen geknüpft – zum Schutze des oder der Patient:in. Zu einer validen Einwilligung gehört im Sinne des *informed consent*, dass der oder die Patient:in ohne jeden Zwang und umfassend informiert eine nachvollziehbare Zustimmung erteilt. Und – das ist in diesem Zusammenhang besonders wichtig – er oder sie muss für die zu treffende Entscheidung hinreichend kompetent sein. Die betroffene Person muss also die Fähigkeit besitzen, sich über die zu treffende Entscheidung ein umfassendes Urteil bilden zu können (Duttge 2013; Kölch et al. 2019). Bei der *Einwilligungsfähigkeit* handelt es sich daher nicht um eine absolute Eigenschaft, wie etwa eine bestimmte Altersgrenze oder eine „Mindestintelligenz". Sie zeigt sich vielmehr in Relation zu der zu treffenden Entscheidung.

Wie bereits ausgeführt, können auch Minderjährigen grundsätzlich einwilligungsfähig sein. Diese Eigenschaft steht in Abhängigkeit zu ihrer individuellen geistig-sittlichen Reife. Sie zu beurteilen obliegt im Zweifelsfall dem oder der behandelnden Ärzt:in bzw. zu Rate gezogenen Kinderpsychiater:innen und -neurolog:innen. Für den Beginn der Einwilligungsfähigkeit gibt es folglich *keine feste Altersgrenze*. Als Faustformel wird oftmals gehandhabt: In Bezug auf medizinische Entscheidungen geht man im Allgemeinen davon aus, dass Minderjährige ab dem sechzehnten Geburtstag einwilligungsfähig sind. Ab dem vierzehnten Geburtstag könnte analog zur Religions- und Strafmündigkeit im Verhältnis zur anstehenden Entscheidung und der individuellen Reife ebenfalls von einer Einwilligungsfähigkeit ausgegangen werden. Offen bleibt, wie nach diesem aus geltenden Rechtsnormen abgeleiteten Verständnis die Einwilligungsfähigkeit von Kindern zu bewerten ist, die jünger als vierzehn Jahre sind. Die Komplexität dieser Frage verstärkt sich noch bei chronisch kranken Kindern, bei denen von Vorerfahrung und dadurch auch einem gereifteren Bewusstsein hinsichtlich ihrer speziellen Situation ausgegangen werden kann (Kölch et al. 2019; Vollmann 2003).

In Bezug auf einen möglichen Konflikt zwischen dem Willen der minderjährigen Person und dem der Sorgeberechtigten stellt sich die Frage, ob und unter welchen Umständen dem oder der Minderjährigen ein Allein- bzw. Mitbestimmungsrecht zukommen sollte. Grundsätzlich gilt in der Gesundheitsversorgung folgender Grundsatz: Kann eine Person nicht für sich selber sprechen, so ist ihr mutmaßlicher Wille zu eruieren und jemand Drittes wird benannt, der oder die an ihrer Stelle und vor allem in ihrem Sinne zu entscheiden. Das gilt auch für minderjährige, nicht einwilligungsfähige Patient:innen. Bei diesen übernehmen in aller Regel die Sorgeberechtigten die Stellvertreterschaft. In dieser Funktion müssen sie sich in ihrer Entscheidungsfindung ausschließlich am Wohl der minderjährigen Person orientieren. Handlungsleitend ist hier das *best interest-Gebot* (Dörries 2003; Wiesemann 2016a, S. 133–138).

In der Praxis sind besonders die Situationen schwierig, in denen die minderjährige Person bereits eine erhebliche geistig-sittliche Reife erlangt hat und ihre Einwilligungsfähigkeit dadurch zumindest wahrscheinlich ist. Wie sollten in diesem Fall Entscheidungsprozesse gestaltet werden? Birchley schlägt hier eine Ausweitung des Modells der partizipativen Entscheidungsfindung vor. Eine solche verteilt die Teilhabe an und die Verantwortung am Zustandekommen medizinischer Entscheidungen auf mehrere Personen – in der Regel auf den oder die Patient:in und den oder die betreuende Ärzt:in (Scheibler 2004). Erweiterungen beziehen auch weitere Personen, beispielsweise Angehörige, mit ein. Birchley formulierte darauf aufbauend das Konzept des *pädiatrischen Shared Decision-Making* (2014). Dabei handelt es sich um ein fluides Konzept: Die mit Alter und Reife stetig zunehmende Einwilligungsfähigkeit von Minderjährigen findet Berücksichtigung und der Anteil, der der minderjährigen Person an der Entscheidungsfindung zukommt, steht in Relation zur ihrer Art und Tragweite. Dabei ist es von hoher Bedeutung, welche Konsequenzen mit der zu treffenden

Entscheidung verbunden sind; Maßnahmen mit einer *absoluten* oder gar *vital relevanten Indikation* werden anders beurteilt, als solche mit einer *relativen Indikation* und *elektive Eingriffe* (Rumetsch 2013, 70–96). Kurz gesagt: Je dringlicher bzw. vital relevanter eine Maßnahme ist, desto weniger Gewicht erhält im Zweifelsfall die Präferenz des oder der Minderjährigen.

Die „Ethischen Grundsätze" geben eine Orientierung über die Vielschichtigkeit der Mitbestimmung von Minderjährigen bei Therapieentscheidungen und machen vor allem zweierlei deutlich: Erstens, Minderjährigkeit bedeutet nicht in jedem Fall eine fehlende Einwilligungsfähigkeit. Und zweitens, der kontextuale Bezug muss unbedingt Beachtung finden. Im eingangs genannten Beispiel wird Paul entgegen seinem ausdrücklichen Wunsch und unter Anwendung von Zwang Blut entnommen – weil diese Diagnostik von hoher Bedeutung ist für die weitere Gestaltung einer vital indizierten Behandlung. Anders stellte sich die Sachlage dar, handelte es sich nicht um eine Blutentnahme, sondern um die Entfernung eines tief sitzenden Splitters aus Pauls Daumen. Zwar drohen auch hier bei ungünstigem Verlauf schwerwiegende Konsequenzen, nur ist dies erstens nicht wahrscheinlich und zweitens erforderte selbst dieses Szenario kein sofortiges Agieren. Auch wenn der Splitter vermutlich schmerzt und ein Infektionsrisiko darstellt, so ist die Gefahr doch um ein Vielfaches geringer. Dadurch eröffnet sich ein Möglichkeitsraum für eine selbstbestimmte Entscheidung Pauls – die vermutlich auch hier für das Nutella-Brötchen ausfiele. Die „Ethischen Grundsätze" ermuntern also dazu, mit dem Recht auf Selbstbestimmung von Minderjährigen sehr sorgsam umzugehen und dieses nur dann zu missachten, wenn es dafür gewichtige Gründe gibt.

5.4 „Kinder und Jugendliche haben ein Recht auf Information. Deshalb bringen wir sie auf einen ihrem Alter und ihrer Reife angemessenen Wissenstand"

Aus der Fürsorgeverpflichtung gegenüber Minderjährigen folgt also, dass im Extremfall Therapieentscheidungen fallen, die dem Willen des oder der Betroffenen entgegenstehen. Der vierte „Ethische Grundsatz" greift diese Situation auf und setzt sich mit der Frage auseinander, wie in einem solchen Fall das Kind oder der bzw. die Jugendliche auf die anstehenden Maßnahmen ethisch verantwortlich vorbereitet werden solle. Patient:innen haben ein Recht darauf, über ihren Gesundheitszustand und über anstehende Maßnahmen angemessen informiert zu werden (§ 630e BGB). Im Sinne des *informed consent* ist dies eine elementare Voraussetzung für die Ausübung des Rechtes auf Selbstbestimmung. Sind Kinder und Jugendliche in Bezug auf eine bestimmte Entscheidung einwilligungsfähig, so müssen selbstverständlich auch sie vorab aufgeklärt und informiert werden. Denn nur so können sie die Entscheidungsfrage hinsichtlich aller Konsequenzen für sich erwägen (Kölch et al. 2019).

Wie verhält es sich aber im Falle einer eingeschränkten oder noch nicht ausgebildeten Einwilligungsfähigkeit? Das dritte Beispiels verdeutlicht dies: Laura hat mit sechzehn Jahren formal ein Alter relativer Eiwilligungsfähigkeit erreicht, ist aber krankheitsbedingt nicht adäquat entwickelt. Auch wenn sie sicherlich krankheitserfahren ist, deutet das Beispiel doch an, dass sie die anstehenden Entscheidungen nicht in aller Konsequenz erfassen kann. Ein *informed consent* ist in diesem Fall möglicherweise nicht herstellbar (Vollmann 2000). Und dennoch spielt das Informationsgebot auch hier eine Rolle. Denn auch nicht einwilligungsfähige Kinder und Jugendliche müssen entsprechend ihrer individuellen geistig-sittlichen Reife informiert werden *(angemessene Information)*. Sie haben ein Recht zu erfahren, wie es um ihren Gesundheitszustand bestellt ist und welche diagnostischen und therapeutischen Maßnahmen durchgeführt werden sollen. Dieses Wissen benötigen sie, um Wahrnehmungen und Erlebnisse deuten und einordnen zu können, um Fragen zu stellen und um sich mitzuteilen. Ohne dieses Wissen haben sie keine Möglichkeit das Anstehende einzuordnen und sich darauf vorzubereiten, was zu Belastungen führen kann und damit dem Gebot keinen Schaden auszuüben widerspricht (Kölch et al. 2019). Aber es handelt sich hierbei mitunter um einen schmalen Grad, denn ein „Zuviel" an Wissen birgt ebenso wie nicht altersgerecht vermittelte Informationen die Gefahr einer Überforderung. Die Informationsvermittlung an den kleinen Paul beinhaltet dabei andere Herausforderungen, als dies beispielsweise bei Laura der Fall ist. Ihr Beispiel verweist dagegen auf einen weiteren Zusammenhang: Denkbar wäre, dass über eine kontinuierliche und entwicklungsregerechte Information der Widerstand Lauras gegen die Versorgung im Krankenhaus abnimmt.

Das erstgenannte Beispiel verdeutlicht einen weiteren Grund, warum die angemessene Information eine zentrale Relevanz besitzt: Kommt es bei Hanna zur Entscheidung für eine weitere Behandlung (Chemotherapie oder Operation), so wird diese mit hoher Wahrscheinlichkeit auf den vehementen Widerstand der Patientin stoßen – und müsste im Zweifelsfall ähnlich wie bei der morgendlichen Blutentnahme unter Anwendung von Zwang durchgeführt werden. Was aber hieße das? Anders als bei Paul handelt es sich nicht um einen zeitlich engumrissenen Eingriff. Was dazu führt, dass über einen längeren Zeitraum möglicherweise in erheblichem Ausmaß Zwang angewendet werden müsste. Ein kaum vorstellbares Szenario. Wie bereits aufgezeigt, ist es ethisch gut zu begründen, warum Kindern und Jugendlichen eine Therapieentscheidung nicht immer überlassen werden kann. Das heißt aber zugleich, dass sie diagnostische oder therapeutische Maßnahmen gegebenenfalls gegen ihren Willen erdulden müssen. In einem solchen Fall sind Minderjährige auf Unterstützung angewiesen, beispielsweise durch entsprechende Information. Nur durch Wissen erhält der oder die Betroffene die Möglichkeit, über das Erlebte zu sprechen, Ängste zu artikulieren und zu teilen, Bedürfnisse mitzuteilen und in diesen Bedürfnissen gesehen werden. Nur so gelingt ein respektvolles Miteinander: Angemessene Information dient somit auch einem würdevollen Umgang mit Kindern und Jugendlichen.

5.5 „Kinder und Jugendliche sind in ihrem Wohlergehen existentiell auf ihre familiären Bezugspersonen angewiesen. Das behalten wir bei der Versorgung von Kindern und Jugendlichen immer im Blick."

Menschen sind soziale Wesen und deshalb für den Erhalt ihrer physischen und psychischen Gesundheit auf das Eingebundensein in funktionale soziale Systeme angewiesen. Das gilt für Erwachsene ebenso wie für Kinder und Jugendliche. Je jünger ein Mensch ist, umso mehr gewinn dieser Aspekt eine existentielle Bedeutung. Der Verlust oder die Beschädigung des sozialen Bezugsrahmens bedeutet für Kinder und Jugendliche eine ernste Gefahr (Wiesemann 2016b; Maio 2017, S. 190–197).

Für die Gesundheitsversorgung ergibt sich aus diesem Zusammenhang die moralische Pflicht, den oder die minderjährige Patient:in als soziales Wesen zu verstehen und das ihn oder sie umgeben Beziehungsgeflecht bei allen ärztlichen, pflegerischen und therapeutischen Maßnahmen zu berücksichtigen und zu schützen (Wiesemann 2016a, S. 79). Vereinfacht gesagt: In der Gesamtschau fügt man einem Kind oder Jugendlichen einen ethisch nur schwer zu rechtfertigenden Schaden zu, wenn eine gesundheitserhaltende Maßnahme zugleich das familiäre Netz in erheblicher Weise überlastet und dieses dadurch nicht mehr in der Lage ist, für den oder die Patient:in in fürsorglicher Weise zu sorgen. Es ist somit mitunter ein schmaler Grat, der zwischen einer fürsorglichen Handlung und der Beschädigung des existentiell bedeutsamen familiären Bezugsrahmens verläuft.

Für die hier in Frage stehende Thematik birgt diese Anforderung Konfliktpotential. Das Beispiel der schwerkranken Laura verdeutlicht dies: Die Eltern verlangen eine Versorgung ihres Kindes in der Häuslichkeit. Aus der Perspektive des Behandlungsteams ist die häusliche Versorgung aber nicht optimal. Ja, es drohen sogar erhebliche Risiken, weil Laura ohne fachkundige Pflege, die über die Möglichkeiten der Eltern hinausgeht, Gefahr läuft an einer Komplikation ernsthaften Schaden zu nehmen. Nur scheint sich Laura zu Hause deutlich wohler zu fühlen. Das spricht für die Funktionalität des Familiensystems als sozialer Bezugsrahmen. Gingen die behandelnden Ärzt:innen nun ihren Bedenken nach und setzten die stationäre Versorgung Lauras gegen den Willen der Eltern und aus ihrer Sicht im besten Interesse der Jugendlichen durch, so hätte dies unter Umständen weitreichende Konsequenzen. Das familiäre Netz liefe Gefahr Schaden zu nehmen. Die vermeidlich fürsorgliche Entscheidung verstieße so betrachtet gegen das Gebot keinen Schaden auszuüben.

Das Beispiel lässt allerdings Fragen offen: Wäre es nicht denkbar, eine bessere Versorgung in der Häuslichkeit zu organisieren? Und gäbe es nicht weitere Handlungsoptionen, die den Konflikt entschärfen könnten? Die Fallvignette bleibt in dieser Hinsicht lückenhaft. Und dennoch verweist sie darauf, dass dem sozialen Beziehungsgeflecht beim Verständnis ethischer Fragestellungen eine eigenständige Bedeutung zukommt. Die „Ethischen Grundsätze" greifen diesen Zusammenhang auf. Sie machen deutlich, dass der Schutz des Familiensystems eine ethische Dimension beinhaltet. Diese kann mit anderen ethischen Verpflichtungen, wie beispielsweise dem Fürsorgegebot, konfligieren. Bei der Analyse derartiger Dilemmata müssen alle Aspekte Berücksichtigung finden und es ist grundsätzlich denkbar, dass der Schutz des Bezugssystems entscheidungsleitend wird.

6 Zusammenfassung und Ausblick

Die fünf „Ethischen Grundsätze" sind als Einheit zu verstehen. Kein Grundsatz steht für sich alleine. Sie ergänzen einander und gleichen sich aus. Als Gesamtheit sind sie dazu in der Lage, auf ethische Fragestellungen eine Antwort zu finden. Sie haben nicht das Potential, ethische Dilemmata in der Versorgung von Kindern und Jugendlichen vollständig aufzulösen. Aber, und das ist von entscheidender Bedeutung, mittels der Grundsätze ist es möglich, bei komplexen ethischen Fragestellungen im pädiatrischen Alltag für Orientierung zu sorgen und Reflexionsprozesse zu kanalisieren. Damit tragen sie dazu bei, dass die Vertreter:innen gegensätzlicher Positionen in einen Dialog miteinander treten, ihre ethischen Bedenken in Worte und Argumente kleiden und abweichende Haltungen nachvollziehen können.

In dieser Hinsicht haben sich die „Ethischen Grundsätze" als außerordentlich hilfreich erwiesen, wenn es darum geht mit ethischen Herausforderungen in der stationären Versorgung von Kindern und Jugendlichen verantwortungsvoll umzugehen und damit verbundene Problemstellungen zu analysieren. In der Ethik-Fallberatung sind sie daher zu einem festen Bestandteil des Methodenrepertoires geworden. Welchen Einfluss dies im Einzelnen auf den Verlauf und das Ergebnis einer Ethik-Fallberatung hat, wird aktuell mit den Mitteln einer retrospektiven Fallrekonstruktion untersucht. Als Analysematerial dienen Protokolle der Ethik-Fallberatungen, die in den letzten vier Jahren in den pädiatrischen Kliniken durchgeführt wurden. Die Auswertung ist noch nicht abgeschlossen, zeigen aber bereits, dass die fünf „Ethischen Grundsätze" in zunehmenden Maße zur Klärung der ethischen Fragestellung herangezogen werden.

Die Implementierung in den klinischen Alltag ist dagegen ein deutlich langwierigerer Prozess, der durch den Aufbau des Programms Ethik-Mentor:innen am UKE an Durchschlagkraft gewann (Woellert 2021a). Auch hier steht eine systematische Auswertung noch aus. Hinsichtlich der Eignung der „Ethischen Grundsätze" als Instrument zur Steuerung von Ethik-Transfer sind damit noch viele Fragen offen. Aber ausgehend von den bisher gesammelten Erfahrungen scheint zweierlei deutlich zu werden: Erstens, inter- und intrapersonale Konflikte, die sich aus ethischen Dilemmata ergeben, brauchen Orientierungspunkte, damit Austausch entstehen kann und bestenfalls das Konfliktpotential abgebaut wird (Sellmaier 2011). Die „Ethischen Grundsätze" scheinen das Potential für eine diesbezügliche Orientierung zu besitzen. Und zweitens, Klinische Ethikar-beit muss kreativ sein und offene Prozesse gestalten. Der vage Vorsatz zu einer ethisch angemesseneren Berücksichtigung des Willens von Kindern und Jugendlichen bei Behandlungsentscheidungen beizutragen, entwickelte sich erst im Prozess der Bearbeitung zu der Idee, über einen normativen Rahmen Orientierungspunkte für Aushandlungsprozesse zu setzen. Wird Klinische Ethikarbeit mit einer derartigen Offenheit gestaltet, dann kann sie leichter auf die Gegebenheiten in der jeweiligen Einrichtung reagieren. Im Sinne eines systemischen Beratungsverständnisses heißt das: Klinische Ethikarbeit kann im Rahmen offener Prozesse besser auftragsgebunden agieren und ihr Vorgehen mit den erzielten Wirkungen abgleichen, um gegebenenfalls gegenzusteuern (MacRae et al. 2005).

(58.275 Zeichen mit Leerzeichen)

Literatur

Akademie für Ethik in der Medizin e. V. (AEM). 2010. Standards für Ethikberatung in Einrichtungen des Gesundheitswesens: Vorstand der Akademie für Ethik in der Medizin e. V. *Ethik in der Medizin.* 22:149–153.

Albisser Schleger, Heidi, Marcel Mertz, Barbara Meyer-Zehnder und Stella Reiter-Theil. 2019. *Klinische Ethik – METAP. Leitlinie für Entscheidungen am Krankenbett.* Berlin: Springer.

Arn, Christof und Sonja Hug. 2009. Ethikstrukturen – Grundprinzipien und Grundtypen von Ethiktransfer. In *Ethiktransfer in Organisationen*, Hrsg. Baumann-Hölzle, Ruth und Christof Arn, 31–66. Basel: Schwabe.

Beauchamp, Tom L. und James F. Childress. 1977/2013. *Principles of biomedical ethics* Oxford: Oxford University Press.

Birchley, Giles. 2014. Deciding together? Best interests and shared decision-making in paediatric intensive care. *Health Care Analysis* 22:203–222.

Brennecke, Philipp. 2010. *Ärztliche Geschäftsführung ohne Auftrag* Berlin, Heidelberg: Springer Berlin Heidelberg.

Bruce, Courtenay R, Adam Peña, Betsy B Kusin, Nathan G Allen, Martin L Smith und Mary A Majumder. 2014. An embedded model for ethics consultation: characteristics, outcomes, and challenges. *AJOB Empirical Bioethics.* 5:8–18.

Bundesärztekammer (BÄK), Zentrale Kommission zur Wahrung ethischer Grundsätze in der Medizin und ihren Grenzgebieten (Zentrale Ethikkommission). 2006. Stellungnahme der Zentralen Kommission zur Wahrung ethischer Grundsätze in der Medizin und ihren Grenzgebieten (Zentrale Ethikkommission) bei der Bundesärztekammer zur Ethikberatung in der klinischen Medizin. *Deutsches Ärzteblatt.* 103:A 1703–1707.

Diehl, Ulrich. 2003. Über die Würde der Kinder als Patienten – das Prinzip der Menschenwürde in der Medizinethik am Beispiel der Pädiatrie. In *Das Kind als Patient. Ethische Konflikte zwischen Kindeswohl und Kindeswille*, Hrsg. Wiesemann, Claudia, Andrea Dörries, Gabriele Wolfslast und Alfred Simon, 151–173. Frankfurt/Main: Campus.

Dörries, Andrea. 2003 Der Best-Interest Standard in der Pädiatrie – theoretische Konzeption und klinische Anwendung. In *Das Kind als Patien. Ethische Konflikte zwischen Kindeswohl und Kindeswille*, Hrsg. Wiesemann, Claudia, Andrea Dörries, Gabriele Wolfslast und Alfred Simon, 116–130. Frankfurt/Main: Campus.

Dörries, Andrea. 2013. Zustimmung und Veto: Aspekte der Selbstbestimmung im Kindesalter. In *Patientenautonomie*, Hrsg. Wiesemann, Claudia und Alfred Simon, 180–189. Münster: mentis.

Duttge, Gunnar. 2013. Patientenautonomie und Einwilligungsfähigkeit. In *Patientenautonomie*, 77–90. Münster: mentis.

entry into force 2 September 1990, in accordance with article 49. https://www.ohchr.org/EN/professionalinterest/pages/crc.aspx.

Ethikrat, Deutscher. 2016. *Patientenwohl als ethischer Maßstab für das Krankenhaus. Stellungnahmen.* Berlin.

Fox, Ellen, Melissa M Bottrell, Kenneth A Berkowitz, Barbara L Chanko, Mary Beth Foglia und Robert A Pearlman. 2010. IntegratedEthics: An innovative program to improve ethics quality in health care. *Innovation Journal.* 15:1–36.

Garrison, Nanibaa' A. und David Magnus. 2012. The Instrumental Role of Hospital Ethics Committees in Policy Work. *The American Journal of Bioethics.* https://doi.org/10.1080/15265161.2012.729935.

Gosepath, Stefan, Rahel Jaeggi und Achim Vesper. 2011. Lebensqualität. In *Handbuch angewandte Ethik*, Hrsg. Stoecker, Ralf, Christian Neuhäuser und Marie-Luise Raters, 260–264. Stuttgart: Metzler.

Grossmann, Ralph und Hubert Lobnig. 2013. Organisationsentwicklung im Krankenhaus. Grundlagen und Interventionskonzepte. In *Organisationsentwicklung im Krankenhaus*, Hrsg. Lobnig, Hubert und Ralph Grossmann, 1–93. Berlin: MVV.

Huber, Franziska. 2020. *Die medizinische Indikation als Grundrechtsproblem zum Informed Consent als Indikationsäquivalent.* Baden-Baden:Nomos.

Kant, Immanuel. 2008. *Grundlegung zur Metaphysik der Sitten.* Stuttgart: Reclam.

Kölch, Michael, Hans-Dieter Lippert und Jörg M Fegert. 2019. Aufklärung und Einwilligung bei Kindern und Jugendlichen. *Psychiatrie und Psychotherapie des Kindes- und Jugendalters.* https://doi.org/10.1007/978-3-662-49289-5_91-1.

MacRae, Sue, P Chidwick, S Berry, B Secker, P Hébert, R Zlotnik Shaul, K Faith und PA Singer. 2005. Clinical bioethics integration, sustainability, and accountability: the Hub and Spokes Strategy. *Journal of Medical Ethics.* 31:256–261.

MacRae, Susan K, Ellen Fox und Anne Slowther. 2008. Clinical ethics and system thinking. *The Cambridge textbook of bioethics*, 313–321.

Maio, Giovanni. 2017. *Mittelpunkt Mensch. Lehrbuch der Ethik in der Medizin. Mit einer Einführung in die Ethik der Pflege.* Stuttgart:Schattauer.

Marks, Stephan. 2013. *Scham die tabuisierte Emotion.* Ostfildern: Patmos.

Rawls, John. 1971/2010. *Eine Theorie der Gerechtigkeit* (Klassiker Auslegen, Bd. 15, Hrsg. Höffe, Ottfried). Berlin:Akademieverlag.

Rehbock, Theda. 2011. Personsein in Grenzsituationen. *Ethik in der Medizin* 23:15-24.

Rumetsch, Virgilia. 2013. *Medizinische Eingriffe bei Minderjährigen eine rechtsvergleichende Untersuchung zum Schweizer und deutschen Recht.* Baden-Baden: Nomos.

Schaber, Peter. 2012. Menschenwürde: ein für die Medizinethik irrelevanter Begriff? *Ethik in der Medizin* 24:297–306.

Scheibler, Fülöp. 2004. *Shared decision-making von der Compliance zur partnerschaftlichen Entscheidungsfindung.* Bern:Huber.

Schickhardt, Christoph. 2016. *Kinderethik der Moralische Status und die Rechte der Kinder.* Münster: mentis Verlag.

Scholl, Isabelle, Jördis M Zill, Martin Härter und Jörg Dirmaier. 2014. An integrative model of patient-centeredness–a systematic review and concept analysis. *PLOS ONE.* https://doi.org/10.1371/journal.pone.0107828.

Sellmaier, Stephan. 2011. *Ethik der Konflikte. Über den angemessenen Umgang mit ethischem Dissens und moralischen Dilemmata.* Stuttgart: Kohlhammer.

Silverman, Henry J. 2000. Organizational Ethics in Healthcare Organizations: Proactively Managing the Ethical Climate to Ensure Organizational Integrity. *HEC Forum.* 12:202–215.

Sisk, Bryan A, Jessica Mozersky, Alison L Antes und James M DuBois. 2020. The "ought is" problem: An implementation science framework for translating ethical norms into practice. *The American Journal of Bioethics* 20:62–70.

Steinkamp, Norbert und Bert Gordijn. 2010. *Ethik in Klinik und Pflegeeinrichtung. Ein Arbeitsbuch.* Köln: Luchterhand.
United Nations. 1989. *Convention on the Rights of the Child. Adopted and opened for signature, ratification and accession by General Assembly resolution 44/25 of 20 November 1989*
Vollmann, Jochen. 2000. *Aufklärung und Einwilligung in der Psychiatrie Ein Beitrag zur Ethik in der Medizin.* Darmstadt: Steinkopff.
Vollmann, Jochen. 2003. Konzeptionelle und methodische Fragen bei der Feststellung der Einwilligungsfähigkeit bei Kindern. In *Das Kind als Patient. Ethische Konflikte zwischen Kindeswohl und Kindeswille*, Hrsg. Wiesemann, Claudia, Andrea Dörries, Gabriele Wolfslast und Alfred Simon, 48–58. Frankfurt/Main: Campus.
Wallner, Jürgen. 2015. Organisationsethik – Methodische Grundlagen für Einrichtungen im Gesundheitswesen. In *Praxisbuch Ethik in der Medizin*, Hrsg. Marckmann, Georg, 233-243. Berlin:Medizinisch Wissenschaftliche Verlagsgesellschaft.
Wapler, Friederike. 2015. *Kinderrechte und Kindeswohl: Eine Untersuchung zum Status des Kindes im Öffentlichen Recht,* Tübingen:Mohr Siebeck.
Wiesemann, Claudia. 2014. Der moralische Status des Kindes in der Medizin. In *wissen. leben. ethik. Themen und Positionen der Bioethik*, Hrsg. Ach, Johann S., Beate Lüttenberg und Michael Quante, 155–168. Münster: mentis.
Wiesemann, Claudia. 2016a. *Moral equality, bioethics, and the child.* New York: Springer.
Wiesemann, Claudia. 2016b. Vertrauen als moralische Praxis–Bedeutung für Medizin und Ethik. In *Autonomie und Vertrauen. Schlüsselbegriffe der modernen Medizin*, Hrsg. Steinfath, Holmer und Claudia Wiesemann, 69–99. Wiesbaden: Springer.
Woellert, Katharina. 2019. Strukturen Klinischer Ethik an einem universitären Krankenhaus der Maximalversorgung – am Beispiel Universitätsklinikum Hamburg-Eppendorf (UKE). In *Forschen – Vermitteln – Bewahren. Das Institut für Geschichte und Ethik der Medizin und das Medizinhistorische Museum Hamburg*, Hrsg. Schwoch, Rebecca und Kai Sammet, 303–333. Berlin: Lit Verlag.
Woellert, Katharina. 2021a. Mit den Mitteln der Ethik den klinischen Alltag erreichen – Ethik-Mentor:innen am Universitätsklinikum Hamburg-Eppendorf (UKE). In *Die Zukunft von Klinik und Gesundheitswesen (Jahrbuch Ethik in der Klinik, Bd. 14)*, Hrsg. Frewer, Andreas, Lutz Bergemann und Eva Langmann. Würzburg: Königshausen & Neumann. (im Druck).
Woellert, Katharina. 2021b. *Praxisfeld Klinische Ethik. Theorie, Konzepte, Umsetzung am Universitätsklinikum Hamburg-Eppendorf* Berlin: Medizinisch Wissenschaftliche Verlagsgesellschaft.

Der Patientinnenwille bei Unterversorgung mit Hebammen

Marje Mülder

Zusammenfassung

Der Wille einer Schwangeren umfasst angesichts des weiten Verständnisses des Patientinnenwillens auch die Wahl des Geburtsortes. Dazu gehört auch die Entscheidung außerklinisch zu entbinden. Um die Entscheidung frei treffen zu können, bedarf es neben der Aufklärung über Vorteile und Risiken der verschiedenen Geburtsorte auch der Möglichkeit, die Wahl überhaupt umsetzen zu können. Bei einer Unterversorgung mit Hebammen erscheint die freie Wahl des Geburtsortes nicht gesichert. Hier stellt sich daher die Frage, wie der freie Patientinnenwille gewährleistet werden kann, wenn eine Hebammenversorgung nicht garantiert ist. Muss der Staat dann handeln und diese sicherstellen? Der Beitrag geht dieser Frage nach, indem er zunächst den grundrechtlich geschützten Patientinnenwillen und dessen gesetzliche Sicherstellung herausarbeitet und dann nach Gewährleistungspflichten des Staates fragt.

Schlüsselwörter

Hebammen, · Unterversorgung, · Gewährleistungspflicht des Staates, · Wahl des Geburtsortes

M. Mülder (✉)
Lehrstuhl für Öffentliches Recht, Sozialrecht und Gesundheitsrecht, Universität Regensburg, Regensburg, Deutschland
E-Mail: marje.muelder@ur.de

1 Geburtsbegleitung durch Hebammen

Geburten werden traditionell von einer Hebamme begleitet, einem der ältesten „Frauenberufe", der sich bis ins dritte Jahrtausend vor Christus und weltweit zurückverfolgen lässt (Frank 2012). In den letzten Jahren mehren sich aber Berichte darüber, dass immer mehr Hebammen ihren Beruf oder zumindest die Geburtsbegleitung aufgeben. So muss heute eine auf Sylt oder Föhr lebende Schwangere sich 14 Tage vor dem errechneten Geburtstermin auf das Festland begeben und dort in einer Ferienwohnung oder einer ähnlichen Unterkunft auf das Einsetzen der Wehen warten. Neben dem Herausreißen der Schwangeren aus ihrer gewohnten Umgebung kann dies auch Probleme bei der Betreuung von bereits vorhandenen Kindern verstärken oder die Anwesenheit des Partners bzw. der Partnerin erschweren. Aber auch außerhalb dieser besonderen Wohnsituation wird auf dem Land immer häufiger von langen Anfahrtswegen der Hebamme bzw. der Schwangeren zum Geburtsort berichtet, und auch in der Stadt ist die Suche nach einer betreuenden Hebamme schwierig (Garschhammer 2021). Zudem schließen Geburtskliniken und die Zahl der zugelassenen Hebammen geht zurück. Die Gründe hierfür liegen häufig in den Finanzierungsproblemen der Tätigkeit sowie den steigenden Haftpflichtversicherungsbeiträgen. Durch die Aufgabe der Praxen oder eine zunehmende Teilzeittätigkeit ent- und bestehen so Engpässe in der flächendeckenden Versorgung.

Versteht man unter dem Patientenwillen jeglichen Willen in Bezug auf eine medizinische Behandlung und nicht „nur" eine Krankenbehandlung, so können auch Schwangere in Bezug auf ihre Schwangerschaft und die Geburt einen Patientinnenwillen bilden. Dieser umfasst grundsätzlich sämtliche Umstände der Geburt. Schwangere können daher ihren Willen rund um die Geburt unter Berücksichtigung aller Umstände grundsätzlich frei bilden. In einem Konfliktverhältnis steht der Patientinnenwille mit dem Wohl des Kindes. Im Nachfolgenden geht es aber um einen normalen Geburtsverlauf, bei dem Komplikationen nicht zu erwarten sind.[1]

Bei solchen normal verlaufenden Geburten gehört zum Patientinnenwillen auch die Entscheidung über den Ort der Geburt. Das kann zum Beispiel eine Geburtsklinik, ein Geburtshaus oder zu Hause sein. Jedes Jahr werden rund 10.000 Babys in Deutschland nicht in einer Klinik geboren (Gielas 2019), wobei

---

[1] Vgl. hierzu die Beiblatt 1 Kriterien zu Geburten im häuslichen Umfeld zur Anlage 3 Qualitätsvereinbarung zum Vertrag nach § 134a SGB V (Hebammenhilfevertrag), abrufbar unter https://www.gkv-spitzenverband.de/krankenversicherung/ambulante_leistungen/hebammen_geburtshaeuser/hebammenhilfevertrag/hebammenhilfevertrag.jsp (zugegriffen: 28.1.2023).

die Covid-19-Pandemie den Trend zur außerklinischen Geburt wohl noch verstärkt hat (Lasarzik 2020; von Hallern 2021). Hausgeburten sind in Deutschland zwar selten, der Wunsch nach einer Hausgeburt ist in den letzten Jahren aber gestiegen (Gielas 2019; von Hallern 2021).

Spricht gesundheitlich also nichts gegen eine außerklinische Geburt, so stellt sich die Frage, wie dieser Wille umgesetzt werden kann, wenn vor Ort keine entsprechende Betreuung durch eine Hebamme zur Verfügung steht, wenn also die notwendige Infrastruktur der Geburtsbegleitung durch Hebammen fehlt. Dann kann sich der Wille der Gebärenden und damit der Patientinnenwille schon per se nicht frei bilden.

Der Beitrag begründet daher, dass zur freien Ausübung des Wahlrechts einer Schwangeren über den Entbindungsort auch die Sicherstellung der hierfür notwendigen Hebammenversorgung gehört, und versucht, erste Lösungsmöglichkeiten zu unterbreiten. Dazu werden zunächst Ausführungen zur normativen Herleitung und Begründung des Patientinnenwillens unternommen (Abschn. 2). Die Bildung eines solchen setzt neben u. a. einer Aufklärung voraus, dass überhaupt die entsprechende Infrastruktur besteht. In einem zweiten Schritt ist daher danach zu fragen, ob im Bereich der Hebammenversorgung eine Unterversorgung vorliegt (Abschn. 3). Dabei sind Kriterien zur Ermittlung einer Unterversorgung aufzustellen. Dazu wird zunächst auf die Unterversorgung in der fachärztlichen Versorgung eingegangen und dann gefragt, ob diese Kriterien auf die Feststellung einer Unterversorgung bei Hebammen übertragen werden können. In einem letzten Schritt fragt der Beitrag dann, ob und ggf. wie der Staat eine ausreichende Versorgung mit Hebammen gewährleisten muss (Abschn. 4).

2 Voluntas aegroti suprema lex

Medizinische Behandlungen, zu denen auch die Begleitung während Schwangerschaft und Geburt zählt (Katzenmeier 2022, Rn. 31), sind an die Einwilligung der zu behandelnden Person geknüpft. Fehlt eine solche, kommen grundsätzlich Schadensersatzansprüche auf Grund einer Vertragsverletzung bzw. wegen deliktischer Haftung gem. § 823 BGB sowie eine Strafbarkeit wegen (fahrlässiger) Körperverletzung gem. §§ 223 Abs. 1, 229 StGB in Betracht. Schon dies zeigt, dass der Patientinnenwille unterschiedliche normative Ebenen betrifft, nämlich zunächst die normative Herleitung, aber auch den finanziellen und infrastrukturellen Rahmen. So lässt sich die Bindung von Ärzt:innen an den Willen der Patientinnen aus deren Grundrechten ableiten, die das Selbstbestimmungsrecht der Patientinnen schützen (hierzu Abschn. 2.1.).

Zur freien Willensbildung bedarf es der Kenntnis aller relevanten Umstände und damit auch der Kenntnis über eine etwaige Kostenübernahme durch die (gesetzliche) Krankenversicherung.[2] Dabei sind verschiedene Rechtsbeziehungen zu unterscheiden, nämlich die Rechtsverhältnisse zwischen 1. der Versicherten und der Krankenkassen, 2. der Versicherten und dem:r Leistungserbringer:in und 3. zwischen Krankenkasse und Leistungserbringer:in (sog. sozialrechtliches Dreiecksverhältnis; vgl. Becker und Kingreen 2022; sowie Kingreen 2021a, 1078 ff.). Die Beziehung zwischen der Versicherten und Krankenkasse beschreibt das Mitgliedschaftsverhältnis und damit die Gesamtbeziehungen zwischen Kasse und Mitglied (§§ 186 ff. SGB V). Für die Versicherten enthält das die Pflicht zur Leistung der Beiträge und für die Krankenkasse die Pflicht zur Verschaffung von Gesundheitsleistungen im Versicherungsfall. Damit also ein Anspruch gegen die Krankenkasse besteht, muss ein Versicherungsfall vorliegen, es muss sich dementsprechend ein Kostenübernahmeanspruch im SGB V finden. Da Leistungen der gesetzlichen Krankenversicherung grundsätzlich an das Wirtschaftlichkeitsgebot von § 12 Abs. 1, 2 SGB V geknüpft sind, besteht die Möglichkeit, dass dem Willen der Patientinnen zwar im Behandlungswege entsprochen werden, diese Kosten von der Krankenkasse aber möglicherweise nicht übernommen werden. Hierdurch kann die Willensbildung beeinflusst werden. Im Rahmen der Ausführungen zum Leistungsanspruch gegen die Krankenkasse ist daher auch über den Umfang der Leistungen zu sprechen.

Versicherte haben in der Regel einen Anspruch auf Sach- und Dienstleistungen. Diese Leistungen werden aber nicht von den Krankenkassen selbst erbracht,[3] sondern sie bedienen sich dazu Leistungserbringer:innen, mit denen sie Vereinbarungen über Inhalt und Umfang der Leistungserbringung getroffen haben. Dieses öffentlich-rechtliche Leistungserbringungsverhältnis bezieht sich auf die Vereinbarungen zwischen Krankenkasse und Leistungserbringern, mit denen die Kassen ihre Pflichten aus dem Mitgliedschaftsverhältnis erbringen.

Schließlich ist auch zu betrachten, wie sich der Patientinnenwille gegenüber der Hebamme auswirkt. Dazu ist unter 3. das Vertragsverhältnis zwischen Patientin und Hebamme näher zu betrachten, das die Abwicklung der Leistungs-

---

[2] Wegen der Bedeutung der gesetzlichen Krankenversicherung beschränken sich die nachfolgenden Ausführungen auf diese Regelungen. In Deutschland sind ca. 73 Mio. Menschen Mitglied einer gesetzlichen Krankenversicherung oder als Familienangehörige mitversichert. Damit sind ca. 90 % gesetzlich krankenversichert.

[3] Eine Ausnahme stellen Geldleistungen dar, die die Krankenkassen selbst erbringen.

ansprüche der Versicherten durch eine:n Leistungserbringer:in zur Erfüllung der Ansprüche der Versicherten.[4]

2.1 Verfassungsrechtliche Grundlage

Das Erfordernis einer Einwilligung wurzelt in einem umfassend formulierten Selbstbestimmungsrecht der Patientinnen, dessen normative Verortung zwar umstritten ist – so werden in unterschiedlicher Konnotation die Menschenwürde des Art. 1 Abs. 1 GG, der Schutz der Selbstbestimmung des allgemeinen Persönlichkeitsrechts aus Art. 2 Abs. 1 GG sowie das Recht auf körperliche Unversehrtheit aus Art. 2 Abs. 2 GG herangezogen (vgl. etwa Di Fabio 2021, Rn. 204; Hufen 2017, 1525; Kingreen und Poscher 2022, Rn. 570 f.; Voll 1996, 48 ff.; differenzierend Koppernock 1997, 18 ff., 60); dies betrifft aber unterschiedliche Handlungen im medizinischen Kontext, sodass für die grundrechtliche Beurteilung die medizinische Handlung jeweils herauszuarbeiten ist (vgl. Hufen 2001, 851 ff. mit Beispielen) –, dessen hier interessierender Aspekt aber im Grundrecht auf körperliche Unversehrtheit gem. Art. 2 Abs. 2 GG zu verorten ist. Dieses Grundrecht schützt „die Unversehrtheit des Menschen nicht lediglich nach Maßgabe seines jeweiligen konkreten Gesundheits- oder Krankheitszustandes", sondern gewährleistet „zuvörderst Freiheitsschutz im Bereich der leiblich-seelischen Integrität des Menschen", ohne sich aber „auf den speziellen Gesundheitsschutz" zu beschränken (BVerfGE 52, 131 (174); im Anschluss auch BVerfGE 89, 120 (130)). Die Entscheidung über einen ärztlichen Heileingriff steht daher grundsätzlich den Patientinnen zu, sodass ein solcher Eingriff von deren Willen abhängig ist (BVerfGE 89, 120 (130)). Damit sich ein solcher Wille bilden kann, bedarf es einer Aufklärung, die die unterschiedlichen Behandlungsmöglichkeiten, ihre Vor- und Nachteile sowie die jeweils damit verbundenen Risiken enthält (vgl. etwa Giesen 1987, 284; Voll 1996, 47).

Dieser frei verantwortlich gebildete Patientinnenwille hat grundsätzlich Vorrang vor dem Patientinnenwohl (Gaede 2021, Rn. 357; Voll 1996, 52 ff.). Eindrücklich kommt dies in den „Hinweise[n] und Empfehlungen zum Umgang mit Vorsorgevollmachten und Patientinnenverfügungen im ärztlichen Alltag"

---

[4] Die Rechtsnatur ist umstritten, vgl. Kingreen (2021a, 1079) m. w. N. Da zwischen Behandelndem und Versicherten jedoch ein Behandlungsvertrag gem. §§ 630a ff. BGB geschlossen wird (Hübner 2020, Rn. 333), spricht viel für eine zivilrechtliche Einordnung.

der Bundesärztekammer und der zentralen Ethikkommission bei der Bundesärztekammer (DÄBl. 2018, A 2434) zum Ausdruck. Danach werden „Ziele und Grenzen jeder medizinischen Maßnahme [...] durch die Menschenwürde, das allgemeine Persönlichkeitsrecht einschließlich des Rechts auf Selbstbestimmung sowie das Recht auf Leben und körperliche Unversehrtheit bestimmt." An die Stelle des aus dem Hippokratischen Gebotes *„salus aegroti suprema lex"* folgenden Vorrangs des Patientinnenwohles tritt infolgedessen nun ein Vorrang des Patientinnenwillens, der gerne als Gebot *„voluntas aegroti suprema lex"* formuliert wird (Staak und Uhlenbruck 1991, 142).

Wenn also der Patientinnenwille sich auf jede medizinische Behandlung bezieht, so schließt der frei verantwortlich gebildete Patientinnenwille einer Schwangeren selbstverständlich sämtliche Umstände während der Schwangerschaft sowie bei der Geburt mit ein.[5] Hebammen und Ärzte können zwar Empfehlungen aussprechen, an denen sich die Schwangere orientieren kann. Es ist aber ihre Entscheidung, inwieweit sie diesen folgt. Dies umfasst etwa Ernährungsweisen, aber auch die Form der Geburt. So ist es grundsätzlich der Schwangeren überlassen, ob sie sich für eine Geburt im Krankenhaus, in einem Geburtshaus oder zu Hause entscheidet.[6] Eine Einschränkung kommt insbesondere dann in Betracht, wenn keine normale Geburt zu erwarten ist und daher Risiken für das Kind bestehen (Kötter und Maßing 2016a, 17 f.).

Gestützt wird dieses Verständnis der freien Wahl des Geburtsortes auch von menschenrechtlichen Standards. So enthält die sog. Beijing-Erklärung vom 15.9.1995 als Ergebnisse bzw. Aktionsplan der 4. Weltfrauenkonferenz das Recht einer Frau, alle Aspekte ihrer Gesundheit frei bestimmen zu dürfen, insbesondere auch im Hinblick auf ihre eigene Fruchtbarkeit. Zudem kennt Art. 12 Abs. 2 CEDAW[7] das Recht auf angemessene Betreuung während und nach der Entbindung.

---

[5] Krit. Klimke (2020, 521), die aber im Ergebnis ebenfalls ein Recht auf selbstbestimmte Geburt sieht. So kann etwa eine Schwangerschaft nicht gegen den Willen der Schwangeren abgebrochen werden, selbst wenn diese beschränkt geschäftsfähig ist (Staudinger 2021, Rn. 80).

[6] Allgemein zum Ort der Behandlung Kingreen (2021b, 14).

[7] Übereinkommen zur Beseitigung jeder Form von Diskriminierung der Frau v. 18.12.1979, BGBl. 1985, II 647, 648. Die Abkürzung rührt aus dem englischen Titel „Convention on the Elimination of All Forms of Discrimination Against Women" her. Deutschland hat das Übereinkommen 1985 ratifiziert.

Auch der EGMR hat ein solches Recht grundsätzlich aus Art. 8 EMRK hergeleitet (EGMR Urt. v. 14.12.2010, Beschwerde-Nr. 67545/09). Danach umfasse die Achtung des Privatlebens auch die Entscheidung, Kinder zu bekommen, und dieses wiederum das Recht, die Umstände einer Geburt frei zu wählen. Allerdings räumte der EGMR wenig später den Staaten einen weiten Ermessensspielraum bei der Regelung von Hausgeburten ein (EGMR, Urt. v. 15.11.2016, Beschwerde-Nr. 28859/11, 28473/12; EGMR, Urt. v. 4.10.2018, Beschwerde-Nr. 18568/12). So sei auch ein Verbot von Hausgeburten vom Ermessensspielraum der Staaten gedeckt (EGMR, Urt. v. 11.12.2014, Beschwerde-Nr. 28859/11, 28473/12). Konsequent ist diese Rechtsprechung nicht: Es kann nicht einerseits ein Recht auf freie Wahl des Geburtsortes bestehen, zugleich aber andererseits eine Form wegen gesetzlicher Verbote nicht umsetzbar sein (krit. auch Klimke 2020, 525). Erkennt der EGMR also das Recht an, die Umstände der Geburt frei zu bestimmen, wie er in allen oben genannten Entscheidungen bekräftigt, so gehört hierzu auch die freie Wahl, eine außerklinische, durch Hebammen betreute Geburt zu erleben.

Insgesamt lässt sich somit konstatieren, dass der grundrechtlich geschützte Patientinnenwille auch die Wahl über die Form bzw. den Ort der Geburt umfasst. Zur freien Bildung dieses Willens bedarf es der Aufklärung über Durchführungsmöglichkeiten und Risiken, aber auch über eine eventuell zu tragende Kostenlast sowie über die vorhandene Infrastruktur.

2.2 Einfachgesetzliche Umsetzung im SGB V

Diese grundrechtliche Vorgabe wird vielfach einfachgesetzlich ausgestaltet. So bedarf es etwa eines Kostenübernahmeanspruchs im Fünften Buch Sozialgesetzbuch (SGB V), damit die Leistung mit der Krankenversicherung abgerechnet werden kann. Sofern dieser Anspruch nach Art oder Umfang nicht im Einzelnen bestimmt ist, soll bei der Ausgestaltung den Wünschen des Berechtigten entsprochen werden, soweit diese angemessen sind, § 33 S. 2 SGB I. Dieses Wunsch- und Wahlrecht ist „zentraler Baustein eines freiheitlichen Sozialstaats", der die Einzelne als autonomes Subjekt ansieht, das auch in komplexen gesundheitlichen Situationen eigene Entscheidungen treffen kann (Kingreen 2021b, 13).

§ 24c SGB V zählt als Einweisungsvorschrift die Leistungen bei Schwangerschaft und Mutterschaft auf, wobei der Anspruch nicht auf § 24c SGB V gestützt werden kann, sondern auf die nachfolgenden Leistungsansprüche. Zu den Leistungen der gesetzlichen Krankenversicherung gehören danach einerseits ärztliche Betreuung und Hebammenhilfe gem. § 24d SGB V (hierzu Abschn. 2.2.1), andererseits Leistungen bei der Entbindung gem. § 24f SGB V (hierzu Abschn. 2.2.2).

2.2.1 Hebammenhilfe gem. § 24d SGB V

Gem. §§ 24c Nr. 1, 24d S. 1 SGB V haben Versicherte während der Schwangerschaft, bei und nach der Entbindung Anspruch auf ärztliche Betreuung sowie auf Hebammenhilfe. Im Leistungskatalog der gesetzlichen Krankenversicherung sind diese Leistungen gesondert aufgeführt, da Leistungen der gesetzlichen Krankenversicherung regelmäßig das Vorliegen einer Krankheit voraussetzen, Schwangerschaft und Geburt grundsätzlich aber keine Krankheit darstellen (BSG, Urt. v. 18.6.2014, Az. B 3 KR 10/13 R, NZS 2014, 742 (744 Rn. 19); zur Abgrenzung Kießling 2017, 373).

Hebammenhilfe im Sinne von § 24d S. 1 SGB V bezeichnet die Tätigkeiten, die nur von Hebammen nach den Regeln ihres Berufs erbracht werden dürfen (Knigge 2022, Rn. 10). Dies sind gem. § 1 HebG insbesondere die selbstständige und umfassende Beratung, Betreuung und Beobachtung von Frauen während der Schwangerschaft, bei der Geburt, während des Wochenbetts und der Stillzeit, die selbstständige Leitung von physiologischen Geburten sowie die Untersuchung, Pflege und Überwachung von Neugeborenen und Säuglingen. Die Geburtshilfe umfasst gem. § 4 Abs. 2 HebG die Überwachung des Geburtsvorgangs von Beginn der Wehen an, die Hilfe bei der Geburt und die Überwachung des Wochenbettverlaufs. Hebammen leisten grundsätzlich nur bei normal oder regelgerecht verlaufenden Geburten Hilfe, wie sich aus den Berufsordnungen der Hebammen der Länder ergibt (Pitz 2020a, Rn. 7; vgl. z. B. § 2 Abs. 3 Nr. 7, 8 Bayerische Hebammenberufsordnung), sind aber nach dem sog. Hebammenprivileg des § 4 Abs. 3 HebG bei jeder Geburt hinzuzuziehen.

2.2.2 Leistungen bei Entbindung, § 24f SGB V

§ 24f S. 2 SGB V konkretisiert das „allgemeine Individualisierungsgebot" des § 33 S. 2 SGB I (Banafsche 2016, 159; Kingreen 2021b, 12) im Hinblick auf die Geburt (Welti 2022, Rn. 2). Danach dürfen Versicherte für die Entbindung frei wählen, ob diese stationär oder ambulant durchgeführt werden soll, und auch, ob diese im Krankenhaus, in einem Geburtshaus oder als Hausgeburt stattfinden soll. Die Entbindungsorte stehen gleichberechtigt nebeneinander, es bedarf insbesondere keiner besonderen (medizinischen) Rechtfertigung für eine stationäre Entbindung (Kießling 2022, Rn. 1; Nebendahl 2022, Rn. 5; Pitz 2020b, Rn. 4). Diese Wahlmöglichkeit ist (auch) Ausdruck des Selbstbestimmungsrechts der Schwangeren, sodass § 24f SGB V für das Leistungsrecht einen diesem Selbstbestimmungsrecht entsprechenden Anspruch normiert.

Die konkrete Ausgestaltung der Versorgung mit Hebammenhilfe wird über einen Hebammenhilfevertrag zwischen dem GKV-Spitzenverband und den maßgeblichen Berufsverbänden der Hebammen nach § 134a SGB V geregelt (vgl. Hübner 2020, Rn. 290). Darin werden unter anderen Leistungsumfang, Vergütung und Qualitätsanforderungen festgelegt. Gem. § 2 Abs. 1 dieses Vertrags ist das Ziel der Hebammenhilfe die Förderung des regelrechten Verlaufs von Schwangerschaft, Geburt und Mutterschaft durch entsprechende Leistungen. Sie basiert auf den Prinzipien der partizipativen Entscheidungsfindung (§ 2 Abs. 3 HebV). Zu den Leistungen der Hebammenhilfe gehören dabei Beratungen und Informationen hinsichtlich der Wahl des Geburtsortes (Anlage 1.2 HebV).

2.2.3 Zusammenfassung

Bei normal verlaufenden Geburten werden gesetzlich versicherte Frauen also in der Regel allein von einer Hebamme betreut. Sie können die Form und den Ort grundsätzlich frei wählen und haben dabei einen Anspruch gegen ihre Krankenkasse, dass die Kosten entsprechend ihrer Wahl übernommen werden.

2.3 Einfachgesetzliche Umsetzung im BGB

Das Verhältnis zwischen Leistungserbringer:in (Hebamme) und Versicherter ist zivilrechtlicher Natur, sodass die Vorschriften über den Behandlungsvertrag gem. §§ 630a ff. BGB maßgeblich sind. Denn § 630a Abs. 1 BGB gilt für jeden Vertrag, der eine entgeltliche Durchführung medizinischer Behandlungen zum Gegenstand hat. Dieser Vertrag ist nicht auf das Verhältnis zwischen Patienten und *Ärzten* begrenzt, sondern erfasst auch Behandlungen durch Angehörige der Heilberufe inkl. nichtärztlicher Heilberufe (vgl. nur Katzenmeier 2022, Rn. 30 f.). Zu dieser Personengruppe sollen nach dem gesetzgeberischen Willen die Angehörigen der Heilberufe zählen, deren Ausbildung nach Art. 74 Abs. 1 Nr. 19 GG durch Bundesgesetz geregelt wird (BT-Drs. 17/10488, 11, 18). Damit fallen auch Behandlungen durch Hebammen, die eine Schwangerschaft und Geburt begleiten und eigenständig betreuen (können), unter die Regelungen über den Behandlungsvertrag.[8]

---

[8] Differenzierend Wagner (2020a, Rn. 202).

Dieser setzt (im Normalfall) die Einwilligung der Patientin (hierzu Abschn. 2.3.1) nach vorheriger Aufklärung (hierzu Abschn. 2.3.2) durch die Behandelnde voraus.

2.3.1 Einwilligung der Patientin

Vertragsinhalt, in den eingewilligt wird, ist die vereinbarte medizinische Behandlung. Inhalt und Umfang bestimmen sich dabei, sofern keine genauen Absprachen getroffen wurden, nach § 630a Abs. 2 BGB. Danach hat die Behandlung im Regelfall nach den zum Zeitpunkt der Behandlung bestehenden, allgemein anerkannten fachlichen Standards zu erfolgen, die sich nach dem aktuellen Stand der wissenschaftlichen Erkenntnis richten (Walter 2021a, Rn. 37 f.). Hinweise hierzu bieten Behandlungsleitlinien und -empfehlungen der wissenschaftlichen Fachgesellschaften (Walter 2021a, Rn. 37.2; siehe aber auch BGH, Urt. v. 15.4.2014, Az. VI ZR 382/12). Einen unausgesprochenen Rahmen bilden das jeweilige Berufsrecht und seine rechtlichen Grenzen, sodass die Behandlung nur danach beurteilt und vereinbart werden kann (Walter 2021a, Rn. 39).

Nach § 630d Abs. 1 S. 1 BGB ist vor Durchführung einer medizinischen Maßnahme die Behandelnde* verpflichtet, die Einwilligung der Patientin einzuholen. Entsprechend sind Hebammen im Verhältnis zur Schwangeren gem. § 630d Abs. 1 S. 1 BGB an ihren Willen gebunden (so auch Klimke 2020, 526). Dies gewährleistet die Patientinnenautonomie und geht so weit, dass auch irrational erscheinende Willensentscheidungen geschützt sind (Wagner 2020b, Rn. 6). Die Einwilligung bezieht sich dabei auf eine Behandlung, die lege artis ist (Wagner 2020b, Rn. 17). Sofern medizinisch nichts Anderes indiziert ist, umfasst der Wille grundsätzlich auch der Geburtsort, den die Schwangere eigenständig auswählen kann. Wünscht sie sich also etwa eine Hausgeburt, so ist dies vom Selbstbestimmungsrecht der Patientin auch einfachrechtlich im Verhältnis zur Hebamme umfasst[9] und die Einwilligung bezieht sich hierauf.

---

[9] Die Hausgeburt ist in Deutschland relativ selten, 2017 fanden etwa 5500 Hausgeburten und ca. 7250 Geburten in Geburtshäusern von insgesamt 784.901, 2019 waren von 778.090 Geburten insgesamt 6298 Hausgeburten und 8021 Geburten in Geburtshäusern (vgl. Deutscher Hebammenverband (DHV) e. V. Zahlenspiegel zur Situation der Hebammen 4/2019 und 2/2021, https://hebammenkongress.de/wp-content/uploads/2019/05/2019_04-Zahlenspiegel-zur-Situation-der-Hebammen.pdf sowie https://www.unsere-hebammen.de/w/files/kampagnenmaterial/dhv_zahlenspiegel.pdf). Im internationalen Vergleich entbinden gerade in den Niederlanden ca. 30 % der Frauen wunschgemäß Zuhause (https://www.uni-muenster.de/NiederlandeNet/nl-wissen/soziales/geburt/hausgeburt.html). Mittlerweile sind die Qualitätsindikatoren für Hausgeburten angepasst worden.

2.3.2 Aufklärung durch Behandelnden

Damit Patientinnen „eine ausreichende Entscheidungsgrundlage für die Ausübung [ihres] Selbstbestimmungsrechts" haben (BT-Drs. 17/10488, 24), sind ihr die für die medizinische Maßnahme wesentlichen Informationen mitzuteilen. Denn nur wenn die erforderlichen Informationen zur Verfügung stehen, kann auch ein entsprechender freier Wille gebildet werden. Darum ist der Behandelnde* gem. § 630e Abs. 1 S. 1 BGB verpflichtet, die Patientin über sämtliche für die Einwilligung wesentlichen Umstände aufzuklären.[10] Hierzu zählen gem. S. 2 „insbesondere Art, Umfang, Durchführung, zu erwartende Folgen und Risiken der Maßnahme sowie ihre [...] Eignung [...]". Bei der Aufklärung ist außerdem „auf Alternativen zur Maßnahme hinzuweisen, wenn mehrere medizinisch gleichermaßen indizierte und übliche Methoden zu wesentlich unterschiedlichen Belastungen, Risiken oder Heilungschancen führen können", § 630e Abs. 1 S. 3 BGB.

Damit soll der Patientin Schwere und Tragweite einer Behandlung als Grundlage für ihre Willensbildung verdeutlicht werden (BT-Drs. 17/10488, 24). Art und Weise sowie Umfang und Intensität richten sich dabei nach der jeweiligen Behandlungssituation (BT-Drs. 17/10488, 24). Diese Aufklärung hat so zu erfolgen, dass die Schwangere eine echte Wahlmöglichkeit erhält, welche Belastungen und Gefahren bei der Anwendung der verschiedenen Methoden sie auf sich nehmen will (BGH NJW 1989, 1538 (1539)). Hierzu gehören zunächst Informationen über den regelmäßigen Verlauf einer Entbindung sowie die allgemeinen Risiken, aber auch Informationen über besondere Risiken und ggf. Informationen über alternative Formen der Entbindung, deren Belastungen, Chancen und Gefahren.

Die Aufklärung muss gem. § 630e Abs. 2 S. 1 Nr. 1 BGB durch den Behandelnden oder durch eine Person, die über die zur Durchführung der Maßnahme notwendige Ausbildung verfügt, erfolgen. Dabei ist bei letzterem bisher nicht vollständig geklärt, inwiefern der behandelnde Arzt die Aufklärung delegieren kann (siehe nur Walter 2021c, Rn. 21 ff. m. w. N.). Allerdings wird im Hinblick auf die Geburtsbegleitung ein Behandlungsvertrag (auch) mit der Hebamme geschlossen, sodass diese als eigene Nebenpflicht auch zur Aufklärung verpflichtet ist (so auch Knehe 2016, 165).

---

[10] Die Ausführungen beziehen sich dabei nur auf die Einwilligung durch den einwilligungsfähigen Patienten und nicht auch auf die mutmaßliche Einwilligung, die gerade einen „Sonderfall" (Walter 2021b, Rn. 16) darstellt und nicht den hier interessierenden Normalfall.

Demgemäß hat eine Hebamme alle entscheidungsrelevanten Informationen mitzuteilen, um eine echte Wahlmöglichkeit zu gewährleisten. Hierzu gehören einerseits die unterschiedlichen Geburtsorte und die damit verbundenen Vor- und Nachteile. Hierzu gehört aber auch das Wissen darüber, ob eine bestimmte Geburtsform überhaupt begleitet wird. Wünscht sich die Schwangere etwa eine Hausgeburt, so benötigt sie zugleich die Information, ob in ihrer Region eine Hebamme Hausgeburten begleitet.

2.4 Zusammenfassung

Die Verfassung schützt das Selbstbestimmungsrecht von Patient:innen. In Bezug auf die Geburt umfasst dieses Selbstbestimmungsrecht auch die freie Wahl des Geburtsortes. Dieses Recht kann gerade durch das Wohl des Kindes eingeschränkt werden. Ist aber ein normaler Geburtsverlauf zu erwarten, hat die Gebärende ein entsprechendes Selbstbestimmungs- und Wahlrecht. Einfachgesetzlich wird dies durch einen Anspruch auf Wahlfreiheit und Kostenübernahme durch die Krankenversicherung sichergestellt. Damit Schwangere dieses Recht zudem frei ausüben können, haben sie einen Anspruch auf eine umfassende Aufklärung auch durch die Hebamme über Vor- und Nachteile sowie Risiken der unterschiedlichen Geburtsformen. Hierzu gehört aber auch das Wissen, ob die gewünschte Form von der Hebamme auch begleitet wird.

3 Unterversorgung mit Hebammen

Wenn also zur Willensfreiheit einer Schwangeren auch gehört, den Geburtsort frei wählen zu können, so muss eine entsprechende Begleitung auch zur Verfügung stehen. Schließlich kann der Wille über den Geburtsort nur dann frei gebildet werden, wenn die gewählte Möglichkeit auch zur Verfügung steht. Da der Anspruch auf die Wahl des Entbindungsortes gegenüber der Krankenversicherung gesichert ist, ist es von zentraler Bedeutung, eine flächendeckende Versorgung mit (insbesondere freiberuflichen) Hebammen sicherzustellen (vgl. auch BT-Drs. 18/4095, 119). Eine ausreichende Versorgung ist auch für eine hohe Versorgungsqualität der gesetzlichen Krankenversicherung wichtig (Rixen 2014, 80).

Allerdings deuten aktuelle Berichte auf eine zumindest drohende Unterversorgung hin. Bei einer nicht auf den Einzelfall bezogenen, regionalen oder landesweiten Unterversorgung mit Hebammenhilfe stellt sich die Frage, ob der Staat gehalten ist, dieser Unterversorgung zu begegnen. Dazu sind zunächst Kriterien der Unterversorgung aufzustellen, um diese zu ermitteln (hierzu Abschn. 3.) und dann nach Reaktionspflichten und -möglichkeiten des Staates zu fragen (hierzu Abschn. 4.). Anders als bei der sog. vertragsärztlichen Versorgung ist bei der Hebammenversorgung keine gesonderte Zulassung vorgesehen. Die Ausübung des Berufs ist an die Erlaubnis zum Führen des Titels gebunden, die grundsätzlich erteilt wird, wenn die Person das vorgeschriebene Studium erfolgreich absolviert und die staatliche Prüfung bestanden hat, § 5 Abs. 2 Nr. 1 HebG[11]. Zudem hat die antragstellende Person weitere persönliche Voraussetzungen i. S. v. § 5 Abs. 2 Nr. 2–4 HebG zu erfüllen.[12] Von Hebammen geleitete Einrichtungen bedürfen außerdem einer Konzession gem. § 30 GewO (vgl. Kießling 2022, Rn. 3). Um Leistungen mit den Krankenkassen abrechnen zu können, müssen freiberufliche Hebammen ferner dem Vertrag über die Versorgung mit Hebammenhilfe nach § 134a SGB V und die dazugehörige Hebammenvergütungsvereinbarung beigetreten sein (Wimmer und Murawski 2022, Rn. 8; Rehborn 2018, Rn. 25).

An die Versorgungslage hingegen ist die Zulassung bzw. Abrechnung nicht geknüpft (Luthe 2014, 317). Entsprechend sehen weder das SGB V noch das HebG Regelungen zur Feststellung einer Unterversorgung vor. Solche Regelungen enthält das SGB V nur im Hinblick auf die vertragsärztliche Versorgung, § 100 SGB V. Daher lohnt sich ein Blick auf diese Regelung (hierzu Abschn. 3.2), um so mögliche Kriterien für die Hebammenversorgung zu erhalten (hierzu Abschn. 3.3). Zuvor ist jedoch ein kurzer, allgemeiner Blick auf die Bedarfsplanung der fachärztlichen Versorgung zu werfen, damit die Regelungen zur Unterversorgung verständlich werden.

3.1 Bedarfsplanung der vertragsärztlichen Versorgung

Die Bedarfsplanung ist ein wesentliches Instrument zur Sicherstellung der ambulanten Versorgung im gesamten Bundesgebiet. In der ursprünglichen

---

[11] Gesetz über das Studium und den Beruf von Hebammen (Hebammengesetz – HebG), BGBl. 2019, I 1759.
[12] Zudem bestehen Übergangsvorschriften, nach denen auch diejenigen die Berufsbezeichnung führen dürfen, die diese Erlaubnis nach altem Recht erhalten haben, §§ 73, 74 HebG.

Fassung der RVO[13] war für eine ausreichende ärztliche Versorgung und die freie Arztwahl vorgesehen, dass im Zulassungsbereich in der Regel je 500 Mitglieder ein Arzt[14] zuzulassen war. Diese Regelung wurde allerdings durch das Bundesverfassungsgericht für nichtig erklärt (BVerfGE 11, 30), wodurch in der Folge partielle Unterversorgungslagen entstanden (vgl. Sproll 2022, Rn. 1). Daraufhin wurde schrittweise das nun geltende System eingeführt (zur Verfassungsmäßigkeit etwa BVerfGE 103, 172).

Mit Hilfe des Bedarfsplans wird der Bedarf an vertragsärztlicher Versorgung[15] im Planungsgebiet ermittelt und überwacht. Dazu stellen die Kassenärztlichen Vereinigungen einen Bedarfsplan auf, der unter Berücksichtigung regionaler Besonderheiten die Grundlage zur Feststellung von Über- oder Unterversorgung darstellt, vgl. § 99 SGB V. Die Aufstellung des Bedarfsplans wird durch die Vorgaben der Bedarfsplanungsrichtlinie des Gemeinsamen Bundesausschusses konkretisiert, §§ 99 Abs. 1 S. 1, 101 Abs. 1 SGB V.

Diese Richtlinie verlangt von einem Bedarfsplan, zunächst die regionale Versorgungssituation zu analysieren und darzustellen. Sodann sind die regionalen Grundlagen der Bedarfsplanung und die Besonderheiten und Abweichungen von den Vorgaben der Bedarfsplanungsrichtlinie zu verdeutlichen. In sogenannten Planungsblättern werden schließlich in differenzierter Weise relevante Planungs- und Bewertungsdeterminanten, der Ist-Stand der Versorgung, die entsprechenden Soll-Werte sowie die entsprechenden Ableitungen festgelegt (vgl. Männle 2022, Rn. 19).

Bei der Aufstellung sind die Ziele und Erfordernisse der Raumordnung und Landesplanung sowie der Krankenhausplanung zu beachten, § 99 Abs. 1 S. 2 SGB V, also z. B. die Verkehrsanbindung oder die Besiedlungsdichte der Region (vgl. Hellkötter-Backes und Murawski 2022, Rn. 11). Dabei ist zwischen der hausärztlichen, der allgemeinen fachärztlichen, der spezialisierten fachärztlichen und der gesonderten fachärztlichen Versorgung zu unterscheiden, für die jeweils andere Bedarfsvorgaben gelten. Abhängig von der jeweiligen ärztlichen Ver-

---

[13] § 368a RVO in der Fassung des Gesetzes über Kassenarztrecht, BGBl. 1955, I 513. Die Reichsversicherungsordnung war bis 1992 das Kernstück des deutschen Sozialrechts, die unter anderem das Krankenversicherungsrecht enthielt und ab den 1970er Jahren schrittweise durch das Sozialgesetzbuch abgelöst.

[14] Und je 900 Mitglieder ein Zahnarzt.

[15] Zur Abrechnung ärztlicher Leistungen mit der Krankenkasse bedarf es der Zulassung als Vertragsarzt, vgl. § 95 Abs. 1 S. 1, Abs. 3 S. 1 SGB V.

sorgung sind auch die einzelnen Planungsbereiche, die je nach Versorgungsebene unterschiedliche Gebiete erfasst.[16]

3.2 Vertragsärztliche Unterversorgung

§ 100 SGB V, ergänzt durch §§ 27–34 Bedarfsplanungs-RL und die §§ 15, 16 Ärzte-ZV[17], sieht Regelungen zur Feststellung einer Unterversorgung und gegensteuernde Maßnahmen vor. Die praktische Bedeutung dieser Vorschrift ist bisher eher gering (Pawlita 2020, Rn. 10), könnte aber wegen der sich verschlechternden Versorgungssituation u. A. in den ostdeutschen Bundesländern zukünftig steigen (Kaltenborn 2022, Rn. 1).

Eine Unterversorgung liegt gem. § 100 Abs. 1 S. 1 SGB V vor, wenn eine ausreichende vertragsärztliche Versorgung in einem Zulassungsbezirk nicht mehr vollständig gewährleistet ist bzw. Mängel bei der Versorgung in absehbarer Zeit drohen. Dies ist dann der Fall, „wenn in bestimmten Planungsbereichen Vertragsarztsitze, die im Bedarfsplan für die bedarfsgerechte Versorgung ausgewiesen sind, nicht nur vorübergehend nicht besetzt werden können und dadurch eine unzumutbare Erschwernis der Inanspruchnahme vertragsärztlicher Leistungen eintritt, welche auch durch die Ermächtigung von Ärzten und ärztlich geleiteten Einrichtungen [...] nicht behoben werden kann" (Kaltenborn 2022, Rn. 2). Bei der hausärztlichen Versorgung wird das angenommen, wenn der Ist-Stand den ausgewiesenen Bedarf um 25 % unterschreitet, bei der fachärztlichen Versorgung bei einer Unterschreitung des ausgewiesenen Bedarfs um mehr als 50 % (§ 29 S. 1 Bedarfsplanungs-RL). Sie droht, wenn insbesondere auf Grund der Altersstruktur der Ärzte eine Verminderung der Zahl von Vertragsärzten in einem

---

[16] So wird die *hausärztliche* Versorgung auf der kleinräumigen Ebene der 883 Mittelbereiche in der Zuordnung des Bundesinstituts für Bau-, Stadt- und Raumforschung beplant, die *allgemeine fachärztliche* Versorgung auf der Ebene von Stadt- und Landkreisen, die *spezialisierte fachärztliche* Versorgung auf der Ebene der Raumordnungsregionen und die *gesonderte fachärztliche* Versorgung auf der Ebene des jeweiligen Bezirks der Kassenärztlichen Vereinigung, §§ 11 Abs. 3, 12 Abs. 3, 13 Abs. 3, 14 Abs. 3 Bedarfsplanungs-RL. In Sonderfällen sind Abweichungen möglich, § 11 Abs. 3 Bedarfsplanungs-RL. Die Zuordnung der Arztgruppen zur jeweiligen Kategorie der fachärztlichen Versorgung ergibt sich ebenfalls aus §§ 12 Abs. 1, 13 Abs. 1, 14 Abs. 1 Bedarfsplanungs-RL.

[17] Zulassungsverordnung für Vertragsärzte, BGBl. 1957, I 572, 608.

Umfang zu erwarten ist, der zum Eintritt einer Unterversorgung führen würde, § 29 S. 2 Bedarfsplanungs-RL.

Zur Beurteilung einer Unterversorgung bedarf es also eines Vergleichsmaßstabs, um eine Abweichung von einem bestimmten Versorgungsstandard, der erreicht sein soll, festzustellen (Geiger 2016, Rn. 18). Als Ausgangspunkt dienen die einheitlichen Verhältniszahlen für den allgemeinen bedarfsgerechten Versorgungsgrad in der vertragsärztlichen Versorgung des § 101 Abs. 1 S. 1 Nr. 1 SGB V, ohne dass aber das Gesetz diese Verhältniszahlen festsetzt. Darüber hinaus ist in tatsächlicher Hinsicht ein nicht anders behebbares gravierendes Versorgungsdefizit erforderlich (Geiger 2016, Rn. 18 ff.).

3.3 Hebammen(unter-)versorgung

Für die Hebammenversorgung fehlt eine solche Bedarfsplanung. Die mit der entsprechenden Versorgung einhergehenden Unwägbarkeiten erklären die Schwierigkeit, eine solche Unterversorgung festzustellen. Ob eine Unterversorgung vorliegt, hängt – wie die vertragsärztliche Bedarfsplanung zeigt – entscheidend vom Vergleichsmaßstab ab. Es kommt zudem darauf an, dass in einer Region nicht nur vorübergehend keine ausreichende Hebammenversorgung zur Verfügung steht und dadurch eine unzumutbare Erschwernis der Inanspruchnahme der Hebammenhilfe eintritt.

Vorgabe ist hier das Ziel wohnortnaher Versorgung.[18] Für eine solche Beurteilung sind sowohl regionale als auch die Besonderheiten der Geburtshilfe zu berücksichtigen. Unklar bleibt dabei jedoch der Begriff der Wohnortnähe. So macht es im Geburtsfall durchaus einen Unterschied, ob die Hebamme oder Gebärende einen Anfahrtsweg von 20 km oder 50 km haben, je nach Verständnis von Wohnortnähe könnten aber beide Entfernungen hierunter subsumiert werden. Die Bundesregierung folgt der Auffassung des Gemeinsamen Bundesausschusses, dass eine wohnortnahe Versorgung dann vorliegt, wenn jede Schwangere innerhalb eines Zeitraums von 20 bis maximal 45 min eine geburtshilfliche Klinik erreichen kann (BT-Drs. 19/11674, 3 f.).

---

[18] Vgl. beispielhaft 7. Krankenhausplan für den Freistaat Thüringen 2017–2022, Abschn. 3.2.5.1 lit. a); Krankenhausplan Nordrhein-Westfalen 2015, S. 99. Siehe auch CDU, CSU, SPD 2018, 98: „Zu einer flächendeckenden Gesundheitsversorgung gehören für uns […] auch eine wohnortnahe Geburtshilfe, Hebammen […] vor Ort.".

Für die Beurteilung der Unterversorgung ist auch zu fragen, welcher Betreuungsschlüssel bei der Geburt wünschenswert ist. Dahinter versteckt sich die Anzahl der betreuten Geburten durch eine Hebamme. Empfehlenswert ist dabei eine 1:1-Betreuung in mehr als 95 % der klinischen Geburten, so die Empfehlungen für die strukturellen Voraussetzungen der perinatologischen Versorgung in Deutschland (Arbeitsgemeinschaft der Wissenschaftlichen Medizinischen Fachgesellschaften e. V. 2015, 8; so nun auch SPD, Bündnis 90/Die Grünen/FDP 2021, 85). Zumindest sollte aber eine 1:2 Betreuung bei klinischen Geburten als erster Schritt erreicht werden (Ausschuss-Drs. 19(14)234(6) v. Deutschen Hebammenverband). Eine geringe Betreuungsquote ist auch deshalb erstrebenswert, um Gewalt bei der Geburt zu verringern (vgl. Klimke 2020).

Erkenntnisse über bestehende Versorgungsengpässe liegen der Bundesregierung nicht vor: So haben zwar verschiedene Bundesländer Gutachten in Auftrag gegeben, deren Ergebnisse aber nur in einzelnen Ländern Engpässe in bestimmten Regionen aufzeigen (BT-Drs. 19/11674, 4). Dies deckt sich nur in Teilen mit einem Projekt des Deutschen Hebammenverbandes, der auf seiner Webseite Unterversorgungen sammelt.[19] Dort können Frauen den persönlichen Hebammenmangel melden, um so Daten zur Hebammenunterversorgung zu sammeln. Seit 2014 gibt es dort 37.830 Einträge (Stand 25.4.2021), wobei die meisten auf die Wochenbettbetreuung entfallen.

Auch wenn das Ziel einer wohnortnahen Versorgung besteht, schließen Geburtsstationen bei steigenden Geburtenzahlen (vgl. für Bayern: Nr. 1 der Hebammenbonusrichtlinie[20]) auf Grund von Personalmangel oder sind zumindest zeitweise (am Wochenende oder an Feiertagen) nicht mehr geöffnet. Auch häufen sich Berichte über Berliner oder Münchener Geburtsstationen, die unangemeldete Schwangere abweisen, weil die Kapazitäten fehlen. Gleiches gilt für die Hebammenbetreuung während der Schwangerschaft gerade in größeren und großen Städten (Garschhammer 2021; krit. auch Arnold 2016, 13). Auch sind die Zahlen zugelassener freiberuflicher Hebamme rückläufig. Dies deutet zumindest auf eine bestehende Unterversorgung hin.

Da aber bisher eine Bedarfsplanung bei Hebammen fehlt und stattdessen nur das allgemein gehaltene, aber wenig aussagekräftige Ziel einer flächen-

---

[19] Abrufbar unter https://www.unsere-hebammen.de/mitmachen/unterversorgung-melden/.
[20] Richtlinie über die Gewährung eines Bonus zur Sicherstellung der Geburtshilfe durch freiberuflich tätige Hebammen und Entbindungspfleger (Hebammenbonusrichtlinie – HebBonR), Bekanntmachung des Bayerischen Staatsministeriums für Gesundheit und Pflege vom 30.7.2018, Az. 32a-G8571.88–2017/10–76.

deckenden Versorgung vorgegeben ist, lässt sich eine Unterversorgung kaum feststellen. Hierfür bedürfte es zunächst der Erstellung eines Bedarfsplans, der auch Geburten außerhalb einer Klinik berücksichtigt und so zunächst einmal den grundsätzlichen Bedarf ermittelt (vgl. auch Klimke 2020, 527).

4 Gewährleistung der Hebammenversorgung durch den Staat

Ob nun eine bundesweite Unterversorgung mit Hebammen besteht, lässt sich in diesem Rahmen nicht abschließend klären. Doch rechtfertigt allein eine drohende oder partielle Unterversorgung in einigen Regionen der Bundesrepublik, und dies nicht nur vorübergehend, die Frage nach einer Handlungspflicht des Staates (hierzu Abschn. 4.1). Sollte eine solche angenommen werden, ist danach zu fragen, wie der Staat diese Pflicht erfüllen kann. Unter Rückgriff auf die Maßnahmen bei vertragsärztlicher Unterversorgung (hierzu Abschn. 4.2) bieten sich vor allem Regulierungs- und Anreizmaßnahmen an (hierzu Abschn. 4.3).

4.1 Gewährleistungsgarantie des Staates

Die Grundrechte des Grundgesetzes haben verschiedene Funktionen, aus denen sich Handlungsmaxime für den Staat ableiten lassen. Sie sind zuvörderst Abwehrrechte gegen den Staat, die den Einzelnen vor Eingriffen in ihre Grundrechte schützen (Kingreen und Poscher 2022, 122 ff. m. w. N.).

Sie haben darüber hinaus auch vereinzelt Gewährleistungsfunktionen. Ein unmittelbarer Anspruch kann jedoch nur ausnahmsweise aus der Verfassung abgeleitet werden. So hat das Bundesverfassungsgericht beispielsweise entschieden, dass sich aus der Menschenwürde des Art. 1 Abs. 1 GG in Verbindung mit dem Sozialstaatsprinzip das Grundrecht auf Gewährleistung eines menschenwürdigen Existenzminimums ergibt, das jedem Einzelnen die Garantie auf ein staatlich gewährtes Existenzminimum gibt, wenn er oder sie hierzu nicht eigenständig in der Lage ist. Die genaue Höhe existenzsichernder Leistung ergibt sich jedoch nicht aus dem Grundgesetz, sondern ist in einem entsprechenden Verfahren durch den Gesetzgeber zu ermitteln (BVerfGE 125, 175 (224 ff.)).

Das Selbstbestimmungsrecht von Patient:innen ist zunächst ein Abwehrrecht. Es schützt vor Eingriffen des Staates bei der Ausübung dieses Rechts und verpflichtet diesen, vor Eingriffen durch Dritte zu schützen. In diese Richtung ist auch das Urteil des Bundesverwaltungsgerichts (2.3.2017, Az. 3 C 19.15) zu verstehen, wenn es Zugang zu einem Medikament gewährt, dass zur selbstbestimmten Selbsttötung genutzt werden soll. Denn mit dem Verbot des Zugangs zu diesem Medikament in §§ 3 und 5 BtMG greift der Staat in das Selbstbestimmungsrecht des Patienten ein, sodass die Verweigerung der Erlaubnis zum Erhalt dieses Medikaments rechtfertigungsbedürftig ist (Hufen 2017, 1527 f.). Diese Dimension wäre etwa auch dann betroffen, wenn der Gesetzgeber die Hausgeburt oder Geburt im hebammengeleiteten Geburtshaus verbieten oder einschränken würde.[21] Die Unterversorgung mit Hebammen betrifft aber nicht das Abwehrrecht, sondern die Schutz- bzw. Gewährleistungsdimension des Grundrechts.

Das Selbstbestimmungsrecht der Patient:innen müsste also über das Abwehrrecht hinaus auch eine Gewährleistungsgarantie enthalten. Im Hinblick auf die Privatautonomie als Aspekt des Selbstbestimmungsrechts hat das Bundesverfassungsgericht bereits festgestellt, dass dazu die Bedingungen zur Ausübung auch tatsächlich gegeben sein müssen (BVerfGE 81, 242 (252 f.); BVerfGE 114, 73 (89)). Dies lässt sich zunächst auch auf die Ausübung des Patientinnenwillens in Bezug auf die Wahl des Geburtsortes übertragen. Zugleich billigt das Bundesverfassungsgericht dem Gesetzgeber aber einen weiten Gestaltungsspielraum zu, sodass originäre Leistungsansprüche nur im Einzelfall herleitbar sind (vgl. BSG, Urt. v. 15.6.2005, Az. B 1 KR 111/04 B, Rn. 10; BSG, Urt. v. 19.10.2004, Az. B 1 KR 9/04 R, Rn. 19; BSG, Urt. v. 19.10.2004, Az. B 1 KR 3/03 R, Rn. 20). Und auch im Hinblick auf das Selbstbestimmungsrecht der Patient:innen gilt ein weiter Gestaltungsspielraum des Gesetzgebers. Entsprechend muss zwar die freie Entscheidung ohne Beeinflussung durch Dritte gesichert sein, grundsätzlich müssen aber keine bestimmten hierfür erforderlichen Strukturen geschaffen werden (BSG, Urt. v. 15.6.2005, Az. B 1 KR 111/04 B, Rn. 10). Letzteres kommt vor allem dann in Betracht, wenn das Selbstbestimmungsrecht in Kombination mit anderen Grundrechten oder Strukturprinzipien dergestalt „aufgeladen" wird. Hierfür kommen einerseits das Grundrecht auf Gewährleistung eines menschenwürdigen Existenzminimums und andererseits das Sozialstaatsprinzip in Betracht.

Das Grundrecht auf Gewährleistung eines menschenwürdigen Existenzminimums verlangt, einen Leistungsanspruch so auszugestalten, „dass er stets den gesamten existenznotwendigen Bedarf jedes individuellen Grundrechtsträgers

---

[21] Ein solches Verbot oder Einschränkung würde zunächst einen Eingriff darstellen, der rechtfertigungsbedürftig wäre und unter Umständen auch gerechtfertigt werden könnte, etwa dann, wenn das Verbot nur Risikogeburten beträfe.

deckt" (BVerfGE 125, 175 (224)). Hierzu gehört auch eine medizinische Grundversorgung, die solche Leistungen erfasst, die der Sicherung des medizinischen Daseins selbst dienen. Dazu zählt die lebensrettende und die geburtshelfende Medizin sowie eine solche, die schwere Körperschäden, also elementare Funktionseinbußen abwendet (Bernzen 2017, 60). Gehören geburtshelfende medizinische Leistungen also zum menschenwürdigen Existenzminimum, bedeutet dies, dass der Staat in Regionen, in denen keine geburtshelfenden medizinischen Leistungen zur Verfügung stehen, tätig werden und dieser Unterversorgung entgegenwirken muss. Dies aber auch erst dann, wenn *gar keine* geburtshelfenden medizinischen Leistungen mehr zur Verfügung stehen. Besteht in einer Region noch eine Hebammenversorgung, die zwar eine bestimmte Geburtsbegleitung nicht anbietet (etwa Hausgeburt), grundsätzlich aber Geburten begleitet, liegt noch keine Handlungspflicht des Staates vor. Ohnehin ließe sich eine solche dann „nur" auf das menschenwürdige Existenzminimum stützen, nicht aber auf das Selbstbestimmungsrecht.

Insbesondere auch aus dem Sozialstaatsprinzip lassen sich kaum konkrete Gewährleistungen ableiten (BVerfGE 27, 253 (283); BVerfGE 82, 60 (80)), sondern es bedarf der Konkretisierung durch den Gesetzgeber, der dazu einen weiten Gestaltungsspielraum hat (BVerfGE 1, 97 (105); BVerfGE 82, 60 (80); BVerfGE 103, 197 (221 ff.); BVerfGE 125, 175 (224 f.); BVerfGE 152, 68 (113 ff.)). Das Sozialstaatsprinzip stellt u. a. sicher, dass ein Mindestmaß an sozialer Sicherheit gewährleistet wird, das gegen die „Wechselfälle des Lebens" absichert (BVerfGE 28, 324 (348)). Dazu gehören die Sozialversicherungssysteme, wobei auch hier ein weitgehender Gestaltungsspielraum des Gesetzgebers besteht (Rux 2022, Rn. 211 f. m. w. N.). Hat aber sich der Gesetzgeber einmal für eine Ausgestaltung entschieden, so hat er auch das seinerseits Notwendige hierfür einzurichten. Denn es geht hierbei nicht um einen originären Anspruch aus der Verfassung, sondern um einen Anspruch, der die Grundrechte verwirklicht und den der Gesetzgeber bereits eingerichtet hat. Gewährt der Gesetzgeber als Leistung der gesetzlichen Krankenversicherung also ein Wahlrecht der Schwangeren über den Entbindungsort, so muss sichergestellt sein, dass dieses Wahlrecht auch ausgeübt werden kann. Andernfalls würde dieses Wahlrecht nur eine leere Hülle sein. Ausdrücklich findet sich dies in § 17 Abs. 1 Nr. 2 SGB I normiert, der die Leistungsträger, hier also die Krankenkassen, dazu „verpflichtet, darauf hinzuwirken, da[ss…] die zur Ausführung von Sozialleistungen erforderlichen sozialen Dienste und Einrichtungen rechtzeitig und ausreichend zur Verfügung stehen".

4.2 Maßnahmen bei vertragsärztlicher Unterversorgung

Auch im Hinblick auf die Reaktion auf eine Unterversorgung sei nochmal ein Blick auf die vertragsärztliche Versorgung geworfen. Zur Beseitigung der Unterversorgung kommen in einem gestuften Verfahren zwei Maßnahmenkategorien in Betracht: Zum einen Maßnahmen gem. § 100 Abs. 1 S. 2 SGB V, die direkt die Versorgung im Zulassungsbezirk verbessern und damit unmittelbar auf die Unterversorgung wirken, und zum anderen Zulassungsbeschränkungen in nicht unterversorgten Gebieten gem. § 100 Abs. 2 SGB V, die mittelbar dazu führen, die Zahl der zugelassenen Vertragsärzte zu erhöhen (Kaltenborn 2022, Rn. 1). Zu den unmittelbaren Maßnahmen gehören die Ausschreibung der unbesetzten Vertragsarztsitze und die finanzielle Förderung (Kaltenborn 2022, Rn. 5). Zu letzterem zählen die Zahlung von Sicherstellungszuschlägen gem. § 105 Abs. 1 S. 1 Hs. 1 SGB V sowie die Finanzierung von Maßnahmen aus dem Strukturfonds gem. § 105 Abs. 1a SGB V, wobei solche insbesondere für Zuschüsse zu den Investitionskosten bei der Neuniederlassung oder der Gründung von Zweigpraxen, für Zuschläge zur Vergütung und zur Ausbildung sowie für die Vergabe von Stipendien verwendet werden sollen (Ossege 2018, Rn. 18). Auch kommt in Betracht, Krankenhausärzte bzw. Krankenhäuser zur Teilnahme an der ambulanten Versorgung zu ermächtigen (Kaltenborn 2022, Rn. 5).

Sollten diese Maßnahmen keinen Erfolg zeigen, so sind Zulassungsbeschränkungen für andere, nicht unterversorgte Gebiete anzuordnen, um so verhaltenssteuernd Niederlassungswillige in die unterversorgten Gebiete zu bewegen (Geiger 2016, Rn. 54). In den zulassungsbeschränkten Gebieten dürfen dann keine neuen Vertragsärzte zugelassen werden. Zur Anordnung von Zulassungsbeschränkungen genügt die drohende Unterversorgung nicht (Geiger 2016, Rn. 48).

4.3 Maßnahmen bei Hebammenunterversorgung

Die in Bezug auf eine Unterversorgung in der vertragsärztlichen Versorgung in Betracht kommenden Maßnahmen können in Teilen auf eine Unterversorgung bei Hebammen übertragen werden. Zwar fehlt es hier an der Feststellung einer Unterversorgung durch die jeweilige Kassenärztliche Vereinigung bzw. den jeweiligen Hebammenverband, ebenso fehlt angesichts der oben dargestellten unterschiedlichen Struktur die Möglichkeit, bestimmte Bereiche für die Zulassung von Hebammen zu sperren.

Gleichwohl besteht die Möglichkeit von finanziellen Anreizsystemen, um die Niederlassung von Hebammen im Allgemeinen und in unterversorgten Gebieten im Besonderen attraktiv zu gestalten. Zudem hat der Bund in den vergangenen Jahren mehrere finanzielle Entlastungsmaßnahmen verabschiedet, die insbesondere auf die gestiegenen Haftpflichtversicherungsprämien reagieren (hierzu Abschn. 4.3.1 und 4.3.2).[22] Ähnliche Förderungen gibt es auch in Bayern (4.3.3).

4.3.1 Finanzielle Entlastungen

Ein Problem der zurückgehenden Zahlen zugelassener Hebammen sind die gestiegenen Prämien für die Haftpflichtversicherung. Infolge dieser Preissteigerung gaben und geben immer mehr Hebammen ihre freiberufliche Tätigkeit auf, weil die Betriebsausgaben die nur geringen Einnahmen überstiegen. Als Lösung ist daher zum einen vorgesehen, dass die im Rahmen der sozialversicherungsrechtlichen Selbstverwaltung zu schließenden Vereinbarungen gem. § 134a SGB V bei der Festlegung der Vergütung die stetig steigenden Haftpflichtversicherungsprämien berücksichtigen (§ 134a Abs. 1 S. 2, 3 SGB V).

Zum anderen sieht § 134a Abs. 1b SGB V einen Sicherstellungszuschlag bei geringen Geburtenzahlen vor. Diesen erhalten Hebammen zusätzlich zu der vertraglich vereinbarten Vergütung, wenn „ihre wirtschaftlichen Interessen wegen zu geringer Geburtenzahlen bei der Vereinbarung über die Höhe der Vergütung nach Absatz 1 nicht ausreichend berücksichtigt sind". Erfasst werden damit Fälle, in denen die zu zahlende Prämie für die Berufshaftpflichtversicherung eine wirtschaftlich sinnvolle und gewinnbringende geburtsbegleitende Tätigkeit auf Grund der geringen Anzahl der betreuten Geburten unmöglich macht (Ammann 2022, Rn. 8). Die Zahlung dieses Sicherzustellungszuschlags kommt nur dann in Betracht, wenn die Hebamme ihrerseits insbesondere unterjährige Wechselmöglichkeiten der Haftpflichtversicherungsform in Anspruch nimmt und so ihrerseits die Belastungen für die Solidargemeinschaft senkt, § 134a Abs. 1b S. 5 SGB V. Mit diesem Zuschlag soll eine flächendeckende Versorgung auch in geringer besiedelten Gebieten sichergestellt werden (BT-Drs. 18/1657, 65 f.).

---

[22] Zu diesem Maßnahmenpaket gehört auch, dass die Ausbildung akademisiert wurde. Positiv beurteilend: Klimke (2020, 527); wohl auch Igl (2020a). In dem Beitrag von *Garschheimer* 2021 wird die grundsätzliche Akademisierung zwar begrüßt, die hohen Zulassungsanforderungen jedoch kritisch betrachtet. Insgesamt zur Ausbildungsreform Igl (2020a) sowie Igl (2020b, 564 ff.).

4.3.2 Haftungsbeschränkungen

Um den steigenden Haftpflichtversicherungsprämien zu begegnen, hat der Gesetzgeber außerdem mit einer Haftungsbeschränkung reagiert. So kann ein Ersatzanspruch nach § 116 Abs. 1 SGB X wegen Schäden auf Grund von Behandlungsfehlern in der Geburtshilfe gegenüber freiberuflich tätigen Hebammen von den Kranken- und Pflegekassen nur geltend gemacht werden, wenn der Schaden vorsätzlich oder grob fahrlässig verursacht wurde, § 134a Abs. 5 SGB V. § 116 Abs. 1 SGB X enthält einen Schadensersatzanspruch der Kranken- und Pflegekassen, wenn diese auf Grund eines Schadensereignisses Sozialleistungen erbracht haben. Hat die Hebamme bei der Geburt durch einen Behandlungsfehler einen Schaden verursacht, ist sie hierfür dem Geschädigten gegenüber grundsätzlich haftbar nach den allgemeinen zivilrechtlichen Regelungen. Erbringt nun zunächst die Kranken- oder Pflegekasse Leistungen zur Behebung des Schadens, z. B. die Krankenbehandlung, so geht der Anspruch gegen die Hebamme von dem:r Geschädigten auf die Kranken- bzw. Pflegekasse über und die Kranken- bzw. Pflegekasse kann diesen Schaden der Hebamme gegenüber geltend machen. Grundsätzlich haftet ein Schädiger für Vorsatz und Fahrlässigkeit. Durch § 134a Abs. 5 SGB V wird die Haftung der Hebamme im Verhältnis der Kranken- und Pflegekasse und der Hebamme auf Vorsatz und grobe Fahrlässigkeit beschränkt.

Ist die Haftung ausgeschlossen, so wird auch der Freistellungsanspruch der Hebamme gegenüber ihrem Berufshaftpflichtversicherer nicht ausgelöst, wodurch das zu versichernde Risiko reduziert wird. Hierdurch erhofft sich der Gesetzgeber eine Stabilisierung der Haftpflichtversicherungsprämien (BT-Drs. 18/4095, 119). Ein erster Blick von Arnold zeigte, dass zumindest ein Jahr nach Inkrafttreten dieser Regelung das Ziel der Prämiensenkung nicht eingetreten ist (Arnold 2016, 12; ebenso Kötter und Maßing 2016b, 25).

4.3.3 Regionale Förderprogramme

Der Freistaat Bayern hat im Mai 2018 einen Hebammenbonus beschlossen, der der Anerkennung und Unterstützung von freiberuflichen Hebammen in der Geburtshilfe dienen soll und so darauf zielt, die Tätigkeit in der Geburtshilfe attraktiver zu machen. Eine vom Freistaat in Auftrag gegebene Studie war zu dem Ergebnis gekommen, dass trotz steigender Geburtenzahlen nur knapp 50 % der freiberuflichen Hebammen in der Geburtshilfe tätig war. Zugleich arbeiten 60 % der Kliniken in Bayern mit freiberuflich tätigen Beleghebammen (vgl. Nr. 1 der Hebammenbonusrichtlinie), sodass diese zur Sicherstellung auch auf freiberufliche Hebammen angewiesen sind. Über diesen Bonus erhalten freiberuflich tätige Hebammen in der Geburtshilfe, die mindestens vier freiberuflich geleitete Geburten pro Jahr in Bayern nachweisen, 1000 EUR pro Jahr. Damit erhalten auch Hebammen mit Wohnsitz außerhalb von Bayern den Bonus, die aber (auch) in Bayern tätig sind.

4.3.4 Höhere Vergütung

Insgesamt scheinen diese Maßnahmen aber noch nicht auszureichen, um eine ausreichende Versorgung mit Hebammen zu gewährleisten. Grund hierfür ist auch die ökonomische Betrachtung und insbesondere das Fallpauschalensystem, die den ökonomischen Druck bei der Verteilung der Ressourcen steigen lassen (vgl. für die vertragsärztliche Versorgung: Miranowicz 2018, 134). Dies könnte durch ein schwächeres Fallpauschalensystem abgemildert werden. Dazu sollte der Gesetzgeber konkretere Vorgaben in § 134a SGB V aufnehmen und die Vergütung (nicht nur) der Hebammen an den Vergütungsanstieg der Ärzt:innen und Krankenhäuser ankoppeln (vgl. Rixen 2014, 80 f., dort auch zu milderen Möglichkeiten der Ankopplung). Um Ungleichgewichte in der Verhandlungsmacht entgegenzuwirken sind außerdem Vorgaben des Gesetzgebers hilfreich (Rixen 2014, 80 f.). Hierzu könnte er das Verfahren stärker prozeduralisieren.

Zur Sicherstellung einer hohen Versorgungsqualität im System der gesetzlichen Krankenversicherung bedarf es einer Wertschätzung aller Gesundheitsberufe (Rixen 2014, 80). Diese Wertschätzung muss sich auch in der Höhe der Vergütungen widerspiegeln (IGES 2019, 253; Klimke 2020, 527; Rixen 2014, 80).

5 Fazit

§ 24f SGB V gewährleistet als Ausfluss des grundrechtlich geschützten Patientinnenwillens das Recht auf freie Wahl des Geburtsortes. Ein solches Recht kann aber nur dann frei ausgeübt werden, wenn die entsprechende Infrastruktur vor Ort auch vorhanden ist. Bestehen in einer Region keine Geburtshäuser oder betreuen Hebammen keine Hausgeburt, dann kann der Geburtsort trotz eines entsprechenden Rechts nicht frei gewählt werden. Angesichts dieser Ausgestaltung hat der Staat Maßnahmen zu einer ausreichenden Hebammenversorgung zu unternehmen und so einer (drohenden) Unterversorgung entgegenzuwirken. Nur so kann die freie Bildung des Patientinnenwillens sichergestellt werden. In Betracht kommen hier vor allem Maßnahmen zur (finanziellen) Entlastung der freiberuflich tätigen Hebammen, wobei der Bundesgesetzgeber diesbezüglich in den vergangenen Jahren erste Maßnahmen getroffen hat. In diese Richtung geht etwa auch der Hebammenbonus des Freistaates Bayern, der damit die freiberufliche Tätigkeit der Hebammen attraktiver gestalten möchte. Entsprechende Förderprogramme könnten auch die Niederlassung von Hebammen in unterversorgten Regionen bzw. Landkreisen attraktiver machen.

Diese Maßnahmen dürften jedoch nicht ausreichend sein. Zusätzlich bedarf es struktureller Veränderungen, also u. a. einer wertschätzenden Vergütungshöhe (IGES 2019; Klimke 2020, 528). Hinsichtlich der Umsetzung des Patientinnenwillens im Hinblick auf den Geburtsort ist zudem eine Entkoppelung vom Fallpauschalensystem der Krankenhäuser hilfreich, damit wirtschaftliche Belange nicht über die Rechte der Gebärenden gestellt werden (so auch Klimke 2020, 528).

Literature

Amman, Daniel. 2022. § 134a SGB V Versorgung mit Hebammenhilfe. In *Beck'scher Online Kommentar Sozialrecht*, Hrsg. Christian Rolfs/Richard Giesen/Ralf Kreikebohm/Miriam Meßling/Peter Udsching. München: C. H. Beck.
Arbeitsgemeinschaft der Wissenschaftlichen Medizinischen Fachgesellschaften e. V. 2015. Strukturelle Voraussetzungen der perinatologischen Versorgung in Deutschland, Empfehlungen. https://www.awmf.org/leitlinien/detail/ll/087-001.html. Zugegriffen: 8.8.2022.
Arnold, Martin. 2016. Geburtshilfe in Deutschland: Zum Wohl von Mutter und Kind. *Gesundheits- und Sozialpolitik. Zeitschrift für das gesamte Gesundheitswesen*, Heft 3, 7–13.
Banafsche, Minou. 2016. Personalisierung: Wunsch- und Wahlrecht. Am Beispiel der Teilhabe am Arbeitsleben. In *50 Jahre Deutscher Sozialrechtsverband – Inklusion behinderter Menschen als Querschnittsaufgabe*, Schriftenreihe des Deutschen Sozialrechtsverbandes, 157–193. Berlin: Erich Schmidt Verlag.
Becker, Ulrich und Thorsten Kingreen. 2022. Einführung. In *SGB V – Öffentliches Gesundheitswesen*, Hrsg. Ulrich Becker/Thorsten Kingreen, VII–XXXIX. München: C. H. Beck.
Bernzen, Matthias. 2017. Das Grundrecht auf Gesundheit – Ausblick auf einen latenten Standard. In *Festschrift für Franz-Josef Dahm – Glück auf! Medizinrecht gestalten*, Hrsg. Christian Katzenmeier/Rudolf Ratzel, 49–60. Berlin: Springer.
CDU, CSU, SPD. 2018. Ein neuer Aufbruch für Europa. Eine neue Dynamik für Deutschland. Ein neuer Zusammenhalt für unser Land. Koalitionsvertrag zwischen CDU, CSU und SPD. 19. Legislaturperiode. https://archiv.cdu.de/system/tdf/media/dokumente/koalitionsvertrag_2018.pdf?file=1. Zugegriffen: 8.8.2021.
Di Fabio, Udo. 2022. Art. 2 Abs. 1 GG. In *Grundgesetz-Kommentar*, Hrsg. Günter Dürig/Roman Herzog/Rupert Scholz/Matthias Herdegen/Hans H. Klein. München: C. H. Beck.

Frank, Charlotte. 2012. Als Heilige verehrt, als Hexen verteufelt. *Süddeutsche Zeitung Online*. https://www.sueddeutsche.de/leben/geschichte-der-hebammen-als-heilige-verehrt-als-hexen-verteufelt-1.1424326. Zugegriffen 8.8.2022.

Gaede, Karsten. 2021. Kapitel 1 Teil 1 Fahrlässige Tötung (§ 222 StGB) und fahrlässige Körperverletzung (§ 229 StGB). In *Arztstrafrecht in der Praxis*, Hrsg. Klaus Ulsenheimer/Karsten Gaede, 27–406. Heidelberg: C. F. Müller.

Garschhammer, Simon. 2021. „Man weiß nicht: Wann soll ich aufgeben?" *Süddeutsche Zeitung Online*. https://www.sueddeutsche.de/muenchen/muenchen-hebammen-mangel-1.5261240?reduced=true. Zugegriffen: 8.8.2022.

Geiger, Barbara. 2016. § 100 SGB V Unterversorgung. In *Sozialgesetzbuch V: Gesetzliche Krankenversicherung*, Hrsg. Karl Hauck/Wolfgang Noftz. Berlin: Erich Schmidt Verlag.

Gielas, Anna. 2019. Daheim ist es am schönsten. *Zeit Online*. https://www.zeit.de/2019/48/hausgeburt-geburt-schwangerschaft-risiken, Zugegriffen: 8.8.2022.

Giesen, Dieter. 1987. Zwischen Patientenwohl und Patientenwille. *Juristenzeitung*, 282–290.

Hellkötter-Backes, Christine und Rita Murawski. 2022. § 99 SGB V Bedarfsplan. In *SGB V – Gesetzliche Krankenversicherung*, Hrsg. Andreas Hänlein/Rolf Schuler. Baden-Baden: Nomos.

Hübner, Anke. 2020. § 15 Recht der nichtärztlichen Leistungserbringer. In *Münchener Anwaltshandbuch Medizinrecht*, Hrsg. Tilman Clausen/Jörn Schröder-Printzen. München: C. H. Beck.

Hufen, Friedhelm. 2001. In dubio pro dignitate – Selbstbestimmung und Grundrechtsschutz am Ende des Lebens. *Neue Juristische Wochenschrift* 849–857.

Hufen, Friedhelm. 2017. Selbstbestimmtes Sterben – Das verweigerte Grundrecht. *Neue Juristische Wochenschrift* 1524–1528.

Rux, Johannes. 2022. Art. 20 GG [Bundesstaatliche Verfassung; Widerstandsrecht]. In *Beck'scher Online Kommentar Grundgesetz*, Hrsg. Volker Epping/Christian Hillgruber. München: C. H. Beck.

IGES. 2019. Stationäre Hebammenversorgung. https://www.iges.com/sites/igesgroup/iges.de/myzms/content/e6/e1621/e10211/e24893/e24894/e24895/e24897/attr_objs24976/IGES_stationaere_Hebammenversorgung_092019_ger.pdf. Zugegriffen: 8.8.2022.

Igl, Gerhard. 2020a. Das Gesetz zur Reform der Hebammenausbildung: Ein weiterer Schritt in Richtung auf die Modernisierung der Heilberufeausbildung. *Medizinrecht*, 342–348.

Igl, Gerhard. 2020b. Der Einfluss unionalen Rechts auf Ausbildung und Tätigkeit von Heilberufen (Pflegeberufe und Hebammen). In *Arbeits- und Sozialrecht für Europa. Festschrift für Maximilian Fuchs*, Hrsg. Franz Marhold/Ulrich Becker/Eberhard Eichenhofer/Gerhard Igl/Giulio Prosperetti, 549–571. Baden-Baden: Nomos.

Kaltenborn, Markus. 2022. § 100 SGB V Unterversorgung. In *SGB V Gesetzliche Krankenversicherung. Kommentar*, Hrsg. Ulrich Becker/Thorsten Kingreen. München: C. H. Beck.

Katzenmeier, Christian. 2022. § 630a BGB Vertragstypische Pflichten beim Behandlungsvertrag. In *Beck'scher Online Kommentar BGB*, Hrsg. Wolfgang Hau/Roman Poseck. München: C. H. Beck.

Kießling, Andrea. 2017. Schwanger oder krank? Abgrenzungsfragen der Leistungen der GKV bei Schwangerschaft und Mutterschaft. *Neue Zeitschrift für Sozialrecht*, 373–375.

Kießling, Andrea. 2022. § 24f SGB V Entbindung. In *Beck'scher Online Kommentar Sozialrecht*, Hrsg. Christian Rolfs/Richard Giesen/Ralf Kreikebohm/Miriam Meßling/Peter Udsching. München: C. H. Beck.

Kingreen, Thorsten. 2021a. § 76 Krankenversicherungs- und Gesundheitsrecht. In *Besonderes Verwaltungsrecht Band 3*, Hrsg. Dirk Ehlers/Michael Fehling/Hermann Pünder, 1067–1109. Heidelberg: C. F. Müller.

Kingreen, Thorsten. 2021b. Der Anspruch auf außerklinische Intensivpflege nach § 37c SGB V und seine Konkretisierung durch Richtlinien des Gemeinsamen Bundesausschusses. Rechtsgutachten für die Deutsche Fachpflege Gruppe. https://www.kindernetzwerk.de/downloads/agenda/RECHTSGUTACHTEN_KINGREEN.pdf. Zugegriffen 8.8.2022.

Kingreen, Thorsten und Ralf Poscher. 2022. *Grundrechte. Staatsrecht II*. Heidelberg: C. F. Müller.

Klimke, Romy. 2020. „Du sollst unter Schmerzen Kinder gebären" – Obstetrische Gewalt in deutschen Kreißsälen. *Kritische Justiz* 513–528.

Knehe, Hilke Marie. 2016. *Die Haftung der Hebamme*. Berlin: Springer.

Knigge, Christine. 2022. § 24d SGB V Ärztliche Betreuung und Hebammenhilfe. In *Sozialgesetzbuch V*, Hrsg. Andreas Hänlein/Rolf Schuler. Baden-Baden: Nomos.

Kötter, Claudia und Elke Maßing. 2016a. Qualitätsanforderungen versus Wahlfreiheit bei Hausgeburten. *Gesundheits- und Sozialpolitik. Zeitschrift für das gesamte Gesundheitswesen*, Heft 3, 14–19.

Kötter, Claudia und Elke Maßing. 2016b. Hebammen: Konsequenzen des Ausgleichs von Haftungskostensteigerungen und Regressbeschränkungen. *Gesundheits- und Sozialpolitik. Zeitschrift für das gesamte Gesundheitswesen*, Heft 3, 20–25.

Koppernock, Martin. 1997. *Das Grundrecht auf bioethische Selbstbestimmung*. Baden-Baden: Nomos.

Lasarzik, Annika. 2020. „Hausgeburten sollten selbstverständlich sein", Zeit Online. https://www.zeit.de/hamburg/2020-08/hausgeburt-corona-andrea-sturm-hamburger-hebammenverband. Zugegriffen: 8.8.2022.

Luthe, Ernst-Wilhelm. 2014. Hebammen im Spiegel des Leistungserbringungsrechts. *Wege zur Sozialversicherung*, 315–322.

Männle, Philipp. 2022. § 99 SGB V Bedarfsplan. In *Beck'scher Online Kommentar Sozialrecht*, Hrsg. Christian Rolfs/Richard Giesen/Ralf Kreikebohm/Miriam Meßling/Peter Udsching. München: C. H. Beck.

Miranowicz, Elisa. 2018. Die Entwicklung des Arzt-Patienten-Verhältnisses und seine Bedeutung für die Patientenautonomie. *Medizinrecht*, 131–136

Nebendahl, Mathias. 2022. § 24f SGBV Entbindung. In Medizinrecht, Hrsg. Andreas Spickhoff. München: C. H. Beck

Ossege, Michael. 2018. § 100 SGB V Unterversorgung. In *Gesundheitsrecht SGB V SGB XI*, Hrsg. Josef Berchtold/Stefan Huster/Martin Rehborn. Baden-Baden: Nomos.

Pawlita, Cornelius. 2020. § 100 SGB V Unterversorgung. In *juris PraxisKommentar SGB V*, Hrsg. Rainer Schlegel/Thomas Voelzke. Saarbrücken: juris.

Pitz, Andreas. 2020a. § 24d SGB V Ärztliche Betreuung und Hebammenhilfe. In *juris PraxisKommentar SGB V*, Hrsg. Rainer Schlegel/Thomas Voelzke. Saarbrücken: juris.

Pitz, Andreas. 2020b. § 24f SGB V Entbindung. In *juris PraxisKommentar SGB V*, Hrsg. Rainer Schlegel/Thomas Voelzke. Saarbrücken: juris.

Rehborn, Martin. 2018. § 134a SGB V Versorgung mit Hebammenhilfe. In *Gesundheitsrecht SGB V SGB XI*, Hrsg. Josef Berchtold/Stefan Huster/Martin Rehborn. Baden-Baden: Nomos.

Rixen, Stephan. 2014. Physiotherapeuten, häusliche Krankenpflegerinnen, Hebammen & Co.: Mehr Vergütungsgerechtigkeit in der GKV für die vergessenen Gesundheitsberufe. *Soziale Sicherheit*, 77–81.

SPD, Bündnis 90/Die Grünen, FDP. 2021. Mehr Fortschritt wagen. Bündnis für Freiheit, Gerechtigkeit und Nachhaltigkeit. Koalitionsvertrag zwischen SPD, Bündnis 90/Die Grünen und FDP 2021-2025. https://www.spd.de/fileadmin/Dokumente/Koalitionsvertrag/Koalitionsvertrag_2021-2025.pdf. Zugegriffen: 8.8.2022.

Sproll, Hans-Dieter. 2022. § 99 SGB V Bedarfsplan. In *Soziale Krankenversicherung Pflegeversicherung*, Hrsg. Dieter Krauskopf/Regine Wagner/Stefan Knittel. München: C. H. Beck.

Staak, Michael und Wilhelm Uhlenbruck. 1991. Die Rechtsbeziehungen zwischen Arzt und Patient. Vom Sonderrecht zum Dienstvertrag. In *Medizinrecht – Psychopathologie – Rechtsmedizin. Festschrift für Günter Schewe*, Hrsg. Harald Schütz/Hans-Jürgen Kaatsch/Holger Thomsen, 142–153. Berlin: Springer.

Staudinger, Ansgar. 2021. § 823 BGB Schadensersatzpflicht. In *Bürgerliches Gesetzbuch Handkommentar*, Hrsg. Reiner Schulze. Baden-Baden: Nomos.

Voll, Doris. 1996. *Die Einwilligung im Arztrecht*. Frankfurt: Peter Lang.

Von Hallern, Hauke. 2021. Corona: Zahl der Hausgeburten steigt. NDR. https://www.ndr.de/nachrichten/schleswig-holstein/coronavirus/Corona-Zahl-der-Hausgeburten-steigt,hausgeburt102.html. Zugegriffen: 29.6.2021.

Wagner, Gerhard. 2023a. § 630a BGB Vertragstypische Pflichten beim Behandlungsvertrag. In *Münchener Kommentar zum BGB*, Hrsg. Franz Jürgen Säcker/Roland Rixecker/Hartmut Oetker/Bettina Limperg. München: C. H. Beck.

Wagner, Gerhard. 2023b. § 630d BGB Einwilligung. In *Münchener Kommentar zum BGB*, Hrsg. Franz Jürgen Säcker/Roland Rixecker/Hartmut Oetker/Bettina Limperg. München: C. H. Beck.

Walter, Ute. 2022a. § 630a BGB Vertragstypische Pflichten beim Behandlungsvertrag. In *beck-online.Großkommentar BGB*, Hrsg. Beate Gsell/Wolfgang Krüger/Stephan Lorenz/Christoph Reymann/Martina Benecke. München: C. H. Beck.

Walter, Ute. 2022b. § 630d BGB Einwilligung. In *beck-online.Großkommentar BGB*, Hrsg. Beate Gsell/Wolfgang Krüger/Stephan Lorenz/Christoph Reymann/Martina Benecke. München: C. H. Beck.

Walter, Ute. 2022c. § 630e BGB Aufklärungspflichten. In *beck-online.Großkommentar BGB*, Hrsg. Beate Gsell/Wolfgang Krüger/Stephan Lorenz/Christoph Reymann/Martina Benecke. München: C. H. Beck.

Welti, Felix. 2022, § 24f SGB V Entbindung. In *SGB V Gesetzliche Krankenversicherung*, Hrsg. Ulrich Becker/Thorsten Kingreen. München: C. H. Beck.

Wimmer, Elisabeth und Rita Murawski. 2022. § 134a SGB V Versorgung mit Hebammenhilfe. In *Sozialgesetzbuch V. Lehr- und Praxiskommentar*, Hrsg. Andreas Hänlein/Rolf Schuler. Baden-Baden: Nomos.

Der Patientenwille, seine Identität und die Bewertung der Absicht, ihn mittels eines KI-gesteuerten *recommender system* zu ersetzen

Martin Hähnel

Zusammenfassung

Der Beitrag diskutiert die Idee einer Substitution des Patientenwillens insbesondere in entscheidungskritischen Situationen mittels eines KI-gesteuerten ‚recommender system', d. h. durch Programme zur datenbasierten Unterstützung ärztlicher Therapieentscheidungen. Zentral für die Untersuchung dieser Fragestellung ist hierbei die Betrachtung der diachronen Identität des Willens und dessen Subjekts. Vor allem im klinisch-medizinischen Kontext erhält der menschliche Wille, je nach Zugriffsperspektive und Art der Zweckbestimmung, verschiedene, normativ unterschiedlich zu gewichtende Attribute („natürlich", „autonom", „mutmaßlich" etc.), die zueinander in einem kaum auflösbaren Spannungsverhältnis stehen. Vor dem Hintergrund des Versuchs eines Abbaus dieser begrifflichen Spannungen soll in dem Beitrag insbesondere deutlich werden, dass jedes hybride (technische) System zur Willensinterpretation und Entscheidungsunterstützung zunächst den Lackmustest bezüglich der Frage bestehen muss, inwieweit gute Funktionalität des Systems, verlässliche Interpretierbarkeit des Patientenwillens und delegierbare

M. Hähnel (✉)
Lehrstuhl für Angewandte Philosophie, BMBF-Projekt „Verantwortungsvoller Umgang mit Künstlicher Intelligenz in der Medizin" (VUKIM), Universität Bremen, Bremen, Deutschland
E-Mail: haehnel@uni-bremen.de

© Der/die Autor(en), exklusiv lizenziert an Springer Fachmedien Wiesbaden GmbH, ein Teil von Springer Nature 2023
M. J. Fuchs et al. (Hrsg.), *Der Patientenwille und seine (Re-)Konstruktion,*
Philosophische Herausforderungen der angewandten Ethik und Gesundheitswissenschaften/ Philosophical Challenges of Applied Ethics and Health Sciences, https://doi.org/10.1007/978-3-658-40192-4_11

Entscheidungssouveränität des Arztes (oder eines gleichrangigen Vertreters) in einer konkreten Anwendungssituation gewährleistet werden können. Erst dann ist die Behauptung gerechtfertigt, dass ‚recommender systems' der nicht substituierbaren Entscheidungsfindung des Arztes dienen können.

Schlüsselwörter

Patientenwillen · Therapieentscheidung · Künstliche Intelligenz · „natürlicher Wille" · Personale Identität · Recommender systems

1 Die analoge Exploration und Bestimmung des Willens bei sterbenskranken Menschen

1.1 Kurze Anthropologie des Willens

Ohne Zweifel ist der menschliche Wille etwas, über das sich vortrefflich streiten lässt – allerdings nur unter der Voraussetzung, dass alle von ein- und demselben Willen sprechen. Eines scheint nämlich offensichtlich: Der Wille selbst zeigt sich nicht, vielmehr haben wir es stets mit seinen Manifestationen zu tun, egal ob diese verbal, nonverbal oder physisch sind. Um den menschlichen Willen einschließlich etlicher Aspekte, Phänomene und Begriffe, die ihn begleiten (z. B. Willensschwäche, der gute Wille), zur Gewinnung eines distinkten Verständnisses genauer untersuchen zu können, müssen wir ihn vom philosophiegeschichtlich jüngeren Konzept der Autonomie, über welches schon ausführlich an vielen anderen Stellen diskutiert worden ist und das letztlich aus der Idee eines freien, sich selbst setzenden Willens abgeleitet wird, phänomenologisch und systematisch trennen.

In der gegenwärtigen (Motivations-) Psychologie redet man eher selten von Autonomie oder Willen, sondern vielmehr von bestimmten Volitionen, die kausal wirksame Ausflüsse und resultative Realisierungspunkte eines aktivierten Bereitschaftspotentials darstellen. Dagegen wird unter phänomenologisch-anthropologischen Gesichtspunkten der Wille und seine Erfassung nicht bloß aktual auf unmittelbare Handlungsumsetzungen bezogen, sondern umfasst in ganzheitlicher Weise auch Momente der Konation (das Streben nach etwas) und der Inhibition (das Gehemmt-Werden durch etwas) (vgl. Fuchs 2016). Wenn wir also vom Willen eines Menschen reden, egal ob dieser gesund oder krank ist, dann sollten wir nicht nur danach fragen, wie sich dieser Wille aktual kundtut, sondern auch den Blick auf den größeren phänomenologischen Zusammenhang, in welchen der menschliche Wille eingebettet ist, richten. Schließlich gilt es in diesem Kontext, sich vor allem mit der Frage auseinanderzusetzen, wie sich der Wille und seine verschiedenen Artikulationsformen über die Zeit in einem wollenden Subjekt, das seine Volitionen in Einklang mit seinen rationalen Dispositionen bringen kann, verkörpern lassen. Dieser Punkt wird vor allem dann eine wichtige Rolle spielen, wenn wir den Status willenloser „autonomer" Erklärungen bestimmen wollen.

1.2 Zur prekären Identität des Willens bzw. der Willenssubjekte

Die genaue Bestimmung des Willens, unter Beachtung seiner Synchronizität und Diachronizität, hängt eng auch mit der Frage zusammen, wie sich die Identität von Personen als mögliche und tatsächliche Subjekte und Träger eines Willens empirisch und begrifflich fassen lässt. Um in Bezug auf personale Identitätsbestimmungen überhaupt einen angemessenen systematischen Ort für den Begriff des Willens finden zu können, müssen wir deshalb davon ausgehen, dass Personen weder nur mit ihrem organischen Körper identisch sein können (denn dann wären Willensäußerungen ja nichts anderes als physische Reflexe)[1] noch immaterielle Substanzen darstellen (denn dann dürfte es kein materielles Substrat wie den menschlichen Leib geben, an dem sich der Wille manifestiert). Gleichzeitig wäre es aber auch unangemessen, den Willen und seine Identitätsbedingungen – analog zu aktuell sehr wirkmächtigen bewusstseinstheoretischen Personentheorien im Anschluss an John Locke (1979) – in einer psychologischen Erinnerungsrelation, an welcher weder komatöse noch demente Menschen teilhaben können, zu suchen.

Um folglich nicht irgendwelchen Einseitigkeiten und Reduktionismen zu verfallen, plädiere ich dafür, den menschlichen Willen an ein Konzept von Personalität zu knüpfen, das es erlaubt, die notwendige Integrität des menschlichen Willens mit der Tatsache, dass sich dieser Wille in kontingenter, d. h. biographisch bedingter Weise bekundet, in Einklang zu bringen. Personen erhalten dabei ihre Identität und damit auch ihren Willen, indem sie als Mitglieder der gleichen Spezies von lebendigen Willenssubjekten aufgefasst werden sowie ihre jeweilige Individualität kraft ihrer Anerkennung[2] durch andere Willenssubjekte

---

[1] Diese Position wird oft als biologische Theorie personaler Identität, der zufolge unsere Identität in biologischer Kontinuität besteht, bezeichnet (vgl. van Inwagen 1990; Olson 1997).

[2] Diese Form der Anerkennung ist weder sozial noch psychologisch zu verstehen.

und durch die Repräsentation ihrer selbst, die möglichen zuschreibbaren, aber kontingenten Willensrepräsentationen (von z. B. kognitiv behinderten Personen) ontologisch vorausgeht, bestätigen lassen können.[3]

1.3 Der Patientenwille als solcher und seine rechtlichen Derivate

In der medizinethischen und naturgemäß normativ sehr stark aufgeladenen Diskussion zur Patientenautonomie bzw. zum Patientenwillen geht es, wie anfangs in unserer kleinen Anthropologie des Willens aufgezeigt, weniger um eine umfassende phänomenologisch-anthropologische Beschreibung der vielfältigen Willensmanifestationen als vielmehr um die Bestimmung eines punktuellen, d. h. volitionspsychologisch erfassbaren *aktualen Willens*. Allerdings ist es eine besondere Eigenart des psychologischen Willensbegriffs, dass er sich nur schwer in ein spezifisches Autonomie- oder Personenkonzept als Grundlage für die Entwicklung medizinethischer Entscheidungstheorien einpassen lässt. Jenseits einer rein psychologisch-empirischen Bestimmung sind uns in der Diskussion um den Patientenwillen bislang vor allem drei Formen des Willens bekannt, die unterschiedliche normative Quellen und praktische Bezugspunkte haben, welche teilweise in Widerspruch zueinanderstehen und von je spezifischen Grenzen eingeholt werden:

So fehlt dem sogenannten *vorausverfügten Willen*, welcher sich in jeder Patientenverfügung bekunden soll, die Aktualität der Willensbildung und folglich auch die umfassende Informiertheit über die Einzelheiten der konkreten eingetretenen Entscheidungssituation.

Beim sogenannten *mutmaßlichen* oder *hypothetischen Willen* handelt es sich, wie der Ausdruck bereits suggeriert, keineswegs um den tatsächlichen Willen des Betroffenen, sondern um eine von Anderen stellvertretend vorgenommene Mutmaßung darüber, welche Entscheidung der Betroffene treffen würde oder getroffen hätte, wäre er dazu in der Lage gewesen.

Besonders in jüngster Zeit geht es in medizinethischen und vor allem medizinrechtlichen Diskursen vermehrt um den sogenannten *natürlichen Willen*, wobei eine tragfähige Bestimmung dieses Begriffes noch aussteht. Daher versuche ich im nächsten Abschnitt, den natürlichen Willen als eine spezifische Form der

---

[3] Mehr zu dieser relationalen Personentheorie: Buchheim (2019).

Willensartikulation zu rekonstruieren, ohne dabei den Fehler zu begehen, diese Rekonstruktion mit dem tatsächlichen oder authentischen Willen des Patienten gleichzusetzen. Stellt es sich nämlich heraus, dass der natürliche Wille (ebenfalls) eine Art hypothetisches Konstrukt ist, dann bietet er keine geeignete Grundlage für die Entwicklung von entscheidungsunterstützenden medizinischen KI-Systemen.

Vermeidet man an dieser Stelle also vorschnelle Gleichsetzungen und schroffe Antagonismen, so kann hoffentlich deutlich werden, dass zukünftige medizinische KI-Systeme zur Entscheidungsunterstützung höchstens solche „Willensäußerungen" für eine Substitution freigeben können, die Menschen für andere Menschen bereits analog „rekonstruiert" haben, wobei zuvor auch die menschliche Rekonstruktionsleistung einer kritischen Prüfung unterzogen werden muss. Ob und auf welchem Gebiet jene Leistung zur Rekonstruktion des mutmaßlichen oder natürlichen Willens durch KI-Systeme die menschliche Rekonstruktionsleistung übertrifft und welche Bedeutung das für die Identität der Willensbestimmung als solcher hat, werden wir im letzten Abschnitt des Beitrages sehen.

2 Der natürliche Wille als Grenzfall und Prüfstein für die medizinische Bestimmung des Patientenwillens

Im deutschen Betreuungsrecht finden wir bislang nur eine vage und zugegeben auch leicht anfechtbare Definition, die besagt, dass der *natürliche Wille* die tatsächlich vorhandenen Absichten und Wünsche, Wertungen und Handlungsintentionen eines Menschen umfasst, auch wenn er sich in einem die freie Willensbildung ausschließenden Zustand krankhafter Störung der Geistestätigkeit befindet. Bei genauerem Hinsehen handelt es sich bei ‚natürlichen' Willensäußerungen allerdings gar nicht um bestimmte Volitionen, sondern um bloße Verhaltensäußerungen des Patienten, die als Willensäußerungen interpretiert werden. Wenn wir bereits dieser Bestimmung folgen wollen, dann kann der ‚natürliche Wille' in seiner bisherigen Verwendung kein informativer Gegenbegriff zum für eine Verifizierung der Patientenverfügung notwendigen autonomen Willen sein. Allerdings könnte womöglich eine differenzierte phänomenologische Untersuchung des ‚natürlichen Willens' auch auf die Grenzen und die Ergänzungsbedürftigkeit genuiner Autonomiekonzepte verweisen,[4] denn es wäre sicherlich allzu vorschnell, die Lebensartikulationen von Demenzkranken als einfache Verrichtungen und Äußerungen eines zwar vorhandenen, aber notwendigerweise falsch zu verstehenden (weil heteronomen) ‚natürlichen Willens' zu betrachten.

Demzufolge lassen solche Äußerungen bei fehlender phänomenologischer Sensibilität oftmals den Eindruck entstehen, der Patient ‚lebe nur noch vor sich hin' oder ‚freue sich wie ein Kind'. So ist manche Anzeige und Wahrnehmung appetitiven Verhaltens bei einem demenzkranken Patienten nicht selten von bestimmten Zielvorstellungen des Arztes oder persönlichen Wünschen nahestehender Verwandter überlagert. Diese Absichten werden dabei nicht selten in Form von attestierter ‚Lebensfreude' projektiv in das Verhalten des Demenzkranken hineingelegt, weichen jedoch vom authentischen Willen des Patienten ab.[5] Wir können demnach – analog zur Blackbox eines KI-Systems – einfach nicht wissen, was in der Person vorgeht, bzw. wie sie fühlt und warum sie sich auf diese oder jene Weise äußert. Was wir allerdings wissen können, ist, *dass* die Person (im Unterschied zu einem KI-System) etwas fühlt und dass es sich bei einem Demenzkranken um jemanden handelt, der Bedürfnisse, Wünsche, Ängste etc. hat, die den Angehörigen und Ärzten die Pflicht auferlegen, diese Bedürfnisse, Wünsche und Ängste ernst zu nehmen und die damit einhergehenden leiblichen Ausdrucksformen auch als Ausdrucksformen von Wesen zu deuten, die eigene Zwecke verfolgen.

Wer sich in diesen Fragen also ausschließlich auf eine voluntaristische Sichtweise, die einer simplen Dialektik von Willensbejahung und -verneinung folgt, festlegt, der vergisst die vielen Formen distinkter Lebensäußerungen von Demenzkranken, die nicht unbedingt auf direkte Zeichen, seien sie verbaler oder nonverbaler Art, zu reduzieren sind. So ‚erzählt' das Gesicht des Patienten von seinem Willen, ohne dass dieser seinen Mund bewegen muss. Die „atmosphärisch spürbare leibliche Präsenz" (Fuchs 2008, 208)[6] des Patienten, seine Gegenwärtig-

---

[4] Mit Hilfe der sogenannten Leibphilosophie, die uns reichhaltiges Material für eine Moralphänomenologie zur Verfügung stellt, könnte gezeigt werden, dass auch der autonome Wille eine Natur hat, die sich vor allem leiblich bekundet.

[5] So kann uns auch das Gegenteil eines aversiven Verhaltens (z. B. Abwehrgesten beim Essen) keine Hinweise über das innere Befinden des Patienten geben. Das bezieht auch Einschätzungen ein, die davon ausgehen, dass eine Verweigerung vielleicht doch eine Einwilligung bedeute: „Wenn es gar nicht geht, dann müssen sie die Magensonde legen (…) man kann in den Menschen wirklich nicht reinschauen. Wenn er den Kopf wegdreht und er meint es vielleicht gar nicht böse (…).''

[6] Im operativ wirksamen, aber nicht-thematischen Leibgedächtnis (das sich vor allem ins Gesicht einschreibt) sind sowohl habituelle Bewegungsabläufe als auch erlernte Fertigkeiten (Laufen, Fußballspielen) und leiblich-emotionale Erfahrungseindrücke gespeichert.

keit, sein „Antlitz" (Emmanuel Lévinas) ist etwas, das nicht hinreichend in Kategorien des Willentlichen und Unwillentlichen abgebildet werden kann. Ob in Zukunft KI-Technologien zur Gesichtserkennung und Verhaltensüberwachung dazu beitragen können, non-verbale Äußerungen von Demenzkranken besser zu interpretieren, wird sich zeigen. Höchstens wäre es solchen KI-Systemen „zuzutrauen", dass sie Ärzte, Angehörige und Betreuungspersonen „dazu bewegen", ihre subjektiven und emotional oft stark gefärbten Interpretationen der Willensäußerungen von Patienten angesichts (möglichst) bias-freier Auswertungen zu überdenken.

Doch was sagen jene leib- und wahrnehmungsphänomenologische Beschreibungen über die eigentümliche Verbindlichkeit des ‚natürlichen Willens' aus? Folgendes gilt es diesbezüglich festzuhalten: Der ‚natürliche Wille' ist zwar selbst nicht normativer Art, er verweist jedoch als leibliches Ausdrucksphänomen auf die Person, die *qua* ihres Personseins über einen autonomen Willen verfügt, dessen Anerkennung dazu verpflichtet, jeden anderen Willen wie den seinen zu betrachten. Der menschliche Wille ist demnach nicht einfach bloß etwas, das auf reiner Autonomie basiert, sondern dieser Wille beruht selbst auf Neigungen bzw. wird durch etwas, das wir ‚menschliche Natur' nennen können, geneigt gemacht. Diese ‚Natur' trägt gewissermaßen selbst Züge des Vernünftigen und bildet damit auch die Grundlage für die unverlierbare Würde jedes Menschen. Folglich verschleiert bzw. entwertet ein richtig verstandener ‚natürlicher Wille' nicht die Autonomie, sondern entlarvt deren Unzulänglichkeit, wenn es darum gehen soll, den authentischen Willen des Menschen angemessen zu bestimmen. Ferner warnt dieses Vorgehen vor der Versuchung, den ‚natürlichen Willen' mit einem ‚naturwüchsigen', d. h. nicht-vernunfthaltigen Willen zu verwechseln, der infolge seiner normativen Aufladung tatsächlich zum Einfallstor für einen medizinischen Paternalismus werden kann und damit auch eine ernsthafte Bedrohung für den Erhalt der Patientenautonomie und das Erreichen des Zieles einer informierten Einwilligung (*informed consent*) darzustellen vermag.

Anhand dieser zahlreichen ‚Fähigkeiten' des Leibes wird nicht nur die „sensomotorische Intelligenz" (J. Piaget) des Leibes erkennbar, sondern auch seine intersubjektive Verwiesenheit auf andere Leiber nachvollziehbar. Der Leib ist damit vorzügliches ‚Medium zur Welt' und stellt eine besondere Brücke zwischen dem Patienten – vor allem dem unnötig leidenden, dementen Patienten, dessen Willensbestimmung nicht gelingt – und der Mitwelt, d. h. Angehörige, Pflegepersonal und Ärzte dar. Er bringt etwas zur Sprache, das bislang nicht oder nur beiläufig wahrgenommen worden ist.

Doch kommen wir nun zum Problem der Willensbestimmung bei sterbenskranken Menschen und zur Frage des Status der Verbindlichkeit dieser Willensbestimmung zurück. Meist wird die vielleicht schon in der Patientenverfügung ersichtliche Einstellungsstabilität des Patienten durch seine von Schmerzen oft beeinträchtigten verbalen und nonverbalen Willensäußerungen nicht verändert, sondern bestätigt, was häufig auch damit zu tun hat, dass die Werthaltungen und religiösen Einstellungen von Patienten größtenteils konstant bleiben.[7] Nichtsdestoweniger kann sich an der Einstellung des Willens auch etwas ändern und es kann die Frage laut werden, ob der ‚natürliche' Wille als aktueller Willensausdruck der Person zum Zeitpunkt t_2 die Entscheidung des vorausverfügten Willens zum Zeitpunkt der Abfassung der Patientenverfügung, also zum Zeitpunkt t_1, revidieren kann. An dieser Stelle ist es zunächst sinnvoll, die Diachronizität der Selbstbindung des Menschen an seinen Willen (‚der Widerruf durch den natürlichen Willen ist nicht möglich') von der Synchronizität dieser Selbstbindung (‚der Widerruf durch den natürlichen Willen ist möglich') zu unterscheiden (zu solchen Odysseus-Anweisungen vgl. Hallich 2019). Während Verteidiger von reinen Autonomiekonzepten meist zur ersten Auffassung neigen, tendieren Vertreter paternalistischer Ansätze des Öfteren zu der zweiten Ansicht. Jedoch sind beide Annäherungsversuche an das Problem auf je eigene Weise nicht befriedigend. So ist die Annahme, dass es einen Willen geben müsse, der sich an sich selbst zu binden vermag und damit auch in seiner Normativität unangetastet bleibt, fragwürdig. Diese Annahme ignoriert nämlich die bereits erwähnten zentralen phänomenologischen Befunde, die eine tatsächliche, leiblich wahrnehmbare Änderung des Willens vermuten lassen. Auch die Auffassung, dass sich der Wille an seinen kontingenten Verlauf und nicht an die Notwendigkeit seiner normativen Aufrechterhaltung bindet, ist begründungsbedürftig, denn es ist nicht auszuschließen, dass damit – analog zur Annahme eines ‚naturwüchsigen Willens' – autonome Entscheidungen tatsächlich entwertet werden und sich somit Tür und Tor für einen medizinischen Paternalismus öffnen lassen. Das gilt erst recht, wenn durch Demenz u. a. die diachrone personale Identität durchbrochen wird (vgl. Witt 2018).

Halten wir fest: Vor diesem Hintergrund einer nicht zu garantierenden exakten Bestimmung des Patientenwillens und der Tatsache, dass bislang nur eine schwer

---

[7] Dass sich Werthaltungen und religiöse Überzeugungen im Laufe der Zeit ändern können, ist kein Argument gegen, sondern vielmehr für die Kohärenz eines Lebensplanes, dessen Inhalt durchaus unvorhersehbare Konversionen beinhalten kann, die jenen Lebensplan *ex post* (d. h. mit dem Tod eines Patienten) vervollständigen.

nachweisbare und möglicherweise auch wieder schnell zu widerrufende autonome Willenserklärung rechtliche Verbindlichkeiten schaffen soll, muss es uns erst recht schwerfallen, Entscheidungen und Befugnisse, die naturgemäß immer den Patienten, Ärzten und dessen menschlichen Vertretern im Sinne des *shared decision making* (vgl. z. B. Elwyn et al. 2012) zufallen und letztlich auf ein Konzept von relationaler Autonomie hinauslaufen, an künstliche Maschinen zu delegieren, selbst wenn diese irgendwann dazu fähig sein sollten, die Deliberationen der menschlichen Entscheider bei der Urteilsfindung zu unterstützen. Der „natürliche Wille" bietet zwar die Möglichkeit, Willensäußerungen jenseits von autonomen Willenserklärungen (deren absolute Geltung er sinnvollerweise einschränkt) auf den Begriff zu bringen und diese für die Rechtsprechung zum Gegenstand zu machen, liefert uns aber keine geeignete Basis, um die Identität des menschlichen Willens zu fundieren oder als Modell für die Rekonstruktion eines Patientenwillens, der sich aus der Summe seiner Manifestationen zusammensetzt, in Erscheinung treten zu können. Ob eine KI diese gesammelten und dokumentierten (sicherlich auch schwer voneinander abgrenzbaren) Willensmanifestationen irgendwann verständlich und verlässlich interpretieren kann, erscheint mehr als zweifelhaft. Und ob diese Informationen wenigstens dem Arzt, den Angehörigen und Betreuungspersonen bei ihrer Deutungsarbeit und Entscheidungsfindung helfen können, müssen Forschungen erst noch unter Beweis stellen.

3 Fortschreitende Digitalisierung in der Medizin: Auf dem Weg zum „künstlichen" Patientenwillen?

Mit hoher Geschwindigkeit bewegt sich die moderne Medizin in Richtung digitale Zukunft. Neben dem Einsatz von KI-gestützten Technologien im Operationssaal und in der Pflege geht es dabei häufig um die digitale Unterstützung bei der Verarbeitung klinisch relevanter Informationen. Diese Informationen sind nicht selten hilfreich, um klinischem Personal beim Treffen von Entscheidungen zu helfen. Gerade wenn der aktuelle Wille eines Patienten nicht direkt zugänglich ist, bietet es sich in Zukunft möglicherweise an, mit Hilfe von Künstlicher Intelligenz Informationen einzuholen und auszuwerten, die eine Entscheidung in mehr oder weniger schwierigen Situationen erleichtern. Dabei ist stets zu beachten: Je schwieriger und ethisch hochrangiger eine Situation ist, z. B. bei existentiellen Grenzsituationen am Lebensende, desto verlässlicher und eindeutiger müssen die von einem KI-System bereitgestellten Informationen sein.

Bevor wir an dieser Stelle unsere Analyse, die leider nur kursorische Ausblicke liefern kann, vertiefen, müssen wir uns generell im Klaren darüber sein, dass das Problem der Entscheidungsstellvertretung im Rahmen der Rekonstruktion des Patientenwillens schon lange bekannt ist. Die Bestimmung des mutmaßlichen Willens bei einwilligungsunfähigen Personen ohne Patientenverfügung und das damit verbundene und aktivierte Entscheidungsverhalten des Arztes und der – sofern vorhanden – zuständigen Betreuungspersonen offenbaren seit jeher schwer zu schließende Verantwortungslücken und erfordern im gleichen Atemzug Kompensationsstrategien, wie sie uns bereits im Kontext von *shared decision making* und *advanced care planning* (vgl. z. B. Coors et al. 2015) begegnen. Gerade beim *shared decision making* wurden in der Vergangenheit bereits verschiedene technische „decision aids" (CDs, Videos, Online-Tools) eingesetzt, die einen zukünftigen Gebrauch von künstlicher Intelligenz antizipiert haben. Daran lässt sich auch der gegenwärtige Trend weg von „natürlichen" Entscheidungsstellvertretungsakteuren hin zu „künstlichen" Entscheidungsempfehlungssystemen (kurz: EES) erkennen, der in der Idee kulminieren könnte, mit Hilfe von KI-Systemen in Zukunft Entscheidungsempfehlungen als Ersatz für Entscheidungen von menschlichen Personen zu betrachten.

Wir haben in den vorangegangenen Abschnitten, vor allem zum „natürlichen Willen", allerdings gesehen, dass autonomistische und paternalistische Konzepte des Patientenwillens in ein Dilemma geraten, das spätestens dann offenbar wird, wenn die Notwendigkeit eintritt, die Patientenverfügung – zum Beispiel durch den Ein- bzw. Auftritt des natürlichen Patientenwillens – zu widerrufen. Könnte dieses Dilemma durch den Einsatz von KI, insbesondere durch den Einsatz von bestimmten *recommender systems,* d. h. von Systemen zur datenbasierten Unterstützung ärztlicher Therapieentscheidungen, umgangen werden oder verschärft sich damit nur die Situation und eine neue, noch raffiniertere Spielart des medizinischen Paternalismus hält Einzug in den klinischen Alltag der Zukunft?

Sicherlich können noch zu konzipierende und zu implementierende KI-Systeme im Falle von EES, welche ja meist schon in der Privatwirtschaft eingesetzt werden, um Kaufempfehlungen zu geben,[8] einiges dafür tun, um den allgemeinen Grad an Datenheterogenität, Informationslücken und Fehleranfälligkeit in der Willensbildung und -bestimmung zu reduzieren. Als digitale Ordnungstechnologien, die vor allem in der medizinischen Prognostik und

---

[8] Bis heute wurden und wohl auch in naher Zukunft werden solche EES in der Medizin nicht eingesetzt: vgl. Gräßer et al. (2017).

Diagnostik eingesetzt werden können, sind EES unter Umständen sogar in der Lage, die Entscheidungen des Arztes im Falle, dass der Patientenwillen (z. B. bei alleinstehenden komatösen Patienten ohne Patientenverfügung, aber mit vorhandenen und zugänglichen medizinischen Daten) nicht bekannt ist, so zu stützen bzw. zu konkretisieren, dass sie in ihrem Bezug auf ihren Output dem authentischen Willen durchaus näher zu kommen vermögen als wenn die Nutzung eines möglichst ausgereiften *recommender system* ausgeblieben wäre. Es könnte nämlich idealtypisch zutreffen, dass die KI die medizinischen Patientendaten so auswertet, dass daraus durchaus ein lesbares Willensportfolio entsteht, das der Arzt nutzen kann, um seine Entscheidung in Bezug auf die Durchführung oder Unterlassung lebenserhaltender bzw. lebensbeendender Maßnahmen genauer zu treffen. Damit könnte unter Berücksichtigung einer hypothetisch bleibenden und damit jederzeit falsifizierbaren Übereinstimmung zwischen Patientenwille und Auswertungsergebnis der KI ein medizinischer Paternalismus abgewendet werden. Allerdings liegt hier auch die größte Gefahr: Solange wir die Konstruktion eines KI-Systems, welches ja irgendwann selbst „autonom" (gemacht) werden soll, weil es nur so seine Vorteile ausspielen kann, am Ideal der Patientenautonomie auszurichten versuchen, werden wir nicht erkennen können, was die individuelle Autonomie und das Entscheidungssouveränität des Patienten letztlich bedroht. Wir werden im Gegenzug aber auch nicht erkennen können, welche Potentiale in der Nutzung neuer digitaler Ordnungstechnologien noch beschlossen liegen. Genauso falsch wäre es, wenn wir im Sinne eines *automation bias* (vgl. Bauer et al. 2017) den „natürlichen Willen" und seine Manifestationen so beurteilen und behandeln würden wie die Funktionen eines Output-gesteuerten KI-Systems. Mit Bezug auf die Leibphänomenologie und eine der gebotenen Kürze wegen angedeuteten Ontologie der Person haben wir gesehen, dass eine demente oder komatöse Person, ohne dass diese ihren Willen autonom bekunden kann, weiterhin ihren Willen *hat* und „über Umwege" zum Ausdruck bringen kann, sodass sie trotz massiver kognitiver Einschränkungen weiter sie selbst ist.

Doch auch aus handlungs- bzw. entscheidungstheoretischer Sicht stoßen wir mit dem Vorhaben eines Einsatzes von EES zur Bestimmung und Ersetzung des Willens – eines Vorgangs, der als Entscheidungsgrundlage für ärztliches Handeln dienen soll – schnell an Grenzen. So müssen wir fragen, wie sich – unabhängig von irgendwelchen Effektivitätsüberlegungen – die Empfehlung eines KI-Systems letztlich von dem Blick des Arztes in ein medizinisches Handbuch oder Manual unterscheidet? Die simple Antwort lautet: in der Art und Weise der Verarbeitung und Überführung von Informationen in Handlungen. Beide, Maschine und Arzt, verarbeiten Informationen, aber letztlich *handelt* nur der Arzt, weil er sich gegenüber dem *recommender system* in der Ausübung seiner epistemischen Autorität nicht nur als privilegiert sehen und erfahren kann, sondern auch als Handelnder privilegiert *ist* und überdies an diesem Privileg von Berufswegen her auch ein Interesse hat bzw. haben sollte. (Das *recommender system* hat kein „Interesse" an diesem Privileg, da es überhaupt keine Interessen haben kann.)

Daraus folgt, dass in der Diagnostik und bei risikoarmen Entscheidungen der Einsatz von *recommender systems* gut abzuwägen ist, während in existentiellen Grenzsituationen wie Entscheidungen am Lebensende von einer Nutzung solcher Technologien unbedingt abzuraten ist. Die Akzeptanzschwelle zur Anwendung von KI-gestützten EES auch bei schwerwiegenden und riskanten Entscheidungen darf nicht leichtfertig überschritten werden, gerade wenn sich „natürliche Entscheider" in einer Stellvertretersituation daran gewöhnt haben, sich an den „künstlichen Empfehlungen" einer digitalen Entscheidungsinstanz zu orientieren.[9] Es gilt nämlich zu beachten, dass Algorithmen spezifische Entscheidungen eher befördern und andere verhindern: „Selbst wenn formal ein Mensch die endgültige Entscheidung trifft (…) (lässt) das System nur einen begrenzten Spielraum offen (…). Es ist eher unwahrscheinlich, dass ein Mensch die Vorentscheidungen eines Algorithmus revidiert oder nur in Teilen übernimmt" (Wagner et al. 2017, 12). Damit sich dieser „automation bias" bei Ärzten und anderen Nutzern erst gar nicht einstellt, ist es wichtig, zwischen der Verlässlichkeit eines Systems und dem Vertrauen gegenüber denjenigen Personen, die das System entweder nutzen oder aus bestimmten Gründen auf einen Gebrauch verzichten, zu unterscheiden.[10] Wenn Ärzte Patienten nicht als willenlose Daten-

---

[9] Der Algorithmus wird gewissermaßen zum sich mehr oder weniger aufdrängenden Mitentscheider, ist aber kein souveräner Akteur im eigentlichen Sinne (Jaume-Palasí und Spielkamp 2017).

[10] Sicherlich können Maschinen und Menschen gleichermaßen verlässlich und nicht verlässlich sein, was die Erfüllung von an sie herangetragenen Aufgaben angeht. Gegenüber Maschinen wäre jedwedes entgegengebrachte Vertrauen eine unangemessene Haltung, die sich letztlich auch gar nicht auf die Maschine selbst richtet, sondern auf deren menschlichen Konstrukteur verweist, von dem man in dieser Hinsicht auch erwarten darf, dass er die Maschine so entworfen hat, dass sie ihre Funktionen einwandfrei erfüllt. Vertrauen kann aber nicht nur im Sinne einer funktionalistischen Verlässlichkeitserwartung verstanden, sondern muss vielmehr als eine personale Einstellung begriffen werden. Von personalen Einstellungen ist aber nur dann sinnvoll die Rede, wenn eine affektive Verbundenheit zum Gegenüber besteht (Lahno 2022), welche aber erst dadurch entstehen kann, wenn sich Vertrauende und Vertraute allgemeineZiele teilen. Da KI-Systeme aber bislang nicht von sich aus solche Ziele formulieren und definieren können, die sie darüber hinaus auch noch mit Menschen zu teilen vermögen, ist die Herstellung und Perpetuierung

subjekte betrachten und Patienten in Ärzten nicht Sklaven der Maschine sehen, dann eröffnet dies Raum für den Aufbau einer vertraulichen Beziehung zwischen Arzt und Patient, die beide wissen sollten, was sie einem EES zutrauen können und was nicht. Es muss also in der triangulären Beziehung zwischen Arzt, Patient und *recommender system* klar sein, was das Vertrauen fördert und was es beschädigen könnte. So würde es nicht unbedingt das Vertrauen eines Patienten in seinen Arzt stärken, wenn dieser sich mehr und mehr auf die Unterstützung seiner Arbeit durch digitale Systeme verließe und darunter allmählich seine mühsam erlernten ärztlichen Fertigkeiten und Kompetenzen verliere („de-skilling"). Demgegenüber kann der Einsatz solcher Systeme auch die Beziehung zwischen Arzt und Patient festigen, indem der Arzt in der Ausübung seiner Kompetenz unterstützt und entlastet wird und sich damit dem individuellen Patienten sowohl fachlich als auch menschlich wieder verstärkt zuwenden kann.

Gerade im hypothetischen Einsatz von EES am Lebensende muss es Ärzten aber auch jederzeit gestattet sein, Empfehlungen des Systems zu ignorieren. Sind EES in diesem Einsatzbereich dann doch nichts anderes als bloße Staffage bzw. werden lediglich als ärztliches Spielzeug ohne Folgen für den Patienten gebraucht? Ich denke nicht, denn der anfangs durchgeführte Rekurs auf die personale Identität und unsere Überlegungen zum „natürlichen Willen" sollten ja gerade zeigen, dass wir Konzepte benötigen, die betonen, dass Patientenautonomie weiterhin ein hohes Gut darstellt, aber in einen größeren Kontext eingebettet gehört, der uns verstehen lässt, dass der menschliche Wille in erster Linie relationaler Ausdruck einer tieferliegenden leibseelischen Identität der Person ist. Wenn KI-Systeme in Zukunft dazu beitragen können und sollen, die Existenz dieser Identität zu bestätigen, indem sie auch dabei helfen, die an sich seiende Struktur des Willens und seiner Manifestationen freizulegen, dann wird es dadurch vielleicht auch einfacher, neue Entscheidungsunterstützungssysteme, die einer „meaningful human control" (Braun et al. 2020) unterliegen, z. B. im Hinblick auf *shared decision making,* zu konzipieren und zu implementieren.

---

eines stabilen Vertrauensverhältnisses zwischen Arzt, Patient und KI-gestütztem EES bislang noch ein bloßer Wunschtraum.

4 Fazit und Ausblick

In Bezug auf den Patientenwillen, dessen versuchter Rekonstruktion einschließlich der Überführung dieses rekonstruierten Willens in die Strukturen einer handlungswirksamen Entscheidung lässt sich abschließend folgendes festhalten: KI-gestützte Systeme können als datengetriebene Interpretationshilfen für die Eingrenzung, nicht aber für die Bestimmung des „natürlichen Willens" sinnvoll eingesetzt werden. Zur Hermeneutik des „natürlichen Willens" gehört mehr als der Einsatz von Gesichtserkennungssoftware, mit dessen Hilfe Emotionen abgelesen werden oder der Rückgriff auf digitalisierte Behandlungsverlaufsprotokolle oder elaborierte Statistiken.[11] Sicherlich können KI-gestützte Systeme bei der Bestimmung des mutmaßlichen Willens mithelfen, insofern diese künftig in kürzester Zeit Tagebücher oder andere persönliche Aufzeichnungen, aus denen eine bestimmte Einstellung zu Sterbehilfe deutlich wird, auswerten. Allerdings bleibt nicht nur das Ergebnis dieser informationstechnischen Nutzbarmachung ein künstliches Konstrukt, sondern auch der mutmaßliche Wille selbst, sodass davon auszugehen ist, dass nichts den menschlichen Willen ersetzen kann, sondern elaborierte Instrumente nur dabei helfen können, diesen besser zu interpretieren. Doch hilft diese Unterstützung wirklich bei der therapeutischen Entscheidungsfindung?

Noch nicht wirklich, denn zu den bereits bestehenden Bedenken tritt noch das soziologische Problem der „doppelten Kontingenz" (Luhmann 1984, 152) hinzu, das zwischen menschlichen Entscheidern, KI-Systemen und dem (re-)konstruiertem Patientenwillen eine Art künstliche Kommunikationssituation entstehen lässt (vgl. Esposito 2017), aus der nicht notwendigerweise eine klare Entscheidung über den Behandlungsverlauf hervorgehen muss, aber dennoch weiterhin die Möglichkeit besteht, dass eine solche klare Entscheidung daraus hervorgehen kann. Dieses Zusammenspiel von menschlichen, künstlichen und hypothetischen Instanzen bzw. Akteuren führt allerdings zu immer komplexeren Entscheidungssituationen und lässt an dieser Stelle die Frage aufkommen, ob

---

[11] Eine Verabsolutierung einer nicht-natürlichen Autonomie des Willens birgt die Gefahr, dass zukünftige KI-Systeme an diesem transhumanen Maßstab gemessen werden. Das Phänomen des *natürlichen Willens* zeigt jedoch, dass jegliche Autonomie bzw. Autonomiezuschreibung auf etwas verweisen muss, in das sie selbst eingebettet ist, z.B. in einen Leib und in eine von Programmierenden geschaffenen Datenbasis. Das disanalogische Verhältnis Leib und Datenbasis ist dabei selbst nochmal gesondert in den Blick zu nehmen und kann nicht Gegenstand dieser Ausführungen sein.

"viel auch viel hilft". Ein Mehr an im Entscheidungsprozess eingebundenen Instanzen impliziert und erfordert notwendigerweise auch ein Mehr an Erklärbarkeit und an Vertrauen. Dem Ziel einer Komplexitätsreduktion in der Bestimmung und „Operationalisierung" des Patientenwillens für klinische Entscheidungsprozesse bei gleichzeitiger Vermeidung dezisionistischer „Lösungen" wäre vielleicht am ehesten gedient, wenn allen Beteiligten klar gemacht würde, dass aus einer Interpretation eine möglichst gute Entscheidung nur dann hervorgehen kann, wenn diese in den vernünftigen und bewährten Bahnen ärztlicher Eupraxie und technischer Risikoabschätzung verläuft. Aber selbst wenn es irgendwann gelänge, hier ein optimales Procedere zu finden, können trotz der guten Absichten aller weiterhin falsche Entscheidungen getroffen werden. Wer diesen Umstand, noch bevor KI-Systeme zur Entscheidungsunterstützung überhaupt klinisch implementiert werden können, ignoriert, setzt sich dem Verdacht aus, dass er oder sie die „Schicksallosigkeit" menschlichen Lebens über das Wohl des Patienten stellt.

Literatur

Bauer, M., Glenn, T., Monteith, S., Bauer, R., Whybrow, P. C., und Geddes, J. (2017): Ethical perspectives on recommending digital technology for patients with mental illness. *International journal of bipolar disorders*, 5 (1), 6. https://doi.org/10.1186/s40345-017-0073-9.

Buchheim, T. (2019): What Are Persons? Reflections on a Relational Theory of Personhood, in: Jörg Noller Hg.: *Was sind und wie existieren Personen? Probleme und Perspektiven der gegenwärtigen Forschung* (Reihe „ethica", hg. v. Julian Nida-Rümelin, Dieter Sturma und Michael Quante) Münster (Mentis) 2019, 31–55.

Braun M., Hummel P., Beck S., Dabrock P. (2020): A Primer on an Ethics of AI based decision support systems in the clinic. *Journal of Medical Ethics* (2020), https://doi.org/10.1136/medethics-2019-105860.

Coors, M., Jox, R., in der Schmitten, J. (Hrsg.) (2015): *Advance Care Planning. Von der Patientenverfügung zur gesundheitlichen Vorausplanung*, Stuttgart.

Elwyn G., Frosch D., Thomson R. (2012): Shared decision making: a model for clinical practice. *J Gen Intern Med* 27:1361–1367.

Esposito, E. (2017): Artificial Communication? The Production of Contingency by Algorithms. *Zeitschrift für Soziologie* 46:249–265.

Fuchs, T. (2008): Die Würde des menschlichen Leibes, in: W. Härle, B. Vogel (Hrsg.), *Begründung von Menschenwürde und Menschenrechten*, St. Augustin, 202–217.

Fuchs, Thomas. (2016): Wollen können. Wille, Selbstbestimmung und psychische Krankheit, in: Moos, Thorsten/Rehmann-Sutter, Christoph/Schües, Christina (Hrsg.), *Randzonen des Willens. Anthropologische und ethische Probleme von Entscheidungen in Grenzsituationen*, Bern, 43–61.

Gräßer, F., Beckert, S., Küster, D., Schmitt, J., Abraham, S., Malberg, H., und Zaunseder, S. (2017): Therapy Decision Support Based on Recommender System Methods. *Journal of Healthcare Engineering*, 2017, 8659460.

Hallich, Oliver (2019): Zwei Arten von Selbstbindung, in: *Zeitschrift für Ethik und Moralphilosophie* 2, 305–314.

Jaume-Palasí, L., Spielkamp, M. (2017): Ethik und algorithmische Prozesse zur Entscheidungsfindung oder -vorbereitung. In: *AlgorithmWatch*. Arbeitspapier Nr. 4.

Lahno, B. (2020): Trust and Emotion, in: Simon, J. (Hg.), *The Routledge Handbook of Trust and Philosophy*, New York/London, 147–159.

Locke, J. (1979): *An essay concerning human understanding*. Hg. v. Peter H. Nidditch. Oxford: Oxford University Press.

Luhmann, N. (1984): *Soziale Systeme*, Frankfurt a. M.: Suhrkamp.

Olson, Eric T. (1997): *The human animal. Personal identity without psychology*. Oxford u. a.: Oxford University Press.

van Inwagen, Peter (1990): *Material beings*. Ithaca: Cornell University Press.

Wagner, B., und Vieth, K., im Auftrag der Bertelsmann Stiftung (2017). *Teilhabe, ausgerechnet*. Gütersloh.

Witt, Karsten. 2018. Demenz und personale Identität. *Zeitschrift für praktische Philosophie* 5, 153–180.

The manufacturer's authorised representative in the EU is Springer Nature Customer Service Centre GmbH, Europaplatz 3, 69115 Heidelberg, Germany. If you have any concerns regarding our products, please contact ProductSafety@springernature.com

Printed and bound by CPI Group (UK) Ltd, Croydon, CR0 4YY

25/03/2026

02078182-0005